# Libri di James DeMeo

* *Saharasia: The 4000 BCE Origins of Child Abuse, Sex-Repression, Warfare and Social Violence In the Deserts of the Old World*, Revised Second Edition, Orgone Biophysical Research Lab, Ashland, Oregon, 2006

* *In Defense of Wilhelm Reich: Opposing the 80-Years' War of Mainstream Slander Against one of the 20th Century's most Brilliant Physicians and Natural Scientists*, Natural Energy Works, Ashland, Oregon 2013.

* *Preliminary Analysis of Changes in Kansas Weather Coincidental to Experimental Operations with a Reich Cloudbuster: From a 1979 Research Project*, Orgone Biophysical Research Lab, Ashland, Oregon, 2010

* (Editor) *Heretic's Notebook: Emotions, Protocells, Ether-Drift and Cosmic Life-Energy, with New Research Supporting Wilhelm Reich*, Orgone Biophysical Research Lab, Ashland, Oregon, 2002

* (Co-Editor with Bernd Senf) *Nach Reich: Neue Forschungen zur Orgonomie: Sexualökonomie, Die Entdeckung der Orgonenergie*, Zweitausendeins Verlag, Frankfurt, 1997

* (Editor) *On Wilhelm Reich and Orgonomy*, Orgone Biophysical Research Lab, Ashland, Oregon, 1993

Per informazioni sull'accumulatore orgonico,
in aggiunta a ciò che si trova in questo Manuale, vedere:
**www.orgonelab.org/orgoneaccumulator**

# IL MANUALE DELL'ACCUMULATORE ORGONICO

Le scoperte e gli strumenti terapeutici
di Wilhelm Reich per il XXI secolo basati
sull'energia vitale, con gli schemi di costruzione

Terza edizione riveduta e ampliata con nuove sezioni
sull'Acqua Vitale e l'Etere Cosmico dello Spazio.
Con molti riferimenti web per informazioni aggiuntive.

## James DeMeo, PhD

Prefazione di Eva Reich, MD

Traduzione di Daniela Enrico

*Orgone Biophysical Research Lab (OBRL)*
*Natural Energy Works*
*OBRL Greensprings Center*
*Ashland, Oregon, USA*
www.naturalenergyworks.net

Diritti di pubblicazione e distribuzione in tutto il mondo:

OBRL / Natural Energy Works
OBRL Greensprings Center
PO Box 1148, Ashland, Oregon 97520 USA
http//www.naturalenergyworks.net
E-mail: info @naturalenergyworks.net

Disponibile dalla distribuzione Ingram/Lightning Source.

ISBN: 978-0989139014    0989139018

Terza edizione riveduta e ampliata 131110

In copertina: foto NASA di un astronauta dell'Apollo 12 che cammina sulla superficie della luna (rivista Life Magazine, 12 dicembre 1969). Nel vuoto lunare il campo di energia orgonica del suo corpo emana un tenue colore blu, probabilmente eccitato dalla sua apparecchiatura per le comunicazioni radio ad alta frequenza. La colorazione blu del campo energetico nella foto, che è stata vista in poche altre immagini di astronauti lunari (ma spesso cancellata nelle versioni pubblicate), è stata sistematicamente ignorata o spiegata come un effetto della "polvere lunare", del "vapore acqueo" o di "sbavature delle lenti della fotocamera". In realtà, è un'evidente manifestazione del campo energetico orgonico (vitale) dell'uomo. Per maggiori informazioni: http://www.orgonelab.org/astronautblues.htm

Retro copertina: accumulatore orgonico che stimola la germogliazione di fagioli mungo. Esperimento dell'autore, cfr. pag. 158.

# Ringraziamenti

Questo libro è il risultato di molti anni di indagini sperimentali e dello studio dei risultati della ricerca condotta precedentemente dal dottor Wilhelm Reich e da altri medici, guaritori e scienziati, e non sarebbe stato possibile senza la loro dedizione e i loro sforzi. Il lettore troverà l'elenco dei loro nomi e delle loro pubblicazioni nella Bibliografia alla fine del libro. Nel corso degli anni ho imparato molto interagendo con molti di questi ricercatori. Ringrazio in particolare Eva Reich e Jutta Espanca per le loro critiche costruttive della prima edizione di questo Manuale. Ringrazio inoltre i miei mentori Robert Morris, il dottor Robert Nunley e il dottor Richard Blansband, dai quali ho imparato diverse cose sull'energia vitale. Ringrazio Theirrie Cook e Don Bill, amici leali che mi hanno aiutato in molti modi nel progresso della mia ricerca, e anche James Martin per le idee iniziali e l'incoraggiamento a revisionare il mio piccolo Manuale originale in un'edizione più dettagliata. James ha preparato anche la composizione e la grafica delle precedenti edizioni, offrendo molti suggerimenti utili. Grazie anche a Daniela Enrico e Roberto Maglione per questa nuova traduzione e revisione italiana dell'edizione riveduta del 2010 del mio Manuale. Grazie a tutti i vari ricercatori e medici in Germania, che a tutt'oggi stanno lavorando con l'accumulatore in un modo che attualmente è difficile negli Stati Uniti. Da loro ho appreso le possibilità e i limiti della terapia fisica dell'accumulatore orgonico. Vorrei ringraziare anche Vincent Winberg per i metodi semplici e poco costosi, qui presentati, con i quali individuare i disturbi elettromagnetici. Un grande apprezzamento va a mia moglie Daniela Sabina per la sua preziosa correzione delle bozze e per la traduzione di molti documenti dal tedesco all'inglese. Infine, grazie a Wilhelm Reich per la scoperta dell'energia orgonica e dell'accumulatore orgonico.

James DeMeo, PhD
Greensprings, Oregon, USA
1989 (revisione del 2013)

*"Noi consideriamo la scoperta dell'energia orgonica uno dei più grandi eventi della storia dell'umanità."* Da una lettera all'American Medical Association, firmata da 17 medici nel 1949.

*"L'ACCUMULATORE ORGONICO È, SENZA ECCEZIONI, LA SCOPERTA PIÙ IMPORTANTE NELLA STORIA DELLA MEDICINA."* Theodore P. Wolfe, M.D., da (Emotional plague versus orgone biophysics, 1948).

*"Credo sia giustificabile affermare che la scoperta dell'energia orgonica e delle sue applicazioni mediche mediante l'accumulatore orgonico, l'imbuto orgonico, la terra bionica e l'acqua orgonica abbia aperto un vasto campo di prospettive nuove e, sembra, straordinariamente positive."* Wilhelm Reich, da La biopatia del cancro (La scoperta dell'orgone, volume 2), 1948.

*"Lei cosa direbbe dei maggiori filosofi, ai quali ho offerto volontariamente migliaia di volte di mostrare i miei studi, e che con la pigra ostinazione di un serpente che ha mangiato a sazietà non hanno mai acconsentito di guardare i pianeti, la luna o il telescopio? Per queste persone la filosofia è una sorta di libro... dove la verità va ricercata non nell'Universo o nella natura, ma (sto usando le loro parole) nella comparazione dei testi."* Galileo Galilei, astronomo italiano del 1600 che, poco prima di essere perseguito e minacciato di tortura dalla Chiesa Cattolica, aveva dimostrato che la Terra si muoveva nei cieli. Da una lettera a Keplero del 19 agosto 1610.

*"... l'energia orgonica non esiste."* Giudice John D. Clifford, da una sentenza emessa dal Tribunale degli Stati Uniti nel 1954, a seguito della quale tutti i libri e i resoconti della ricerca di Wilhelm Reich furono banditi con ordine di incinerazione. In seguito Reich venne rinchiuso in un penitenziario federale, dove morì.

# CONTENUTI

**Terza parte**
**Schemi di costruzione per dispositivi**
**di accumulazione orgonica**

# Prefazione dell'autore

Negli anni successivi alla pubblicazione dell'edizione in lingua inglese del 1989 del Manuale dell'Accumulatore Orgonico, c'è stato un lento e graduale aumento dell'interesse verso le scoperte di Wilhelm Reich. La terapia con l'accumulatore orgonico, dalle sue umili origini dovute al dottor Reich e a una cerchia ristretta di suoi studenti, si è diffusa in tutto il mondo fino a essere attualmente applicata da ogni genere di professionisti della salute e da persone comuni come auto-trattamento. Inoltre la ricerca condotta di recente sulla morte delle foreste adiacenti a impianti nucleari e sulla natura tossica dei campi atomici ed elettromagnetici a basso livello delle linee elettriche, delle microonde e delle radiofrequenze emesse dalle antenne per la comunicazione, ha confermato fortemente le scoperte di Reich discusse con il temine di effetto oranur (cfr. Capitoli 8 e 9). In questo libro non si svolge una discussione completa di tali questioni, ma si sottolinea la necessità, per chiunque studi le funzioni dell'energia orgonica in natura, di diventare più consapevoli dei fattori ambientali. Una critica alle precedenti edizioni in lingua inglese che potrebbe però avere una qualche validità, riguarda un'enfasi eccessiva sui possibili pericoli derivati dall'usare l'accumulatore in ambienti inquinati.

Ad esempio, nel testo si informa il lettore che non è saggio usare l'accumulatore a 50-80 km di distanza da un impianto nucleare, o a "qualche chilometro" di distanza da linee elettriche ad alta tensione e da grandi torri per trasmissioni radio. Mi è stato detto che se le persone già avessero dei pregiudizi rispetto all'accumulatore, questi avvertimenti servirebbero a dissuaderle del tutto dal provarlo. Tale esitazione potrebbe essere ingiustificata. In Germania, ad esempio, i dottori trattano i pazienti in accumulatori situati in ambienti che in precedenza avrei considerato "troppo inquinati", come stanze o seminterrati di strutture situate in grandi città. Vivendo sulla costa occidentale degli Stati Uniti, in un ambiente relativamente pulito e con foreste naturali, si ha chiaramente una prospettiva diversa rispetto a coloro che abitano nel cuore delle città e che non vogliono essere esclusi dai benefici di un accumulatore, a dispetto del loro ambiente. Da queste critiche costruttive ho imparato che l'accumulatore può essere usato con beneficio anche in ambienti più difficili. D'altro canto, di recente abbiamo anche visto un'esplosione nell'uso di radiazioni a microonde emesse da telefoni e antenne dei cellulari, reti wi-fi e ogni sorta di tecnologia "wireless", le cui conseguenze a lungo termine sull'energia vitale e sulla salute non possono essere previste con accuratezza. Se ci sono dei dubbi, è meglio procurarsi dei misuratori di campi elettromagnetici e dei rivelatori di radiazioni nucleari* per valutare personalmente il luogo in cui userete e terrete il vostro accumulatore organico — come pure il luogo in cui vivete, dormite e lavorate, dato che siamo tutti composti di energia vitale — o di consultare qualcuno che abbia quel tipo di competenza. Ho inoltre osservato che alcuni degli esperimenti più sensibili con l'energia orgonica producono risultati migliori se si seguono le linee guida ambientali più rigorose. In retrospettiva, se dovessi sbagliarmi sarebbe per eccesso di cautela.

A questo riguardo, pur non avendo modificato il testo originale e pur considerando ancora i campi elettromagnetici moderati o forti, o le contaminazioni nucleari un limite all'utilizzo dell'accumulatore, il lettore dovrebbe interpretare la mia cautela come un invito a valutare accuratamente il proprio ambiente. Esistono numerose possibilità per l'uso e la sperimentazione personale, e anche in ambienti un po' inquinati un accumulatore orgonico può essere lavato con acqua, tenuto al riparo sotto un portico, in una stanza o in uno scantinato ben aerati, e produrre una carica energetica forte e salutare (vedere il Capitolo 9).

Ho ampliato l'Introduzione per includere Nuove informazioni sulla persecuzione e morte di Wilhelm Reich, identificando i principali responsabili, dei quali la maggior parte delle persone non sa nulla. Il Capitolo 9 include una comparazione dello spettro di luce emesso da diverse lampadine rispetto alla luce naturale del sole, tratto da una valutazione effettuata nel mio istituto, l'Orgone Biophysical Research Lab — OBRL — (Laboratorio di Ricerca sull'Orgone Biofisico, ndt), che vi aprirà letteralmente gli occhi, soprattutto se state soffrendo sotto le nuove e orribili

---

* Visitare ad esempio: www.naturalenergyworks.net

lampadine fluorescenti compatte, che per loro natura nuocciono alla vita. Il Capitolo 10 è stato riveduto per enfatizzare la questione dell'Acqua Vitale, che è un'importante aggiunta all'utilizzo umano dell'accumulatore orgonico. Nel Capitolo 11 ho incluso un resoconto con annotazioni degli esperimenti fatti con l'accumulatore orgonico su dei topi affetti da cancro. Una nuova Appendice offre dettagli e scoperte aggiuntive sull'*Etere Cosmico dello Spazio*. Nella sezione Domande, per affrontare la crescente tendenza a mistificare distruttivamente le scoperte di Reich da parte di svariati venditori su internet, si offrono delle discussioni supplementari su cosa non è l'energia orgonica. La sezione Domande riporta inoltre una breve discussione sulla guarigione per mezzo della psiche, che richiede una sorta di mezzo di trasmissione simile o identico all'energia orgonica. Sono state aggiunte molte immagini grafiche che riflettono le più recenti scoperte della ricerca nell'OBRL, anche se per i dettagli scientifici e sperimentali il lettore deve consultare le pubblicazioni originali segnalate nella Bibliografia. Nel complesso le discussioni scientifiche, storiche e terapeutiche sono state considerevolmente consolidate, data l'abbondanza di nuovi risultati. Nella maggior parte dei casi, tuttavia, prevedo che il lettore desidererà ancora più dettagli. Per questo ho segnalato diversi link su internet e riferimenti a materiale pubblicato.

Questo aggiornamento era atteso da tempo e necessario. Personalmente credo che contribuisca a migliorare il libro rendendolo più utile e accurato.

James DeMeo, PhD
Greensprings, Oregon, USA
Aprile 2010

XII

# 1. Prefazione

Finalmente, trentadue anni dopo la morte di Wilhelm Reich, nel 1957, con l'aiuto del *Manuale dell'Accumulatore Orgonico* l'umanità può cominciare a studiare l'orgonomia come qualsiasi altro corpo di conoscenze. Questo libro, conciso e informativo, contiene in poche parole un rendiconto chiaro e sintetico della scoperta, ed è utilizzabile da tutti coloro che sono interessati all'energia vitale cosmica. In questo libro troverete: la definizione scientifica dell'energia orgonica; la storia di come le fasi di osservazione, sperimentazione e logica teorica portarono Reich alle applicazioni pratiche; i principi per la costruzione e l'utilizzo sperimentale dell'accumulatore di energia orgonica, con suggerimenti dettagliati sul materiale necessario, la disposizione e le dimensioni; infine una lista molto utile di riferimenti bibliografici. Il professor J. DeMeo mostra la sua approfondita conoscenza dell'argomento, che a tutt'oggi è ancora interdetto e omesso dai curriculum accademici del XX secolo, con l'eccezione di pochi corsi pionieristici (a New York e a Berlino ovest).

Wilhelm Reich diceva che nonostante l'energia vitale fosse conosciuta da migliaia di anni, lui era riuscito a renderla concretamente utile e che l'era delle sue applicazioni era appena cominciata. Tuttavia, questo *Manuale* è il primo materiale stampato di recente su come concentrare in modo specifico l'energia dall'atmosfera terrestre. Può essere utilizzato per un corso di laboratorio sul tema dell'energia vitale cosmica. Questo materiale può essere compreso da brillanti studenti delle scuole superiori o universitarie. Esso risponde alla mia vecchia speranza, durata quasi cinquant'anni, di includere la realtà dell'energia vitale nel corpo di conoscenze che tutte le persone istruite sulla Terra dovrebbero imparare a scuola.

Grazie James DeMeo.

Eva Reich, MD
Berlino (ovest), marzo 1989

# Il Manuale dell'Accumulatore Orgonico

*Wilhelm Reich, MD 1897-1957*

# 2. Introduzione dell'autore

Quando avevo 12 anni, uno dei miei zii prediletti morì di cancro ai polmoni dopo grandi sofferenze. I dottori gli avevano rimosso un polmone e per alcuni mesi lui tirò avanti, senza muoversi o parlare molto e soffrendo tantissimo. Le zie non permettevano ai bambini di vederlo in quello stato, tranne una volta, quando lo vestirono per incontrare l'intera famiglia che si era radunata per dirgli silenziosamente addio. La sua morte mi rattristò parecchio. Quando avevo 15 anni, a mia madre fu diagnosticato un cancro al seno. Ero vicino al suo letto d'ospedale, dopo che aveva subito l'intervento chirurgico, quando le fu detto che il suo seno era stato amputato con una mastectomia radicale. Non dimenticherò mai l'espressione del suo viso. Lei sopravvisse all'intervento, ma la stasi sessuale e la rassegnazione emotiva di cui soffriva da decenni, e che avevano preceduto il cancro, non furono mai diagnosticate né tantomeno discusse. Degli amici di famiglia ci avevano esortati a cercare dei trattamenti alternativi contro il cancro, ma tutti erano convinti che i dottori in ospedale ne sapessero di più. Elencata come "sopravvissuta" nelle statistiche del cancro, mia madre subì un progressivo declino dopo l'intervento e morì circa otto anni dopo, rifiutandosi di subirne un altro.

La mia esperienza con familiari deceduti a causa del cancro non è inconsueta, poiché le malattie degenerative hanno raggiunto livelli epidemici. Le attuali statistiche mostrano che la "guerra contro il cancro" è stata persa e che nonostante tutti i radicali interventi chirurgici, i farmaci e la radioterapia, oggi i pazienti sopravvivono non più a lungo o più di frequente dei pazienti degli anni '50. Anzi, le malattie degenerative si sono attualmente diffuse anche in gruppi giovanili e in popolazioni dove un tempo erano rare. Non esistono prove scientifiche a supportare l'asserzione che la chirurgia, la radioterapia e la chemioterapia siano forme efficaci di trattamento contro il cancro, ed è già tanto se la medicina convenzionale di oggi parla di una possibile prevenzione. Questi fatti preoccupanti diventano ancora più inquietanti se si comincia a studiare le varie terapie alternative,

3

# Il Manuale dell'Accumulatore Orgonico

non invasive e non tossiche contro il cancro. Respinte per decenni come "ciarlatanerie" dalla medicina ufficiale, la maggior parte di queste terapie sembrano essere ragionevolmente o perfino notevolmente efficaci. Coloro che le propugnano e le praticano hanno spesso corso parecchi rischi per dare ai malati dei trattamenti che ritengono sicuri ed efficaci. Inoltre gli stessi metodi hanno spesso la funzione di prevenire le malattie degenerative. La comunità medica, legata finanziariamente all'industria farmaceutica, non si è curata di esaminare con serietà queste tecniche, che sono state invece ingiustificatamente attaccate attraverso il lancio di pseudo-indagini dai prevedibili risultati: i trattamenti vengono condannati pubblicamente, le cliniche vengono chiuse dalla forza bruta della polizia per ordine del tribunale; i registri medici e i protocolli di ricerca vengono confiscati per impedire che le prove positive possano giungere al pubblico, e vengono emesse pene detentive. Sono stati anche bruciati dei libri. In questo contesto è stata commessa una grande frode nei confronti del popolo americano, dei nostri tribunali e del sistema legale da parte delle più grandi corporazioni mediche organizzate e dalle relative burocrazie governative.

In questo breve *Manuale* non posso trattare la storia di questi abusi immorali e anti-scientifici, ma nella *Bibliografia* sono elencati alcuni articoli e libri sull'argomento. È chiaro che uno dei motivi principali per i quali la medicina moderna è incapace di affrontare le malattie degenerative sta nel fatto che la comunità medica ha usato tattiche da stato di polizia per sopprimere nuove importanti scoperte e terapeuti non ortodossi, senza tenere assolutamente conto di alcuna prova scientifica esistente. Di fatto sono proprio state le terapie non ortodosse meglio documentate e più efficaci a essere le più fortemente attaccate.

Oggi vediamo inoltre emergere un nuovo fenomeno: i vecchi gruppi liberali di riforma sociale, che un tempo si opponevano alle tendenze autoritarie del governo, ora si uniscono a delle dispotiche burocrazie mediche sostenendole. Nel far ciò ottengono parecchio supporto dai mezzi mediatici di tendenza, che tendono politicamente a sinistra e sono in debito con l'industria farmaceutica per pubblicità costose e spesso sconsiderate di nuovi farmaci, dove gli effetti collaterali elencati sono quasi il doppio dei benefici dichiarati. I mezzi mediatici di tendenza, come pure la scienza tradizionale, sostengono e promuovono tutti i nuovi farmaci e le procedure chirurgiche – non importa

# Introduzione dell'autore

quanto tossiche o crudeli – screditando con forza qualunque metodo di guarigione naturale che la gente potrebbe voler provare ma che non necessita di prescrizione medica.

In questi casi la motivazione sembra più mirata a costruire una burocrazia di governo ancora più lenta, attraverso la quale "regolare le nostre vite fino alle mutande" (come dicevano i tedeschi della repubblica democratica che vivevano come prigionieri nell'utopia comunista) e a costruire un potere di governo fine a se stesso. Non si tratta più solo di medicina e di assistenza sanitaria. In questo processo la verità è stata seriamente calpestata e i metodi scientifici sono stati abbandonati.

L'esempio più chiaro ed evidente di come queste forze sociali si uniscano per uccidere una nuova scoperta e il suo scopritore è il caso del dottor Wilhelm Reich e del suo accumulatore di energia orgonica. Reich era uno dei più giovani collaboratori di Freud e uno dei principali promotori del movimento psicoanalitico delle origini a Vienna e a Berlino. Tuttavia, le sue idee erano più rivoluzionarie di quelle degli psicoanalisti più anziani. Egli argomentò con forza che la sofferenza umana e la malattia mentale erano il risultato di *traumi reali*, derivanti da condizioni familiari e sociali repressive che potevano essere modificate per prevenire la nevrosi.

Reich scrisse ampiamente su questi argomenti negli anni '20 e '30, e in aggiunta sottolineò come i movimenti Nazional-socialista e Internazional-socialista (o comunista), che lui definiva rispettivamente *Fascismo nero* e *Fascismo rosso*, affondassero le loro radici, sia in Germania che in Russia, in una struttura familiare basata sul patriarcato, sull'obbedienza, sull'abuso dei figli e su una visione negativa della sessualità.[1]

Per i suoi scritti e le sue lezioni anti-fasciste, che affrontavano sia la sessualità umana che il bisogno naturale di libertà e auto-regolazione, Reich fu marchiato come "sobillatore" da quasi tutti i gruppi e le organizzazioni più potenti. Pur ammirando alcuni aspetti del pensiero marxista (i cui scritti più violenti e crudeli non giunsero mai alla sua attenzione), usando per alcuni anni il partito comunista come piattaforma per diffondere i suoi programmi di riforma sessuale e lavorando con i comunisti contro Hitler, in seguito Reich sottolineò ripetutamente di non

---

1. Vedere ad esempio i suoi libri: *La psicologia di massa del fascismo, Individuo e Stato, La rivoluzione sessuale* e *Reich parla di Freud*. Le citazioni si trovano nella Bibliografia.

# Il Manuale dell'Accumulatore Orgonico

essere mai stato né marxista, né comunista.[2] In effetti i comunisti tedeschi espulsero ben presto Reich per la sua scarsa obbedienza e il suo insufficiente impegno rispetto alla dottrina del partito. Fu espulso anche dalla ristretta cerchia di Freud e dall'Associazione Psicoanalitica Internazionale (IPA) per il suo lavoro socio-politico e per la sua divergenza dal dogma psicoanalitico. All'epoca la psicoanalisi tedesca tendeva verso la pacificazione con i nazisti e alcuni, come Carl Jung, cominciarono a lavorare apertamente con le organizzazioni nazionalsocialiste e a giustificarle.[3] Alla fine, negli anni '30 Reich fu inserito nelle liste delle persone da eliminare sia di Hitler che di Stalin e dovette fuggire in Scandinavia, e in seguito negli Stati Uniti. I suoi scritti furono banditi e condannati al rogo sia nella Germania nazista che nelle regioni sotto il controllo comunista.

Lavorando in Danimarca e in Norvegia, Reich fece diverse scoperte eclatanti sulla biofisica dell'emozione umana e sulle malattie degenerative. Intraprese le prime indagini sulla bioelettricità umana, misurando il fenomeno dell'eccitazione emotiva e sessuale per meglio comprendere la natura dei processi psichici e somatici. Fece delle scoperte complete ed esaustive sul problema "mente-corpo" che hanno ricevuto un riconoscimento solo negli ultimi anni. Studiò anche altri esseri viventi e correlò la natura espansivo-contrattiva dell'intero corpo di vermi e amebe a un processo simile che avviene negli esseri umani, il quale fu a sua volta correlato alle reazioni di piacere e ansietà. Durante queste ricerche scoprì i microscopici e vescicolari *bioni* e il processo di *disintegrazione bionica* delle cellule – oggi meccanicisticamente definito *apoptosi* – scoperta che alla fine diede una risposta alla duplice annosa domanda sulle *origini della cellula cancerosa* e della *biogenesi*, l'origine della vita stessa. Le sue straordinarie scoperte erano ben radicate nelle migliori tradizioni della ricerca scientifica naturale. Tali scoperte costituirono delle conquiste scientifiche senza precedenti, che gettarono le fondamenta per il suo successivo lavoro scientifico sulle malattie degenerative biopatiche e per la scoperta dell'orgone e dell'accumulatore di energia orgonica. Esse gettarono anche le fondamenta di buona parte del pensiero scientifico moderno

---

2. Vedere a questo proposito le manifeste dichiarazioni di Reich contenute in *Reich parla di Freud* (SugarCo Edizioni, Milano, 1979).

3. Per la documentazione su questo tema vedere il capitolo "Jung among the Nazis" nel libro di Jeffrey Masson *Against Therapy*.

sulla natura sistemica del cancro e di altre malattie degenerative e sulla ricerca del campo energetico umano, nonostante la terminologia utilizzata sia diversa e non venga dato alcun credito a Reich.

Esemplificando l'assioma secondo il quale "nessun buon lavoro deve restare impunito", Reich fu attaccato per le sue scoperte dai giornali danesi e norvegesi, in una campagna diffamatoria portata avanti dalla stampa sia di sinistra che di destra. Il retroterra freudiano di Reich e il suo interesse nelle riforme politico-sessuali, il suo essere favorevole a maggiori libertà sociali, le sue indagini di laboratorio sulla sessualità e sulle emozioni, le sue scoperte sulle origini della vita e del cancro, di qualunque cosa si trattasse, il suo lavoro faceva infuriare quasi tutti, anche se per ragioni diverse. Tutto ciò in aggiunta al fatto di avere un background ebraico, che all'epoca gli procurò un'ulteriore ostilità da parte di ogni genere di pensatori fascisti. Con gli eserciti invasori di Hitler e Stalin che attraversavano l'Europa e un crescente potere fascista che gli rendeva il lavoro e la vita impossibili, Reich s'imbarcò su una delle ultime navi in partenza dall'Europa per gli Stati Uniti.

Quando nel 1939 Reich arrivò a New York, la sua fama di serio ricercatore con all'attivo nuove e importanti scoperte lo aveva già preceduto, attraendo rapidamente un gruppo di giovani medici e scienziati entusiasti che volevano studiare con lui e assisterlo nel suo lavoro. Il periodo americano della sua ricerca, che durò fino alla sua morte, nel 1957, fu eccezionalmente produttivo, nonostante continuasse a subire un trattamento oltraggioso anche da parte dei giornalisti e degli esponenti governativi americani. Fu durante questo periodo che Reich investigò a livello sperimentale e usò in modo pratico l'energia vitale biologica ed atmosferica che denominò *energia orgonica*.

Le prime correnti bioelettriche da lui oggettivamente misurate con dei millivoltmetri furono spiegate come piccole manifestazioni di un'energia vitale più potente e mobile all'interno del corpo, che si esprimeva in emozione, sessualità, lavoro e attività di ogni genere. Ciò fu definito anche come una nuova energia radiante, scoperta da speciali colture di bioni ottenute da sabbia di spiaggia. Esse irradiavano una potente energia luminosa blu, visibile e percepibile, che annebbiava le lastre fotografiche e generava anomalie elettrostatiche e magnetiche. Gli sforzi compiuti per amplificare e contenere tale energia allo scopo di studiarla condussero alla realizzazione dell'accumulatore di energia orgonica. Da ciò derivò la scoperta dell'*energia orgonica atmosferica*, che poteva a sua volta essere assorbita e contenuta direttamente nell'accumulatore. A seguito di queste scoperte se ne svilupparono tantissime altre, "troppe", come annotava Reich, che richiedevano che si studiasse e seguisse il *filo conduttore della logica e della ragione* (come nel mito greco di Arianna) che lo aveva portato da una scoperta a quella successiva. L'energia vitale, o orgone, come lui la chiamava, era completamente nuova e diversa da tutte le altre forme conosciute di energia. Essa obbediva a leggi funzionali e non poteva essere compresa partendo da contesti meccanicistici o mistici. Molto prima che Albert Eistein cercasse intuitivamente e invano una *Grande Teoria Unificante*, fu proprio Wilhelm Reich a fare questo tipo di scoperta, della quale Einstein sarebbe venuto a conoscenza più tardi, nel corso dei suoi incontri personali con Reich. Fu un Einstein sbalordito a osservare e confermare il fenomeno dell'energia orgonica in una dimostrazione fatta da Reich con uno speciale apparato. Nei capitoli successivi fornirò maggiori dettagli su queste scoperte e questi fatti.

Reich osservò che l'energia orgonica era un'energia reale e fisica, che caricava ogni genere di materia vivente (microbi, animali, esseri umani) e non-vivente, si irradiava da essa e poteva essere amplificata con la semplice disposizione di certi specifici materiali. Per comprenderla occorre prendere in considerazione degli esempi comparativi, come il funzionamento di un telescopio o dell'ala di un aeroplano. Entrambi non sono altro che disposizioni semplici ma molto specifiche di materiali, immersi in un oceano rispettivamente di luce e di aria. Entrambi compiono imprese incredibili. L'accumulatore orgonico di Reich può essere considerato alla stessa stregua: è molto semplice, ma funziona sulla base di un'energia che è onnipresente nell'atmosfera e nello spazio che lo circonda.

Gli esperimenti con l'accumulatore mostrarono diverse anomalie, una produzione spontanea di calore, effetti elettrostatici e palesi reazioni negli organismi viventi. Persone che soffrivano di malattie biopatiche spesso sperimentavano una remissione dei sintomi, nonostante Reich non volesse rivendicare alcuna "cura per il cancro". I dolori cronici sovente diminuivano o scomparivano, e le ustioni guarivano in modo evidente grazie all'irradiazione orgonica, che aumentava ciò che allora si chiamava la *resistenza alla malattia*, che oggi secondo la teoria biochimica si chiama il *sistema immunitario*. Reich sviluppò uno speciale esame del sangue nel quale si osservava la capacità del sangue fresco, posto sul vetrino del microscopio, di resistere alla degenerazione, cosa che oggi è ampiamente diffusa ma senza fare alcun riferimento ai protocolli originari di laboratorio di Reich. Documentò la natura luminescente blu dei globuli rossi viventi (un'espressione visibile di ciò che oggi viene chiamato *potenziale zeta*) sostenendo che gran parte della luce blu della bioluminescenza e il blu presente in natura erano dirette espressioni del continuum di energia orgonica che, come il protoplasma vivente, poteva essere eccitato fino a diventare di una *luminosità brillante*. Più avanti, Reich dimostrò che l'energia orgonica si muoveva nell'atmosfera in concentrazioni più o meno grandi, scorrendo o pulsando e, così facendo, influenzava il clima. Egli sosteneva che un simile regolare movimento dell'energia orgonica cosmica dello spazio creava le grandi spirali delle galassie e dei movimenti planetari, come pure le spirali degli uragani e dei gusci delle lumache. Dalle scoperte di Reich si poteva comprendere che in tutta la creazione cosmica, dal microcosmo al macrocosmo, era impresso lo stesso disegno cosmico di movimento e genesi dell'energia vitale.

A questo riguardo, l'energia orgonica di Reich è simile ai concetti più antichi di *etere cosmico dello spazio*, che secondo l'astrofisica non è mai stato dimostrato (sbagliato! vedere l'Appendice), ma che continua a riemergere con altri nomi, come il *mare di neutrini* o il *vento della materia oscura*, lo *spazio intergalattico* o il *plasma cosmico*. Nell'Appendice e in altri capitoli mostro come l'energia orgonica di Reich abbia molte similarità con l'etere cosmico, documentato di fatto negli esperimenti sul vento d'etere di Dayton Miller e altri. Anche la biologia continua a imbattersi nello stesso fenomeno bioenergetico o biocosmico. Mentre teorie più vecchie e meno sviluppate come quella del *magnetismo animale* o della *forza vitale* vengono oggi relegate alla storia, l'*agopuntura* cinese e l'*omeopatia* europea hanno riportato l'energia vitale in primo piano nella biologia e nella medicina moderna, nonostante i dottori e i biologi continuino a volerla ignorare! Nonostante la scienza e la medicina meccanicistica moderna, o lo spiritualismo e la religione deistico-dogmatica continuino a denigrare l'energia vitale, la prova della sua esistenza continua a saltar fuori nelle scoperte più recenti, un po' come il gioco per bambini dal nome "whack-a-mole" (colpisci la talpa, ndt) dove quando una talpa giocattolo viene colpita con un martello di gomma e fatta rientrare nel suo buco, ne salta fuori una identica da un altro buco. Nel corso di questo libro fornirò i dettagli di base e le indicazioni guida, che sono il risultato dei miei anni di studio e di ricerca.

## Nuove informazioni sulla persecuzione e morte di Reich

Sfortunatamente Wilhelm Reich diventò una delle vittime annientate da un attacco mortale medico-accademico sferrato nella metà del XX secolo contro le scoperte scientifiche non ortodosse. Influenti forze sociali erano all'opera, ma non secondo i soliti resoconti "politicamente corretti". Nei decenni successivi alla sua morte, molte pubblicazioni diffusero l'idea sbagliata secondo la quale Reich era stato distrutto dal conservatorismo americano, dai "maccartisti di destra" e cose simili. La ricerca storica ha invece dimostrato che non è stato così. In Europa Reich fu perseguitato e attaccato sia dai nazisti che dagli stalinisti, ma negli Stati Uniti egli fu annientato da una combinazione composta da agenti stalinisti del *Comintern* (Internazionale comunista), giornalisti e dottori malintenzionati, e infine dalla Food and Drug Administration (FDA). Oggi, grazie al *Freedom of Information Act* (Atto per la libertà dell'informazione) e ad altre fonti, sono disponibili testi accademici e articoli che fanno riferimento a fascicoli sovietici, resi pubblici di recente da archivi che erano rimasti chiusi da tempo, e fascicoli interni dell'FDA e dell'FBI. Tutto questo è citato nella Bibliografia. Quanto segue è un riassunto di ciò che essi rivelano.[4]

Nel periodo dal 1927 al 1931, come giovane dottore e psicanalista che lavorava nella ristretta cerchia dei collaboratori più vicini a Freud, Reich avviò delle cliniche per la classe operaia

---

4. L'autore ha un lavoro in corso che prende in esame questi argomenti con maggior dettaglio. Se non diversamente indicato, la maggior parte di quanto segue è tratta da: *Wilhelm Reich and the Cold War* di James Martin, *Wilhelm Reich Vs. the USA* di Jerome Greenfield, *In Defense of Wilhelm Reich* di James DeMeo, *CSICOP, Time Magazine and Wilhelm Reich* di John Wilder, o dall'opera non pubblicata di Wilhelm Reich *Conspiracy: An Emotional Chain-Reaction*. Vedere la Bibliografia per le informazioni complete sulle citazioni. Per l'elenco completo delle citazioni sugli articoli diffamatori menzionati in questa sezione, vedere: www.orgonelab.org/bibliogPLAGUE:htm

a Vienna e poi a Berlino. Per farlo egli collaborò, tramite alleanze reciprocamente circospette, prima con il Partito Comunista (PC) austriaco e poi con il PC tedesco. Le organizzazioni del PC gli permisero di tenere conferenze nei loro auditori e di vendere le sue pubblicazioni nelle loro librerie. Le sue conferenze sulla salute sessuale e sulle esigenze dei bambini e delle famiglie crearono un profondo interesse nella classe operaia e, in genere, attraevano più partecipanti dei discorsi freddi e insipidi sulla teoria economica marxista tenuti dai funzionari del Partito. Il seguito di Reich all'interno del movimento *Sex-Pol* da lui creato aumentò enormemente, raggiungendo alla fine diverse migliaia di persone, con l'aggiunta di professionisti volontari provenienti dal movimento psicoanalitico.

Reich vide la possibilità di prevenire la nevrosi di massa attraverso riforme legislative basate su principi psicoanalitici. Tramite il movimento Sex-Pol sostenne la legalizzazione della contraccezione e del divorzio, e il miglioramento delle condizioni spesso disperate delle madri abbandonate con i figli. Lottò inoltre contro lo stigma dell'*illegittimità* dei figli, che portava gravi conseguenze per il loro futuro educativo e lavorativo. Le donne erano legalmente subordinate in molti modi e la crudeltà di mariti e padri violenti non veniva quasi mai perseguita. Matrimoni coercitivi e spesso privi di amore, alti tassi di natalità dovuti a gravidanze non pianificate, più una pessima situazione economica successiva alla Prima Guerra Mondiale portarono come conseguenza a una classe permanentemente povera ai margini della società, con alti livelli di nevrosi, rassegnazione emotiva, violenze familiari e suicidi. Reich era molto critico nei confronti delle famiglie reali e della chiesa, che possedevano un grande potere politico ed economico e che quindi avrebbero potuto migliorare questi aspetti della vita delle persone. In realtà le istituzioni sociali esistenti erano paralizzate e facevano poco nel campo della riforma sociale. Reich tentò di affrontare questi problemi attraverso la sua organizzazione Sex-Pol, i cui scopi erano di aiutare le persone ad uscire da condizioni sociali, familiari ed emotive disperate, indirizzandole verso un'esistenza più felice e produttiva, *rendendo così obsoleta la terapia psicoanalitica*. Si unì al PC e fece pressione per includere i suoi punti nel programma del partito.

Nonostante Reich fosse stato inizialmente tollerato dal partito, le sue aperte critiche alle politiche liberticide del PC e ai capi di

# Il Manuale dell'Accumulatore Orgonico

partito, sia nelle conferenze che negli scritti, portarono a una totale rottura delle loro relazioni. Reich venne a torto bollato come trotzkista per aver contestato in modo esplicito la teoria marxista-leninista e i dettami stalinisti, e per aver favorito le idee del suo movimento Sex-Pol. Alla fine Reich criticò sia il partito comunista che nazista definendoli profondamente psicopatici, soprattutto nel suo scritto *Psicologia di Massa del Fascismo*.

Più o meno in questo periodo Reich perse anche il sostegno del suo mentore Freud e fu espulso dall'Associazione Psicanalitica Internazionale (IPA). Le idee della sua organizzazione Sex-Pol furono rifiutate da psicoanalisti di primo piano, offesi perché aveva criticato la IPA accusandola di letargia di fronte a problemi sociali di così ampia portata. Inoltre essi consideravano i suoi discorsi pubblici di critica al nazismo un'inutile provocazione.

Reich si trovava quindi in grave pericolo e avrebbe avuto pochissimo sostegno se fosse rimasto in Germania. Fuggì in Scandinavia poco prima che Hitler andasse al potere e nel giro di pochi anni si ritrovò sulla lista delle persone da eliminare sia del Comintern che dei Nazisti. I suoi libri furono banditi, sequestrati o bruciati sia dai comunisti che dalla Gestapo.

Giunto in Scandinavia, fu presto attaccato apertamente dai quotidiani sia nazisti che comunisti. Ancor peggio, a sua insaputa Reich venne spiato dall'NKVD (Commissariato del popolo per gli affari interni, ndt) sovietico (precursore del KGB). Infatti, un documento del Comintern/NKVD del 1936, ottenuto dagli archivi sovietici dopo la caduta dell'Unione Sovietica,[5] che era contrassegnato come *Top Secret* e identificava trotzkisti e altri elementi ostili nella comunità emigrata del Partito Comunista tedesco, includeva il suo nome.

Ciò equivaleva a un mandato d'arresto sovietico e alla sentenza di morte. Nonostante Reich non fosse mai stato un seguace di Trotsky, la semplice accusa era sufficiente a far sì che il suo nome e quello di uno dei suoi contatti in Danimarca-Norvegia, Otto

---

5. Vedere il documento 20, *"Memorandum on Trotskyists and Other Hostile Elements in the Emigre Community of the German CP, Cadres Department"*, datato 2 settembre 1936, negli archivi della Yale University: www.yale.edu/annals/Chase/Documents/doc20chapt4.htm. Questo documento è anche parzialmente riprodotto come "Document 17" in *Enemies within the Gates? The Comintern and the Stalinist Repression, 1934-1939*, di William J. Chase, Yale Univ. Press 2001, p.164-174

# Introduzione dell'autore

Knobel, comparissero su ciò che corrispondeva a una lista di persone da eliminare del Comintern/NKVD. Il reato di Knobel era di essere un noto collaboratore di Reich, cosa che indicava Reich come criminale e bersaglio principale. Nel documento vi erano annotazioni su altri che erano già stati catturati e mandati in prigione o nei gulag siberiani, oppure giustiziati. Infatti Knobel fu in seguito arrestato dall'NKVD e imprigionato, ovvero "scomparve" (fu giustiziato).

Sebbene nel periodo trascorso in Scandinavia Reich fosse riuscito a sviluppare nuove linee di ricerca, alla fine fuggì negli Stati Uniti poco prima dello scoppio della Seconda Guerra Mondiale nel 1939. Negli Stati Uniti i simpatizzanti nazisti erano pochi e sotto controllo, perciò Reich era relativamente al sicuro dai loro agenti. Al contrario, il Comintern americano aveva una rete molto vasta di organizzazioni, gruppi di propaganda, sostenitori, spie del Comintern e dell'NKVD, e *compagni di viaggio* (agenti del Comintern che non facevano formalmente o pubblicamente parte del PC per poter espletare lo spionaggio e gli intrighi sovietici con maggior facilità). Per quanto inizialmente gli americani di sinistra e il Comintern avessero ignorato Reich, in seguito lo attaccarono con violenza.

Reich riuscì a lavorare indisturbato per quasi due anni. Egli abbandonò il suo lavoro pubblico del Sex-Pol dei suoi anni di Vienna e Berlino, e si focalizzò sulla ricerca naturale scientifica e medica che aveva iniziato in Scandinavia, costruendo un laboratorio di biofisica e di ricerca sul cancro e una struttura di training terapeutico a Forest Hills, nello stato di New York.

In seguito all'attacco giapponese di Pearl Harbour nel dicembre del 1941, che portò l'America a un coinvolgimento più diretto nella Seconda Guerra Mondiale, l'FBI arrestò molti emigrati tedeschi, italiani e giapponesi per interrogarli. Reich fu uno di loro e restò in carcere per quasi un mese, finché l'FBI non fu convinta che fosse contro Hitler e non rappresentasse una minaccia. Per i sei anni successivi Reich continuò a vivere al sicuro e produttivamente negli Stati Uniti, senza subire molestie degne di nota. Continuò con la ricerca clinica, biomedica e fisica dell'energia orgonica fondando un nuovo istituto e pubblicò dei periodici per rendere note le sue scoperte: l'*International Journal of Sex-Economy and Orgone Research*, seguito dall'*Orgone Energy Bulletin* e da un altro ancora, intitolato *Cosmic Orgone Engineering*. I titoli di questi periodici riflettevano il suo crescente

# Il Manuale dell'Accumulatore Orgonico

interesse per la biofisica orgonica.

Un gruppo di medici, scienziati ed educatori americani studiarono insieme a Reich e sostennero i suoi sforzi, aiutandolo nel lavoro. Egli si trasferì in una struttura rurale più ampia, che chiamò *Orgonon,* a Rangeley, nel Maine, che ospitava un grande osservatorio e un laboratorio per studenti. I suoi progetti includevano la costruzione di una clinica per trattamenti medici basati sull'uso dell'accumulatore di energia orgonica.

Gli esperimenti di Reich con l'energia orgonica attirarono occasionalmente dei commenti ostili da parte di alcuni dottori nella comunità medica, mentre i suoi scritti sulla libertà sessuale attirarono lamentele da parte di alcuni moralisti dell'epoca. Tutto ciò non ebbe però alcuna ripercussione sul suo lavoro. I suoi libri, come *La funzione dell'orgasmo,* ricevettero recensioni derisorie dalle principali riviste mediche già nel 1942, dando adito a una campagna di dicerie che lui affrontò esponendole pubblicamente e confutandole nel suo nuovo *Journal.* Da queste prime seccature americane non emersero attacchi legali o persecuzioni organizzate, tuttavia questo sarebbe cambiato in seguito. Nel 1946, poco dopo l'uscita negli Stati Uniti della prima edizione inglese della *Psicologia di massa del fascismo,* una delle sue opere degli anni '30 per il quale era stato incluso nella lista delle persone da eliminare dei nazisti e del Comintern, egli fu nuovamente e gravemente attaccato dai comunisti.

La rivista *New Republic* giocò un ruolo centrale nella rinnovata campagna contro Reich. Nata dal patrimonio di famiglia di Willard Straight, un promotore finanziario americano, la *New Republic* era originariamente liberal-progressista ma di vedute pro-americane. Ai tempi di Reich, tuttavia, era stata rilevata dal giovane Michael Whitney Straight che, per sua successiva ammissione, era stato reclutato come spia sovietica nel 1935, quando frequentava la Cambridge University. Straight era un importante membro americano della cerchia di spie denominata *Cambridge Five* controllata dall'NKVD, che agiva soprattutto al di fuori del Regno Unito e includeva i famigerati Anthony Blunt, Guy Burgess e Kim Philby. Essi fornirono all'Unione Sovietica informazioni relative al settore atomico e ad altri argomenti di massima segretezza durante la Seconda Guerra Mondiale fino all'incirca al 1952, quando vennero scoperti. Straight riuscì a nascondere le sue connessioni sovietiche fino al 1962.

Come proprietario della *New Republic* e agente dell'NKVD-

# Introduzione dell'autore

KGB, Michael Straight portò nello staff molti comunisti, più o meno celati, come l'ex vice-presidente degli Stati Uniti (1941-1944) Henry Wallace in qualità di editore. Le manifeste simpatie sovietiche e comuniste di Wallace, il suo occultamento dei campi di sterminio/gulag sovietici, gli incontri pubblici con operatori del Comintern e altri fattori obbligarono il presidente Roosevelt a sostituirlo come vice-presidente con Harry Truman nel 1944. Materiali divulgati di recente dagli archivi sovietici confermano che Wallace di fatto lavorava di nascosto per i sovietici.

Sotto la sorveglianza di Straight e la redazione di Wallace, la *New Republic* riceveva direzioni dal Comintern e dal KGB, allo scopo di pilotare i vecchi e sani sentimenti americani liberal-democratici verso gli ordini del giorno pro-sovietici e del Comintern. A questo riguardo, un aspetto centrale della loro missione era sicuramente attaccare i combattenti per la libertà anti-comunisti come Wilhelm Reich, che aveva visto di persona il veleno del fascismo rosso e ne aveva scritto al riguardo. Pare che l'edizione inglese appena pubblicata nel 1946 della *Psicologia di Massa* di Reich fosse giunta all'attenzione dello staff del Comintern e della *New Republic*, e avesse innescato un rinnovato interesse a distruggerlo.

Sotto la direzione di Henry Wallace, la *New Republic* dapprima pubblicò una "recensione" diffamatoria della *Psicologia di Massa* di Reich, scritta da Fredric Wertham, uno psichiatra orientato verso il socialismo che divenne famoso scrivendo libri e articoli che denunciavano l'effetto negativo dei fumetti sulla gioventù americana, propugnandone la censura. L'articolo rappresentava Reich in modo distorto, come un pericoloso estremista politico che intendeva colpire gli Stati Uniti, e lo accusava di avere un "totale disprezzo per le masse", come se le critiche fatte da Reich alla ferocia omicida di nazisti e comunisti fossero insensate. Il camerata Wertham si appellava agli *intellettuali dei nostri tempi... per combattere il genere di psico-fascismo esemplificato dal libro di Reich*".

Ma le calunnie di Wallace-Wertham non sono nulla se paragonate alle calunnie sessuali e alla campagna diffamatoria pubblica iniziata l'anno successivo, nel 1947, dalla scrittrice comunista Mildred Brady sulle riviste *Harper's* e *New Republic*. I suoi articoli diffamatori: *The New Cult of Sex and Anarchy* (Il nuovo culto del sesso e dell'anarchia) e *The strange Case of Wilhelm Reich* (Lo strano caso di Wilhelm Reich), diffusero

# Il Manuale dell'Accumulatore Orgonico

ulteriori accuse ingiustificate, che stimolarono la pubblicazione di articoli simili su altre riviste, giornali e pubblicazioni professionali dell'epoca.

I coniugi Brady – Mildred e suo marito Robert – erano in stretti rapporti con le reti di Straight e Wallace, costituite da amici del Comintern e da agenti del KGB. L'ufficio di Robert Brady all'università di Berkeley in California fu identificato dall'FBI come punto d'incontro per contatti e intermediari che facevano capo all'Unione Sovietica. I coniugi Brady avevano inoltre una lunga relazione con il più grande circuito di spie sovietiche in funzione negli Stati Uniti, istituito da *Nathan Gregory Silvermaster*, il cui scopo era anche di trasferire in Unione Sovietica i segreti sulle attività nucleari. Negli anni precedenti i coniugi Brady avevano contribuito a fondare l'organizzazione dell'Unione dei Consumatori, che ebbe una forte influenza all'interno dell'FDA (Food and Drug Administration) e delle organizzazioni mediche. Di fatto erano stati loro a scrivere una parte del linguaggio specifico per le codifiche legali usate in seguito dall'FDA per attaccare i metodi di guarigione naturale, come ad esempio le clausole di "trasporto interstatale" e di "classificazione erronea della merce". In teoria l'FDA doveva sovrintendere alla sicurezza di alimenti, farmaci e prodotti cosmetici, ma in realtà fin dai suoi primi anni il suo obiettivo primario, in parte forse dovuto ai malefici sotterfugi del Comintern, era quello di concentrare il controllo del Governo Federale su vasti settori dell'economia, del comportamento pubblico e delle questioni relative alla salute.

I coniugi Brady giocarono un ruolo chiave nella creazione della suddetta infrastruttura dittatoriale "sanitaria", anche dopo essere stati licenziati dall'*Office of Price Administration* (Ufficio Amministrazione Prezzi) nel 1941, durante l'amministrazione Roosevelt, per essere aperti simpatizzanti del partito comunista sovietico. Il *Dies Committee* (Comitato Dies) del Congresso degli Stati Uniti aveva riconosciuto pubblicamente i coniugi Brady come agenti sovietici, fatto che aveva portato al loro licenziamento. Anche uno degli impiegati della loro *Unione dei consumatori* (che in seguito pubblicò la rivista *Consumer's Report*s) era stato identificato negli archivi dell'FBI come corriere sovietico e come l'autista che aiutò a fuggire l'assassino di Leon Trotsky a Città del Messico nel 1940. Una volta che Wilhelm Reich fu identificato come una possibile minaccia per gli scopi del

# Introduzione dell'autore

Comintern negli Stati Uniti, questa stessa rete di agenti e simpatizzanti sovietici cominciò a orchestrare un attacco mortale nei suoi confronti.

Gli articoli diffamatori di Brady denunciarono Reich attribuendogli delle falsità e insinuando che gestiva un racket del sesso, e ripetevano le diffamazioni dei vecchi giornali socialisti e comunisti che dieci anni prima lo avevano attaccato in Scandinavia. Inoltre Brady denunciò Reich per aver criticato la repressione sessuale stalinista, quando di fatto i bolscevichi e in seguito la dittatura stalinista avevano progressivamente tradito tutte le libertà e i diritti umani esistenti durante l'originaria autentica rivoluzione russa, come pure quelli rimasti dal periodo zarista. Da brava scrittrice Brady mentì agevolmente su quasi tutto, insinuando anche che Reich pubblicizzava l'accumulatore orgonico come panacea, cosa che invece non aveva mai fatto. Il suo articolo usava metodi sovietici standard di disinformazione pubblica, con derisioni e mezze verità mescolate alle menzogne, allo scopo di isolare e distruggere il suo bersaglio, e terminava chiedendo apertamente un'indagine governativa sul suo lavoro.

Le diffamazioni dei coniugi Brady furono presto raccolte e stampate parola per parola, senza controllare i fatti, da altre pubblicazioni che includevano riviste mediche ostili. Il Bulletin of the Menninger Clinic fu felice di riprodurre l'intero articolo di Brady poiché Karl Menninger odiava Reich già da tempo, essendo stato uno degli psicanalisti che alla Conferenza di Lucerna del 1934 complottavano per espellerlo dall'IPA. Il *Journal of American Medical Association* si unì senza esitazione a tutto ciò, pubblicando un articolo denigratorio basato su quello di Brady, data la loro guerra in corso contro tutte le forme di guarigione naturale che facevano concorrenza alle loro amate e molto proficue sostanze farmaceutiche. Brevi versioni dell'articolo di Brady o nuove versioni che attingevano da esso, arricchite da commenti ancora più salaci, apparvero in *Colliers, The New York Post, Everybody's Digest, Mademoiselle, Consumer's Reports* e altre riviste, come pure in capitoli o sezioni di nuovi libri che trattavano tematiche mediche e psicoanalitiche. Queste pubblicazioni furono lette da decine di milioni di persone.

Qualche anno dopo, le diffamazioni di Brady vennero fortemente amplificate dall'"umanista" marxista Martin Gardner. Il suo articolo del 1950 comparso sull'*Antioch Review*, presentava Reich al mondo accademico come un balordo fuorviato.

# Il Manuale dell'Accumulatore Orgonico

Nell'autorevole libro di Gardner del 1952 *Fads and Fallacies in the Name of Science* (Manie e falsità in nome della scienza), che conteneva un capitolo sull'"Orgonomia", Reich fu soggetto a ciò che in seguito diventò il marchio di Gardner e della CSICOP,[6] una litania di false ed esagerate caricature da fumetto rivolte a un lavoro fatto seriamente, con distorsioni denigratorie di pericolosità pubblica e con una derisione portata all'eccesso. Reich fu marchiato come balordo e ciarlatano. Insieme, Brady e Gardner alimentarono al massimo il divampare delle ostilità contro Reich. L'accumulatore orgonico fu definito pubblicamente una "scatola da sesso" in riviste per uomini come *Sir!* e Reich diventò oggetto di pubblico ludibrio, con inviti aperti al governo a intervenire per "proteggere il pubblico" dalla "ciarlataneria medica". Si trattava, come annotato da Reich, di una *cospirazione comunista* che giocava sull'ansia sessuale, creando una conseguente *reazione emozionale a catena*.

Al culmine di questa campagna stampa diffamatoria contro Reich, gli articoli di Brady furono consegnati da medici autorevoli ad alti funzionari dell'FDA e ciò diede inizio a un'"indagine" ufficiale ma estremamente prevenuta. Com'era l'FDA a quell'epoca?

Negli anni '40, l'FDA era un'organizzazione "pietista", "attivista per il consumatore" e "anti-corporazionista" finanziariamente forte e orientata verso il socialismo, che dedicava una considerevole quantità delle sue risorse a scovare ed eliminare pionieri medici indipendenti di ogni genere con l'autorità di "sopprimere la ciarlataneria medica". Pur non avendo agenti attivi del Comintern operanti al suo interno, era decisamente un gruppo socialista che non aveva bisogno di un grande incoraggiamento per dare la caccia all'ennesimo medico non ortodosso, poiché aveva interi dipartimenti già pronti e dediti a tali compiti. Inoltre, grazie al suo mandato, l'FDA era in stretto rapporto lavorativo con i medici ospedalieri e con le compagnie farmaceutiche, le cui motivazioni economiche e la cui ideologia

---

6. CSICOP: *Committee for the Scientific Investigation of Claims of the Paranormal* (Comitato d'indagine scientifica sulle rivendicazioni paranormali), oggi rinominato, senza alcun cambiamento di obiettivi, *Committee for Skeptical Inquiry* (Comitato di indagine scettica): un gruppo "scettico" corrotto che ha combattuto contro i metodi di guarigione naturale e contro Reich e l'orgonomia. Vedere:
www.orgonelab.org/csicop.htm  e  www.orgonelab.org/gardner.htm

# Introduzione dell'autore

allopatico-meccanicistica influenzarono l'FDA a tal punto da diventare un mezzo di distruzione per le molte cliniche e terapie meno costose di guarigione naturale, gestite da operatori sanitari che non erano medici. A questo riguardo, sia le talpe del Comintern che i medici ospedalieri condividevano gli stessi scopi nell'istituire un gigantesco apparato burocratico che potesse distruggere chiunque essi volevano.

L'FDA aveva in precedenza distrutto le famose cliniche di trattamento del cancro di Harry Hoxsey, che usavano diffusamente e con grande successo i rimedi erboristici dei nativi americani. Aveva distrutti i molti *centri di cura con acque termali* che esistevano in tutto il paese, dove *acque di luce blu cariche di orgone* (vedere Capitolo 10) sgorgavano dalla terra come a Lourdes in Francia, e venivano accettate e usate dalla maggior parte dei medici naturopati e dalla gente comune di quel periodo. Storicamente, le tribù indiane fumavano il calumet della pace e praticavano la cerimonia della capanna sudatoria vicino a queste acque per recuperare la salute e guarire vecchie ferite. Ad altre cliniche di guarigione naturale e a medici pionieri come Max Gerson fu impedita l'attività con l'inganno e la forza bruta dai fanatici dell'FDA, che lavoravano a stretto contatto con il sistema medico ospedaliero, l'Associazione Medica Americana (AMA) e le compagnie farmaceutiche. La maggior parte di tutto ciò era avvenuta già anni prima che Wilhelm Reich giungesse alla loro attenzione.

L'attacco a Reich da parte dell'FDA fu condotto principalmente da W.R.M. Wharton, capo della divisione orientale dell'FDA, e dall'ispettore interno dell'FDA per lo stato del Maine, Charles A. Wood. Wharton viene descritto da persone facenti parte del personale dell'FDA e dai biografi come un personaggio ossessionato dal sesso, spietato e pornografico, che teneva nel suo ufficio un fallo in ceramica, ponendolo in modo provocatorio sulla sua scrivania quando la sua segretaria scriveva sotto dettatura. Wharton scrisse lettere e annotazioni interne dell'FDA ripetendo le salaci accuse degli articoli di Brady. Anche l'ispettore Wood, che ebbe il ruolo chiave nella raccolta delle prove per il loro caso legale contro Reich, fu influenzato in modo pregiudiziale dagli articoli di Brady. All'inizio della sua indagine, Wood disse a uno degli impiegati di Reich che *"l'accumulatore era un imbroglio... e il dottor Reich lo usava per ingannare la gente ..."* e che *"presto sarebbe andato in prigione."* Quindi la sua indagine ebbe come presupposto fin dall'inizio che le diffamazioni di Brady fossero reali, e che Reich fosse a capo di un qualche "racket del sesso" o di una "frode".

Per ironica coincidenza, il nome Charles A. Wood compare anche una decina di anni prima come giudice per il *Comitato Nazionale delle Relazioni Sindacali* (National Labor Relations Board - NLRB) istituito durante l'amministrazione Roosevelt.

Per esempio, oggi sappiamo dagli archivi sovietici, che l'NLRB era stato pesantemente infiltrato da talpe sovietiche per dirigere il movimento operaio americano verso ordini del giorno comunisti. Il giudice dell'NLRB Wood si pronunciò contro i gruppi operai americani indipendenti a favore del *Congresso delle Organizzazioni Industriali* (Congress of Industrial Organizations - CIO), che il Comitato Dies del Congresso degli Stati Uniti (US House Dies Committee) aveva identificato essere un gruppo operaio controllato dai sovietici. Inoltre Wood emise delle sentenze contro l'organizzazione di *Ricerca dei Consumatori* (CR), a favore dei loro membri comunisti che erano stati licenziati, i quali procedettero a formare *l'Unione dei Consumatori* (editore della rivista *Consumers' Reports*).[7] Il giudice dell'NLRB Wood probabilmente entrò in contatto con Mildred Brady mentre concludeva il caso riguardante l'organizzazione CR, sentenziando a favore dei comunisti licenziati una decina di anni prima che Brady scrivesse gli articoli diffamatori più distruttivi contro Reich - articoli che in seguito avrebbero influenzato in modo pregiudiziale gli ispettori dell'FDA Wood e Wharton nella loro indagine contro Wilhelm Reich.

Fin dal suo arrivo al centro di ricerche di Reich nella campagna del Maine, Wood iniziò a corteggiare la figlia del falegname che costruiva gli accumulatori orgonici per Reich, trasformandola in una spia per l'indagine dell'FDA. Nel giro di tre mesi la sposò. Per un certo periodo l'ignaro Reich collaborò con Wood, finché non emersero le accuse di "racket sessuale". Legittimamente infuriato, Reich non rilasciò più interviste e non cooperò più con la cosiddetta "indagine" dell'FDA. Alla fine il rapporto presentato da Wood all'ufficio interno dell'FDA denunciò Reich e l'accumulatore come "una frode di prima grandezza".

---

7. *An Inventory to the Records of Consumer's Research, Inc., 1910-1983, bulk 1928-1980*, di Gregory L. Williams, gennaio 1955. Collezioni speciali e Archivi universitari, Biblioteche della Rutgers University www2.scc.rutgers.edu/ead/manuscripts/consumers_introf.html

## Introduzione dell'autore

Oltre ai rapporti di Wood, i funzionari dell'FDA, nei quartier generali di Boston che sovrintendevano al caso Reich, diedero molto credito a pettegolezzi e dicerie provenienti dagli articoli diffamatori di Brady, che avevano acquisito "rispettabilità" grazie alla loro acritica ripubblicazione sulle mediche riviste. Non avendo però trovato prove di un "racket sessuale", essi si focalizzarono a perseguire l'accumulatore orgonico. Nella loro indagine non riuscirono a trovare nessuno che si fosse lamentato dell'accumulatore, nessuno che lo avesse trovato inutile e che quindi potesse essere usato per avanzare reclami contro Reich. In realtà accadde proprio il contrario, perciò i burocrati dell'FDA iniziarono ad assicurarsi la cooperazione di "esperti" medici ospedalieri prevenuti e scienziati dogmatici presi dalle loro liste di "acchiappa ciarlatani". Essi non avevano alcuna familiarità o interesse nei fatti scientifici in questione, ma potevano essere comunque chiamati a raffazzonare alcuni "esperimenti" che garantissero dei risultati negativi o essere rimossi dalla loro carica.[8]

Fra i miei fascicoli ho ad esempio una lettera del figlio di uno dei principali scienziati che lavorarono a quel tempo con l'FDA, il fisico Kurt Lion del MIT (Massachussets Institute of Technology), nella quale egli afferma di ricordare chiaramente che a suo padre fu chiesto dall'FDA di "dimostrare che la scatola [orgonica] era solo una scatola o che il dottor Reich era un truffatore". Questo è ben diverso dal chiedere di *investigare in modo onesto quale fosse la funzione dell'accumulatore orgonico*, cosa che non fecero né intesero fare mai. Avvennero molte violazioni dell'etica legale, morale e scientifica quando i funzionari dell'FDA e un numero di psichiatri, psicoanalisti e fisici si unirono per porre fine al lavoro di Reich. In questo furono diretti e guidati dagli articoli diffamatori e dal capo ispettore Wood. Entro la fine del 1954 l'FDA aveva speso circa 10 milioni di dollari per l'indagine su Reich, una percentuale davvero significativa dell'intero bilancio dell'FDA.

Nel caso Reich saltarono fuori altre talpe del Comintern. Anche uno dei procuratori legali di Reich dell'epoca, Arthur Garfield Hays, importante avvocato di New York e membro

---

8. Vedere Richard Blasband e Courtney Baker: *"An Analysis of the United States Food and Drug Administration's Scientific Evidence Against Wilhelm Reich"* in tre parti, *Journal of Orgonomy, 1972-1973.* Citazioni complete nella Bibliografia.

fondatore del *Sindacato Americano delle Libertà Civili,* allora (e anche ora?) prevalentemente composto da "compagni di viaggio" (sostenitori e spie non ufficiali, ndt), era filo-sovietico e uno dei membri fondatori e dei soci dell'*Unione dei Consumatori* di Brady. Hays era di fatto coinvolto fin sopra i capelli in diverse organizzazioni comuniste di facciata e in svariate attività legali filo-sovietiche. Tuttavia, a livello pubblico era conosciuto solo come un convenzionale avvocato liberale per i diritti civili. In questa veste, Hays dissuase Reich dal fare causa per diffamazione contro Brady e Gardner per i loro articoli calunniosi e non offrì alcun suggerimento per un intervento legale contro l'indagine chiaramente pregiudiziale dell'FDA. In realtà, delle poderose cause legali contro chi aveva scritto gli articoli diffamatori e contro l'FDA avrebbero portato le loro azioni a una battuta d'arresto. Un buon avvocato avrebbe potuto fare molte cose per affrontare, rallentare e forse anche contrastare l'indagine dell'FDA e gli attacchi dei giornali. Tuttavia Hays disse, andando contro la propria deontologia professionale, che non si poteva fare nulla, proteggendo così in modo non etico il suo confidente del Comintern Brady e i medici cospiratori dell'FDA.

Reich non sapeva nulla delle simpatie sovietiche di Hays, o delle connessioni con i coniugi Brady, e Hays non lo informò mai della cosa. Reich fu quindi manipolato verso il disastro nei momenti cruciali. Gli articoli diffamatori e il meccanismo legale dell'FDA continuarono ricevendo scarsa opposizione, a parte le lettere di protesta di Reich ai funzionari dell'FDA e ai giornali, e gli articoli pubblicati nelle sue riviste che cercavano di mettere le cose in chiaro e facevano appelli pubblici all'onestà e al porre fine alle dicerie.

Da ciò è chiaro che l'FDA non voleva altro che "colpire Reich" con qualsiasi accusa possibile, e che era stata spinta in questa direzione da vari individui altolocati all'interno della comunità medica, da articoli diffamatori scritti da agenti del Comintern e da probabili agenti del Comintern che lavoravano in posizioni chiave all'interno dell'FDA. Reich era consapevole del retroterra comunista di alcuni dei suoi principali detrattori e delle loro azioni corrotte, e un numero dei suoi collaboratori fu professionalmente colpito dalle dicerie, dalle calunnie e dalle azioni dell'FDA. È comprensibile che tali attacchi e tradimenti lo fecero infuriare.

Quando infine nel 1954 l'FDA presentò al Tribunale Federale

di Portland, nel Maine, una *Denuncia per Ingiunzione* contro la sua ricerca, emerse un ulteriore tradimento: l'ex avvocato personale di Reich, Peter Mills, comparve nel ruolo di Pubblico Ministero. Mills era un arrampicatore sociale opportunista, un ex politicante nella legislatura dello Stato del Maine, felicissimo del suo nuovo impiego come Pubblico Ministero di alto rango. Di conseguenza egli si rifiutò di astenersi dal caso, cosa che avrebbe invece dovuto fare dal punto di vista etico. In una video-intervista del 1986 sul caso Reich, Mills affermò che l'FDA era arrivata nel suo ufficio con la documentazione completa per l'incriminazione pronta a partire, e che lui non avrebbe dovuto fare altro che firmarla. Egli dichiarò che non avrebbe rinunciato al suo lavoro per salvare Wilhelm Reich e rise nervosamente, diventando evasivo, quando gli fu chiesto del rogo dei libri, definendo Reich con il termine "pazzoide".

A seguito degli anni costellati da articoli denigratori e tradimenti, e infine dalla denuncia dell'FDA al tribunale, Reich si rifiutò di comparire di persona nel ruolo, come diceva lui, di *"imputato in materia di ricerca scientifica naturale di base"*. Reich scrisse invece una convincente *Risposta* (Mozione di Archiviazione) al giudice, dove riferì la storia degli abusi non etici dell'FDA e delle calunnie di giornalisti menzogneri. Rifiutò inoltre di concedere ai tribunali l'autorità di giudicare la validità della sua ricerca sull'orgone, con argomentazioni dal punto di vista di uno scienziato naturale. Questo provocò un durissimo provvedimento giudiziario contro Reich, unico nella storia americana, il cui significato per le nostre garanzie costituzionali è molto più rilevante del meglio conosciuto *Processo delle Scimmie* (Scopes Monkey Trial), dove in una cittadina del Tennessee era stato temporaneamente proibito l'insegnamento della Teoria dell'evoluzione di Darwin nella scuola pubblica. Il giudice semplicemente ignorò la *Risposta* scritta da Reich, che di fatto doveva essere accettata come il documento legale che avrebbe condotto al passo successivo nei procedimenti della difesa. Il giudice sentenziò invece che Reich *non aveva risposto* nulla, ed egli perse la causa per inadempienza tecnica.

All'FDA fu così concesso tutto ciò che voleva in un Decreto Ingiuntivo del Tribunale Federale, che dichiarava che l'energia orgonica "non esisteva" e riclassificava tutti i libri che contenevano la parola proibita "orgone" come "materiale pubblicitario" proibendone il trasporto interstatale. Questo includeva i libri

# Il Manuale dell'Accumulatore Orgonico

che contenevano la parola tabù anche solo nella prefazione o nelle note introduttive. In aggiunta, fu *ordinata la distruzione* di tutte le pubblicazioni che trattavano nel dettaglio l'energia orgonica e lo smantellamento e distruzione degli apparecchi che usavano quell'energia.

**Caso n.° 1056, 19 marzo 1954, Tribunale Distrettuale, Portland, Maine, Giudice John D. Clifford, Jr.**

"VIETATI, fino all'espunzione di tutti i riferimenti
    all'energia orgonica:
*La scoperta dell'orgone*
        *Vol. I, La funzione dell'orgasmo*
        *Vol. II La biopatia del cancro*
*La rivoluzione sessuale*
*Etere, dio e diavolo*
*Superimposizione cosmica*
*Ascolta, piccolo uomo*
*La psicologia di massa del fascismo*
*Analisi del carattere*
*L'assassinio di Cristo*
*Individuo e stato*

VIETATI con l'ORDINE DI ESSERE DISTRUTTI
*The Orgone Energy Accumulator: Its Scientific
    and Medical Use*
*The Oranur Experiment*
*The Orgone Energy Bulletin*
*The Orgone Energy Emergency Bulletin*
*International Journal of Sex-Economy and Orgone Research*
*Internazionale Zeitschrift fuer Orgonomie*
*Annals of the Orgone Institute*"

Così, alla fine degli anni '50 e all'inizio degli anni '60 i libri e le pubblicazioni di ricerca di Reich, anche quelli che erano stati "solo" vietati, venivano periodicamente confiscati dagli agenti dell'FDA e mandati al rogo negli inceneritori del Maine e di New York. Nessuna organizzazione scientifica o professionale, nessun sindacato dei giornalisti, degli scrittori o delle "libertà civili" obiettò pubblicamente al rogo dei libri o agì per aiutare Reich in qualunque modo. Come insulto finale, la sede centrale del suo laboratorio fu invasa da agenti dell'FDA che distrussero gli accumulatori orgonici a colpi d'ascia. In aggiunta agli atti sopra citati, il tribunale ordinò a Reich di smettere di "disseminare informazioni" sull'energia orgonica, censurando di fatto i suoi scritti e discorsi sull'argomento.

Diversi anni dopo, Reich fu accusato di *Oltraggio alla Corte* quando, senza il suo permesso, un suo assistente portò un camion carico di libri dal Maine a New York, oltrepassando i confini di stato e violando così la clausola sul "commercio interstatale" dell'ingiunzione originaria. Quando questo accadde Reich era a più di mille miglia di distanza, impegnato in ricerche sul campo nei deserti dell'Arizona. Ancora comprensibilmente sfiduciato nei confronti degli avvocati, Reich si rappresentò da solo, ma gli fu proibito di presentare le prove riguardanti le scoperte della sua ricerca e fu dichiarato colpevole dell'accusa accuratamente definita di "Oltraggio alla Corte", dove non fu accettata alcuna testimonianza tranne quella riguardante la questione se fosse avvenuto o meno il trasporto di materiale proibito attraverso un confine di stato.

Nonostante Reich si fosse appellato alla Corte Suprema degli Stati Uniti, egli perse la causa riguardo alle accuse di "Oltraggio" sempre per inadempienza tecnica e fu quindi incarcerato nel Penitenziario Federale de Lewisburg, dove morì meno di un anno dopo, nel 1957. La sua morte in carcere avvenne due settimane prima della sua udienza per la libertà sulla parola e probabile scarcerazione, in un momento in cui egli già pregustava la libertà e la riunione con i suoi cari.

Indipendentemente dalle nostre considerazioni riguardo alla risposta di Reich alle accuse del tribunale, i principi su cui egli si basava erano molto importanti e risalivano come minimo alla prova del fuoco di Galileo con la Chiesa Cattolica. La lezione che risale ai tempi di Galileo è che *nessuna corte, tribunale o organizzazione religiosa o scientifica sulla terra ha la capacità di dire, sulla base di confronti testuali o rivelazione divina, cosa sia o non sia la Legge Naturale*. I risultati di un esperimento non possono essere giudicati da chi non lo ha mai riprodotto, e le opinioni di dottori e scienziati non corroborate dalla ricerca non sono meglio delle opinioni di qualunque altra persona, sia essa un membro dell'Associazione Medica Americana, dell'Accademia Nazionale delle Scienze o dello stesso Country Club frequentato

# Il Manuale dell'Accumulatore Orgonico

dal Presidente. Galileo invitò i suoi accusatori a guardare nel telescopio per verificare le sue osservazioni nel modo più semplice e diretto, ma essi si rifiutarono di farlo per principio e lo schernirono in modo beffardo. I detrattori di Reich usarono lo stesso approccio nel loro deciso rifiuto di riprodurre i suoi esperimenti e, nella maggior parte dei casi, perfino di esaminare le prove già pubblicate. Oggi, molti anni dopo la morte di Reich in carcere nel 1957, i suoi critici più accesi mantengono ancora lo stesso approccio anti-scientifico e condannano ciò che essi stessi non hanno letto o investigato.

Riassumendo, i principali responsabili della campagna contro Reich includevano: 1) scrittori di propaganda Comintern pubblicati su importanti riviste a cura di operatori sovietici del KGB; 2) un probabile agente Comintern a capo delle indagini sul campo per l'FDA, che condannò prevedibilmente Reich come "impostore"; 3) psicanalisti, psichiatri e dottori malintenzionati, con i loro alleati della Grande Medicina all'interno dell'FDA; 4) burocrati governativi filo-socialisti dell'FDA inebriati di potere che fungevano da agitatori in nome della "protezione del cittadino"; 5) un avvocato compromesso filo-sovietico e un altro troppo impegnato nell'arrampicata sociale per curarsi dell'etica professionale; 6) altri giornalisti privi di etica che si inventarono un indecente scandalo sessuale da pubblicare. Nella campagna stampa denigratoria portata avanti contro Reich spiccano operatori sovietici dell'NKVD/KGB, probabilmente in combutta con un altro agente sovietico che lavorava nell'FDA ed era a capo dell'indagine, e un altro che fungeva da suo avvocato. Quando il caso fu rinviato in tribunale entrarono in gioco altri elementi, in particolare la mano morta dell'indolenza burocratica all'interno del sistema dei tribunali statunitensi, e Reich fu lentamente stritolato negli ingranaggi dell'apparato legale. I giudici mostrarono una meticolosa osservanza alla *Lettera della Legge*, ma un'omissione patologica dello *Spirito della Legge*, che di certo non permetteva di gettare delle *Mozioni scritte di Archiviazione* (la *Risposta* di Reich) nel bidone della spazzatura, e tanto meno il rogo dei libri. Questo era equiparabile, se non peggio, a tutto ciò che era stato fatto dagli agenti sovietici o dall'FDA, poiché dei rigidi giudici di tribunale, per motivi ancora sconosciuti, ignorarono del tutto le disposizioni della Costituzione sulla *Libertà di Stampa*, permettendo il rogo dei libri e l'incarcerazione di uno scienziato perché difendeva le scoperte fatte attraverso i suoi esperimenti. Tutto ciò per violazione tecnica di una squallida legge sull'etichettatura dei cosmetici!

Nessuno può essere scusato per tutto questo. Nessuno tranne Reich, che venne circondato da innumerevoli nemici e tradito quasi da tutti. Egli ricevette sostegno solo da pochi amici e colleghi, che scrissero lettere e articoli a suo favore, cercando di ottenere il supporto e l'aiuto di tutti i loro contatti. Ad un certo punto essi presentarono una *Petizione Certiorari* (perché il caso fosse riesaminato, ndt) alla Corte Suprema degli Stati Uniti a nome di Reich. Nulla funzionò. Se anche la stampa e l'FDA potevano essere stracolme di simpatizzanti sovietici e fanatici del sistema medico ospedaliero, *qualunque procuratore e giudice sapeva che bruciare libri era un atto inammissibile e illegale*, come pure buttare in prigione dei medici per dei crimini di pensiero e per aver sviluppato nuove terapie di successo, ma in qualche modo tutti ignorarono volontariamente il giuramento fatto di *proteggere e difendere la Costituzione*.

Oggi abbiamo una situazione simile, dove continuano le diffamazioni e gli attacchi contro *il retaggio delle ricerche* di Wilhelm Reich, quasi senza perdere un colpo dopo la sua morte. Esiste sull'orizzonte sociale un nuovo spettro di "gruppi scettici" ben organizzati e ben finanziati, la cui unica missione nella vita è di annientare le nuove ricerche scientifiche sotto la falsa bandiera del "razionalismo scientifico". Queste organizzazioni sono state fondate da politicanti del vecchio Partito Comunista o da marxisti intransigenti, che si nascondono dietro a slogan come "proteggere il pubblico dalla ciarlataneria medica" nello stile della "benevola" FDA. In questo pogrom post-reichiano contro l'orgonomia compaiono ancora alcune di queste persone, come Martin Gardner del CSICOP, ma anche molti nuovi scrittori pronti alla diffamazione. Non è dunque un caso che i mezzi di comunicazione di sinistra, fra cui i principali sono il *New York Times* e *Time Magazine*, lancino frequenti attacchi menzogneri contro Reich e l'orgonomia, spesso ripetendo le calunnie originarie di Brady in modo del tutto immorale.

Solo intorno al 2000, quindi molto tempo dopo che le principali biografie di Reich erano state scritte, sono emersi da nuovi studi, come pure da vari archivi sovietici, i fatti concernenti il ruolo comunista e sovietico nella persecuzione e morte di Reich. Il libro di James Martin, *Wilhelm Reich and the Cold War* (Wilhelm Reich e la Guerra Fredda) è degno di nota per aver divulgato

# Il Manuale dell'Accumulatore Orgonico

questo nuovo materiale, offrendo abbondanti dettagli e documentazione. Ho esaminato personalmente parte del materiale proveniente dalla stessa fonte, trovando un ulteriore sostegno alle conclusioni di Martin, quindi posso attestarne l'autenticità.

I vecchi biografi di Reich, tutti di vedute liberali o di sinistra, omisero semplicemente di esaminare il background dei principali detrattori di Reich. Nel migliore dei casi fraintesero spesso l'anti-comunismo razionale di Reich come una cosa fuori luogo e, nel peggiore dei casi, come una dimostrazione di "paranoia". Oggi, ad esempio, la maggior parte delle persone che conosce Reich dà di riflesso la colpa della sua morte e del rogo dei suoi libri all'"America di destra", ai "cristiani conservatori" o al "maccartismo", ma non esistono prove credibili a sostegno di quest'accusa, come pure alle accuse contro Reich che vorrebbero suggerire che i sentimenti anti-comunisti sono una qualche prova di malattia emotiva (e, per estensione, che i comunisti che massacrarono cento milioni di persone nel XX secolo devono essere "emotivamente sani"!). Esiste tuttavia un'abbondanza di prove che incriminano il Partito Comunista, e i suoi gruppi di sostenitori di sinistra, di terrorismo sociale criminoso e distruttivo, sia durante la vita di Reich che nei decenni successivi alla sua morte. È ora di accettare questi fatti, anche solo per renderci conto di chi è un amico e di chi non lo è, nell'attuale lotta contro l'irrazionalismo politico e la repressione delle nostre libertà sociali duramente guadagnate.[9]

Sulla base di questi fatti storici, è chiaro che **l'FDA e di fatto tutti i tribunali, i corpi accademici e le agenzie governative di ogni tipo hanno per sempre rinunciato a qualunque autorità morale o diritto etico di dire qualunque cosa rispetto a ciò che il cittadino medio possa o non possa fare riguardo all'accumulatore di energia orgonica.** La scoperta dell'orgone è molto più al sicuro nelle mani del cittadino medio che nelle mani di politici, accademie delle scienze e organizzazioni mediche di svariato genere, quindi questo *Manuale* non si rivolge principalmente a un pubblico accademico o medico. Il caso del dottor Wilhelm Reich e dell'accumulatore orgonico è invece portato direttamente al pubblico in genere. Come la luce del sole, l'aria e l'acqua, l'energia orgonica è parte della natura, che esiste

---

9. Vedere l'articolo dell'autore sulle continue repressioni dell'FDA www.orgonelab.org/fda.htm

dovunque e deve essere disponibile a tutti, libera da controllo e da regolamentazioni restrittive. Come invenzione, l'accumulatore orgonico è ora di dominio pubblico, non è brevettabile e non può essere controllato da alcun individuo singolo o corporazione. Inoltre è ancora *del tutto legale* per i cittadini costruire, possedere e usare gli accumulatori orgonici.

Insieme a questo diritto esiste naturalmente anche una grande responsabilità, poiché l'uso appropriato e la manutenzione di un accumulatore richiede che il proprietario sia attento all'aspetto sociale e ambientale. L'oceano di energia orgonica atmosferica può, come l'aria, il cibo e l'acqua essere disturbato e contaminato fino a perdere alcune delle sue qualità a sostegno della vita. È quindi imperativo saper evitare tale contaminazione. Questo *Manuale* offrirà una panoramica di base dell'energia orgonica, dell'accumulatore e della costruzione e utilizzazione sicura dei dispositivi di accumulazione orgonica. Per dettagli scientifici e dati più precisi, s'incoraggia il lettore a procurarsi e a prendere in esame i materiali pubblicati elencati nelle sezioni Bibliografia e Informazioni.

Pochi anni dopo la morte di Reich, gli amministratori del suo patrimonio decisero di trasformare la sua casa e il suo laboratorio in un museo, il *Wilhelm Reich Museum*, e di ripubblicare i suoi scritti principali. Oggi la maggior parte dei suoi libri è stata ripubblicata in diverse lingue e si trova in librerie e biblioteche di tutto il mondo. Entro la fine degli anni '60 i collaboratori di Reich fondarono anche nuove organizzazioni e riviste scientifiche, come il *Journal of Orgonomy* (Giornale di Orgonomia) e gli *Annals of the Institute for Orgonomic Science* (Annali dell'Istituto per la Scienza Orgonomica). Questi sforzi riflettevano nuove indagini e nuovi studi che documentavano la legittimità scientifica delle scoperte di Reich. Allo stesso modo, l'*Orgone Biophsysical Research Lab* è stato fondato dall'autore nel 1978, insieme a un nuovo giornale di ricerca: *Pulse of the Planet* (La Pulsazione del Pianeta, vedere la Bibliografia). Nel corso degli anni l'interesse per il lavoro di Reich è gradualmente aumentato, e molti nuovi studi sperimentali che verificano le sue scoperte sull'energia orgonica e sull'accumulatore sono stati fatti in tutto il mondo. Esistono ora corsi universitari focalizzati sulla vita e sul lavoro di Reich, e in alcuni casi sono stati condotti apertamente degli esperimenti di energia orgonica in università o cliniche mediche che hanno prodotto risultati positivi a favore di Reich. Egli è

# Il Manuale dell'Accumulatore Orgonico

stato oggetto di molte recensioni, biografie e cortometraggi. Malgrado alcune distorsioni mistiche e gli attacchi continuativi da parte di pochi "scettici" malintenzionati, una nuova generazione di scienziati, operatori della salute e normali cittadini interessati stanno riscoprendo l'autentico Wilhelm Reich.

**Il tentativo di uccidere la scoperta dell'orgone è fallito.**

# Parte I

# La Biofisica dell'Energia Orgonica

# Il Manuale dell'Accumulatore Orgonico

# 3. Che cos'è l'energia orgonica?

L'energia orgonica è l'energia vitale cosmica, la forza creativa fondamentale che le persone che vivono a contatto con la natura conoscono da tempo e sulla quale speculano gli scienziati naturali, la cui presenza è stata fisicamente oggettivata e dimostrata. L'orgone fu scoperto dal dottor Wilhelm Reich, che identificò molte delle sue proprietà di base. Ad esempio, l'energia orgonica carica tutte le sostanze, viventi e non viventi, e s'irradia da esse. Può anche facilmente penetrare tutti i tipi di materia, ma con velocità differenti. Tutti i materiali influenzano l'energia orgonica, attraendola e assorbendola, oppure respingendola e riflettendola. L'orgone può essere visto, sentito, misurato e fotografato. È un'energia fisica reale e non solo una forza ipotetica e metaforica.

L'orgone esiste anche in forma libera nell'atmosfera e nel vuoto dello spazio. È eccitabile, comprimibile e spontaneamente pulsante, capace di espandersi e di contrarsi. La carica orgonica in un dato ambiente o in una data sostanza varierà nel corso del tempo, di solito in maniera ciclica. L'orgone viene maggiormente attratto dalle cose viventi, dall'acqua e da se stesso. L'energia orgonica può fluire o scorrere da un punto all'altro nell'atmosfera secondo determinate leggi, mantenendo in genere un flusso che va da ovest a est, muovendosi nello stesso verso della rotazione della terra, ma un po' più velocemente. È un mezzo onnipresente, un oceano cosmico di energia dinamica, in movimento, che interconnette l'intero universo fisico. Tutte le creature viventi, i sistemi meteorologici e i pianeti sono influenzati dalle sue pulsazioni e dai suoi movimenti.

L'orgone è correlato ad altre forme di energia benché molto diverso da esse. Può ad esempio impartire una carica magnetica a conduttori ferromagnetici, pur non essendo magnetico in sé. Allo stesso modo può impartire una carica elettrostatica a materiali isolanti, pur non essendo di natura totalmente elettrostatica. Viene disturbato dalla presenza di materiali radioattivi o di un forte elettromagnetismo, alla stessa maniera di un protoplasma irritato. Può essere registrato su contatori Geiger appositamente predisposti. L'orgone è anche il *mezzo*

# Il Manuale dell'Accumulatore Orgonico

attraverso il quale vengono trasmessi i disturbi elettromagnetici, in modo molto simile al vecchio concetto di *etere cosmico* (o *aether*) pur non essendo di natura elettromagnetica.

I flussi di energia orgonica nell'atmosfera terrestre influenzano i cambiamenti nei sistemi di circolazione dell'aria. Le funzioni atmosferiche dell'orgone sono alla base della formazione dei potenziali tipici dei temporali e influenzano la temperatura, la pressione e l'umidità dell'aria. Le funzioni dell'energia orgonica cosmica sembrano essere attive anche nello spazio, influenzando i fenomeni solari e gravitazionali. Tuttavia, l'energia orgonica priva di massa non corrisponde a nessuno di questi fattori fisico-meccanici, né alla loro somma. Le proprietà dell'energia orgonica derivano più dalla vita stessa, in modo molto simile al concetto di *forza vitale* o *élan vital* ma, a differenza di questi concetti più vecchi, si è scoperto che l'orgone esiste in una forma priva di massa sia nell'atmosfera che nello spazio. È *energia vitale* cosmica primaria, primordiale, mentre tutte le altre forme di energia in natura sono secondarie. Lo scienziato rileva l'energia orgonica come *etere* o *energia plasmica*, descrivendola meccanicamente come qualcosa di morto, mentre la persona comune percepisce l'energia vitale come amore, nel rapporto sessuale e nell'orgasmo, oppure quando è immersa nella natura, o durante la meditazione e la preghiera, ma la mistifica come ultraterrena.

Nel mondo vivente le funzioni dell'energia orgonica sono il fondamento dei principali processi biologici; la pulsazione, il flusso e la carica dell'orgone biologico determinano i movimenti, le azioni e il comportamento del protoplasma e dei tessuti, così come l'intensità dei fenomeni "bioelettrici". L'emozione è il flusso e riflusso, la carica e scarica dell'orgone nella membrana di un organismo, proprio come il tempo atmosferico è il flusso e riflusso, la carica e scarica dell'orgone nell'atmosfera. Sia l'organismo che il tempo atmosferico reagiscono al carattere e allo stato prevalente dell'energia vitale. Le funzioni dell'energia orgonica compaiono in tutta la creazione, nei microbi, negli animali, nelle nubi temporalesche, negli uragani e nelle galassie. Non solo l'energia orgonica carica e anima il mondo naturale come un *protoplasma cosmico*, in realtà noi siamo immersi in un mare di orgone come un pesce è immerso nell'acqua. Inoltre è il mezzo che comunica emozioni e percezioni, attraverso il quale siamo connessi al cosmo e imparentati con tutto ciò che vive.

# 4. La scoperta dell'energia orgonica da parte di Wilhelm Reich e la sua invenzione dell'accumulatore orgonico

Il lavoro iniziale di Reich sul tema dell'energia biologica iniziò negli anni '20 quando era studente di Sigmund Freud, il padre della psicoanalisi. Le prime teorie di Freud sul comportamento umano descrivevano in termini metaforici l'energia degli impulsi, che lui definiva *libido*. Mentre Freud e la maggior parte degli altri analisti alla fine smisero di usare questo temine, Reich lo trovò invece un concetto molto utile e continuò a cercare prove dell'esistenza di questa forza che governava le emozioni, il comportamento e la sessualità umana.

Il vasto lavoro clinico di Reich portò all'osservazione di *flussi vegetativi* o *correnti* di energia emozionale nel corpo, che erano presenti in individui sani in condizioni di profondo rilassamento, come dopo un forte sfogo emotivo o dopo un orgasmo genitale molto appagante. Reich identificò l'espressione libera e disinibita delle emozioni e il naturale eccitamento sessuale appagato attraverso l'orgasmo come manifestazioni di un movimento energetico privo di ostacoli nel corpo. Quando un individuo sperimentava un forte dolore, come nei traumi infantili dove le emozioni erano rigidamente represse e trattenute ("i ragazzi forti non piangono", "le brave ragazze non si arrabbiano"), oppure quando si sperimentavano stasi e carenza sessuale a livello cronico, l'intero sistema nervoso e muscolare prendeva parte al processo di repressione emozionale o di distacco emotivo. Questo "trattenere" le emozioni era inoltre accompagnato da una ritirata più o meno ansiosa da situazioni piacevoli o anche potenzialmente piacevoli, che altrimenti avrebbero risvegliato emozioni represse e sgradevoli. Reich osservò che quando questo tipo di risposta alle emozioni e al piacere diventava cronico, anche l'individuo sperimentava un irrigidimento e una

# Il Manuale dell'Accumulatore Orgonico

desensibilizzazione cronica del corpo, uniti a una riduzione della respirazione e della capacità di contatto.

Questa *armatura* neuromuscolare cronica, come la definiva Reich, non era una condizione naturale, nonostante rappresentasse dal punto di vista razionale un modo per sopravvivere in situazioni dolorose o traumatiche. Tuttavia quando l'armatura diventava cronica, come un *modo di vivere*, ostacolava il funzionamento biologico naturale dell'individuo, influenzandone il comportamento anche in circostanze in cui il dolore o il trauma erano improbabili. L'armatura perpetuava in modo efficace i comportamenti attuati dall'individuo per evitare il piacere e gli atteggiamenti di censura emotiva. Paure profondamente radicate e pressioni a conformarsi alla forma corazzata della vita sociale predominante di solito impedivano all'individuo di orientarsi verso la salute emotiva, o di prendere le misure necessarie per cambiare la propria situazione. La maggior parte dei primi scritti di Reich era focalizzata su queste tematiche sociali, sessuali ed emotive.

Reich sosteneva inoltre che l'orgasmo genitale eterosessuale giocava un ruolo centrale di regolazione nell'economia energetica dell'individuo, come un mezzo per scaricare periodicamente l'accumulo di tensione bioenergetica. Più lo scarico orgastico di bioenergia accumulata era intenso, più ci si sentiva in seguito appagati, rilassati e piacevolmente espansivi. Quando invece le pulsioni sessuali e le altre emozioni venivano frustrate, arginate e represse a livello cronico, una grande tensione interna poteva accumularsi fino a raggiungere un punto di esplosione, dove sarebbero comparsi sintomi nevrotici o impulsi sadici. Reich sviluppò delle tecniche terapeutiche per rilasciare l'energia emotiva trattenuta nei suoi pazienti, le quali portavano al rilascio di emozioni rimaste a lungo sepolte e a una maggiore capacità di sperimentare il piacere nella vita, in particolare il piacere genitale. Nel momento in cui i suoi pazienti praticavano una vita sessuale più sana e riferivano di provare un maggior appagamento genitale, egli osservava che i loro sintomi nevrotici sparivano, poiché la quantità di emozioni trattenute e di tensione sessuale era stata ridotta. Alcuni dei primi contributi di Reich alla teoria e alla tecnica psicoanalitica all'inizio vennero accolti positivamente, ma in seguito, quando egli si focalizzò sempre più sulle conseguenze dell'abuso sui minori e della repressione sessuale, gli psicoanalisti più conservatori lo rifiutarono

# La scoperta dell'energia orgonica

attaccandolo. Alla fine Reich abbandonò completamente la psicoanalisi e articolò il suo lavoro sotto un nuovo termine: *sessuo-economia.*

Le prime osservazioni di Reich riguardo al comportamento umano, alle emozioni, all'orgasmo e alle sensazioni del flusso vegetativo suggerivano fortemente una natura reale e tangibile dell'energia emotiva. In seguito egli usò millivoltmetri molto precisi per confermare questo punto di vista e per quantificare le correnti di energia bioelettrica e le loro correlazioni emotive. Tuttavia egli era convinto che i livelli molto bassi di attività bioelettrica osservati non riuscivano a spiegare completamente le potenti forze energetiche rilevate nel comportamento umano. Ciò valeva in modo particolare per i disturbi psichici cronici immobilizzanti nei catatonici e in altri malati mentali completamente chiusi in se stessi. Quando le loro emozioni venivano finalmente liberate, tali pazienti sperimentavano un intenso sfogo di tristezza o di rabbia. Dopodichè essi sperimentavano un radicale rilassamento della muscolatura, un approfondimento spontaneo della respirazione e il ritorno a una lucidità più propensa al contatto. In questi casi l'energia emotiva del paziente, che era trattenuta e bloccata, veniva finalmente liberata in un contesto clinico. Tali osservazioni sull'energia trattenuta e sull'energia liberata venivano consolidate da osservazioni parallele che riguardavano la funzione di scarico dell'orgasmo. Basata su questo genere di osservazioni, la questione di come e dove l'organismo acquisisse esattamente la propria energia emotiva e di quale fosse la sua precisa natura diventava sempre più importante.

A questo punto della sua ricerca, in seguito all'ascesa al potere di Hitler, Reich fu costretto a fuggire dalla Germania in Scandinavia. In Norvegia, Reich cercò di trovare un modo per convalidare il suo modello del funzionamento umano. Osservò che il piacere era identificabile con un aumento della carica bioelettrica sulla superficie della pelle, mentre l'ansietà era accompagnata da una perdita di quella stessa carica bioelettrica periferica. Constatò che di solito le persone che respiravano profondamente e che avevano una postura rilassata ottenevano risultati migliori nelle misurazioni con il millivoltmetro rispetto alle persone contratte, ansiose e con una forte armatura, che avevano vissuto una vita di traumi, abusi, emozioni represse e sessualità non appagante. Se durante la crescita verso l'età adulta un bambino veniva abituato o condizionato a un comportamento mirato alla ricerca del piacere o alla fuga dal piacere (ricerca del dolore), anche la carica della sua pelle e altri parametri fisiologici avrebbero rispecchiato una corrispondente carica energetica alta o bassa. Reich sosteneva che questo movimento dell'organismo e della sua carica energetica per *avvicinarsi* o *allontanarsi* dal mondo era il risultato della storia personale di ognuno. La vita si muove naturalmente verso il piacere e si allontana dal dolore. Un'esperienza dolorosa cronica col tempo corazza l'organismo e rende difficile per le persone protendersi verso un mondo che procura dolore. Da questo nucleo centrale di osservazioni, Reich postulò che un processo simile poteva essere riprodotto e osservato in organismi inferiori, come la lumaca, il lombrico o anche la microscopica ameba.

Reich notò che l'ameba, pur non avendo un "sistema nervoso" o un "cervello" come gli animali superiori, si espandeva o contraeva rispetto al proprio ambiente come gli animali più evoluti. Reich credeva che molte delle funzioni attribuite al cervello fossero in realtà funzioni dei processi del corpo nella sua interezza, le quali coinvolgevano il sistema nervoso autonomo ma erano principalmente il risultato delle forze energetiche che egli aveva documentato in un contesto clinico e di laboratorio. Reich sosteneva che queste correnti di energia biologica funzionavano allo stesso modo in tutte le creature viventi e cercò di verificare tale ipotesi misurando con il millivoltmetro l'ameba in stati di espansione e contrazione. A tale scopo Reich andò all'Istituto Microbiologico dell'Università di Oslo e fece richiesta di una coltura di amebe. Gli fu detto che questo tipo di organismi semplici non venivano mai tenuti a disposizione in colture, perché potevano essere coltivati direttamente da un'infusione di muschio o di erba. Reich era a conoscenza della teoria sui germi provenienti dall'aria, ma rimase sorpreso da ciò che gli era stato detto, perché quella teoria all'epoca non era stata usata per spiegare la genesi di microbi più complessi, come l'ameba o il paramecio. Questi microbi più complessi non possono essere coltivati direttamente dall'aria, ad esempio.

Reich fece le infusioni di muschio e di erba, ma fece anche delle prolungate e attente osservazioni al microscopio del processo di sviluppo dell'ameba. Non vide delle spore sui fili d'erba che si gonfiavano fino a diventare una nuova ameba, ma osservò invece che il muschio e l'erba si disintegravano e decomponevano in

# La scoperta dell'energia orgonica

piccole vescicole blu e verdi. Le minuscole vescicole si sviluppavano e si ammassavano nel corso di diversi giorni, dopodichè intorno all'agglomerato si formava una nuova membrana. L'agglomerato di vescicole ondeggiava e pulsava per un certo periodo all'interno della membrana e alla fine il tutto si muoveva per conto proprio, essendosi *trasformato in una nuova ameba*. Reich osservò inoltre che quando si permetteva a certi materiali, sia organici che inorganici, di disintegrarsi e gonfiare in una soluzione sterile di sostanze nutrienti, essi formavano le minuscole vescicole blu e verdi. Queste osservazioni furono accolte con scetticismo dai microbiologi universitari e Reich sviluppò una serie di rigorosi test di controllo per rispondere alle loro obiezioni e per dimostrare più chiaramente il processo osservabile. Queste procedure di controllo richiedevano prolungate sterilizzazioni in autoclave delle soluzioni di sostanze nutrienti e il riscaldamento su fiamma fino all'incandescenza dei materiali posti nel mezzo nutriente sterile. Le sue procedure di controllo e osservazioni sull'argomento furono ripetute e confermate da altri scienziati dell'epoca e vennero presentate all'Accademia Francese delle Scienze nel 1938. Questo però fece ben poco per soddisfare i suoi critici, che si rifiutarono sfrontatamente di riprodurre gli esperimenti e al contempo lo attaccarono sui quotidiani norvegesi.

Reich usò degli ingrandimenti molto alti al microscopio, dai 3.500 ai 4.500, ma non i soliti coloranti microbiologici o lo procedure che di solito uccidono la vita nel campione. Ciò rendeva le preparazioni di Reich molto diverse da quelle dei comuni microbiologi, che ancora oggi uccidono e colorano le loro preparazioni con fervore religioso e danno poco valore all'osservazione dei microbi vivi al microscopio ottico al di sopra dei 1.000 ingrandimenti. Le immagini standard al microscopio elettronico, ad esempio, non si possono fare con dei campioni vivi.

Reich diede un nuovo nome all'insolita vescicola che aveva scoperto: *bione*. Bioni di dimensioni, forma e motilità simili comparivano nel microscopio ottico quando diversi materiali venivano soggetti a un processo di lento rigonfiamento e disintegrazione, oppure quando delle sostanze venivano scaldate fino all'incandescenza e poi immerse in soluzioni nutrienti sterili. Bollire, sterilizzare in autoclave o riscaldare i campioni fino all'incandescenza non eliminava i bioni dalle colture, ma riusciva in realtà a liberarli in maggiori quantità. Reich studiò anche il processo di disintegrazione e decomposizione degli alimenti al

# Il Manuale dell'Accumulatore Orgonico

microscopio e notò che erano in atto dei processi bionici simili. Essi esibivano una colorazione *bluastra* e furono inoltre osservati effetti di energia radiante. Fu durante queste osservazioni dei bioni al microscopio che Reich scoprì per la prima volta la radiazione dell'orgone e, in seguito, il principio di funzionamento dell'accumulatore di energia orgonica.

Come le sue scoperte sul comportamento umano, gli esperimenti di Reich con i bioni sono troppo importanti e complessi per essere pienamente descritti in questa sede, ma va notato che essi sono stati ampiamente replicati da diversi scienziati in tutto il mondo. La microbiologia classica attuale ha scoperto delle piccole vescicole molto simili ai bioni, ma la priorità di Reich non è ancora stata riconosciuta. Le sue scoperte sui bioni risolsero anche due enigmi paralleli: le origini dei protozoi dal tessuto vegetale morto e disintegrato in natura e le origini delle cellule cancerose protozoarie dai tessuti energeticamente

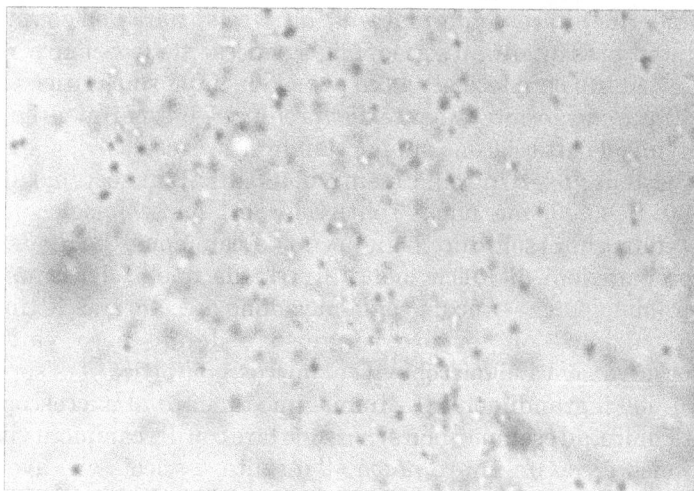

*Bioni microscopici prodotti da erba in acqua e sterilizzata in autoclave, 300x. Sono di circa 1 micron di diametro e mostrano un chiaro luccichìo bluastro, somigliano a minuscole uova di pettirosso. Questa diapositiva è stata preparata all'Orgone Biophysical Research Lab (OBRL) di cui l'autore è direttore, seguendo i protocolli di Reich, usando un microscopio Leitz Ortholux con ottiche apocromatiche. (I critici di Reich solitamente dicono sogghignando: "Solo i 'reichiani' riescono a vedere i bioni".)*

(emotivamente) morti del corpo umano. Reich osservò processi simili sia nell'erba secca che nel tessuto animale morto: la disintegrazione in bioni, seguita da una riorganizzazione spontanea dei bioni in forme protozoarie. In entrambi i casi, di terreno o tessuto, Reich sostenne che il processo aveva inizio a causa di una *perdita della carica di energia vitale* nei tessuti, seguita da putrefazione e disintegrazione.

Una speciale preparazione di bioni, composta di sabbia da spiaggia polverizzata, scaldata fino all'incandescenza e immersa in un brodo sterile di sostanze nutrienti, produsse un potente fenomeno di energia radiante. Ai tecnici di laboratorio veniva la congiuntivite se osservavano troppo a lungo le preparazioni, mentre poteva verificarsi un'infiammazione cutanea se si teneva la soluzione di bioni vicino alla pelle per un certo periodo. Lavorando parecchie ore in laboratorio, Reich sviluppò in pieno inverno una forte abbronzatura nonostante indossasse i vestiti. La radiazione trasmetteva una carica magnetica al ferro o agli utensili d'acciaio situati nelle vicinanze e una carica elettrostatica ai materiali isolanti adiacenti, come i guanti di gomma. Della pellicola riposta in armadi di metallo che erano nelle vicinanze si annebbiò in modo spontaneo. Reich notò che qualunque cosa fosse questa radiazione di bioni, essa veniva rapidamente attratta dai metalli e altrettanto rapidamente si rifletteva o dissipava nell'aria circostante. I materiali organici, tuttavia, assorbivano questa radiazione e la trattenevano. I tentativi di identificare la nuova radiazione utilizzando strumenti tradizionali per l'individuazione di radiazioni nucleari o elettromagnetiche fallirono.

Reich notò inoltre che l'aria nelle stanze contenenti le speciali colture di bioni sembrava "pesante" o carica. Se osservata di notte completamente al buio, l'aria scintillava e brillava visibilmente con un'energia pulsante. Reich cercò di catturare l'energia che si irradiava dalle sue colture di bioni dentro a uno speciale contenitore cubico rivestito di lamiera, che pensava avrebbe riflesso ed intrappolato le radiazioni al suo interno. Come previsto, lo speciale contenitore rivestito di lamiera catturò e amplificò gli effetti della radiazione di bioni. Tuttavia, Reich scoprì con stupore che la radiazione era presente nel contenitore sperimentale *anche quando le colture di bioni venivano rimosse.* Infatti non si poteva fare nulla per "mandar via" la radiazione osservata. Lo speciale contenitore rivestito di metallo sembrava

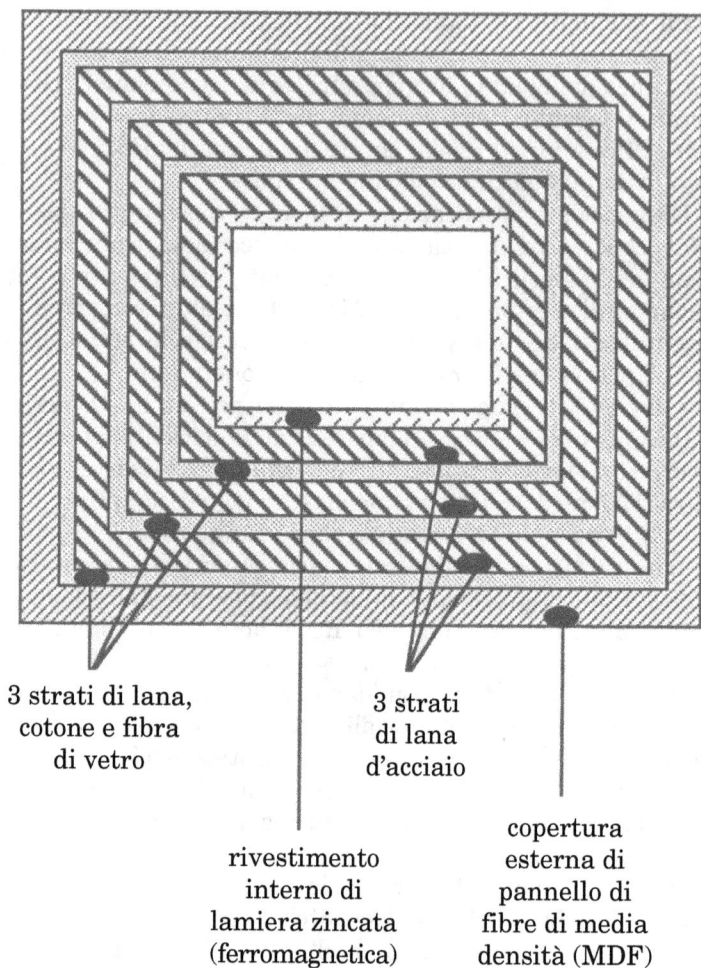

3 strati di lana,
cotone e fibra
di vetro

3 strati
di lana
d'acciaio

rivestimento
interno di
lamiera zincata
(ferromagnetica)

copertura
esterna di
pannello di
fibre di media
densità (MDF)

*Schema semplificato
di un accumulatore di energia orgonica*

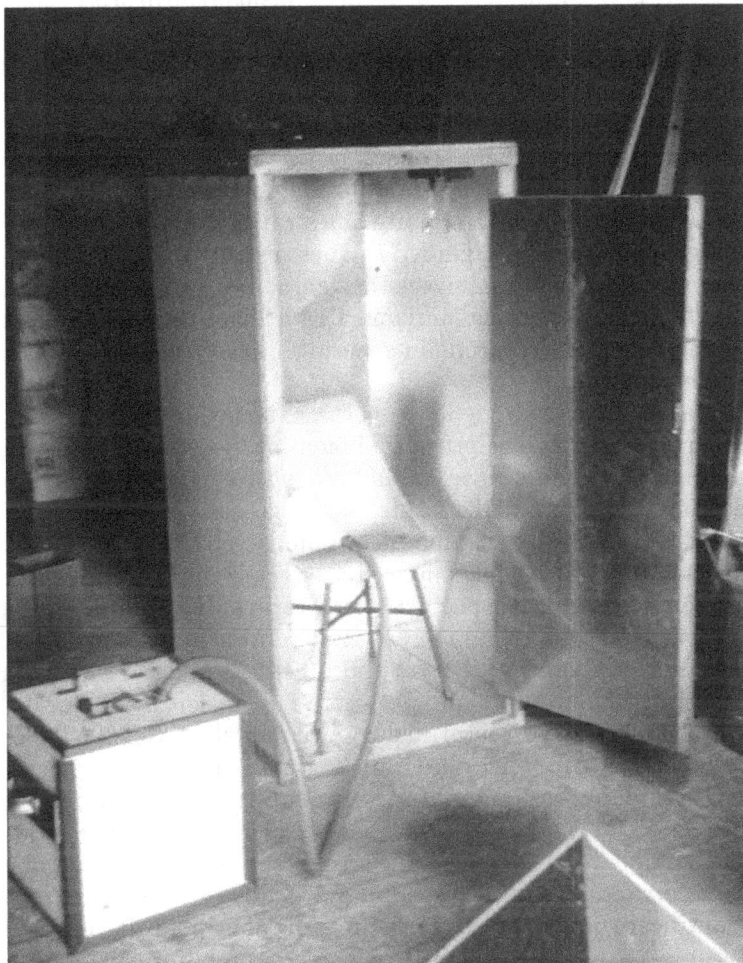

*Al centro, nel laboratorio dell'autore, si nota un accumulatore orgonico a tre strati delle dimensioni adatte a contenere una persona, con in basso a sinistra un accumulatore più piccolo a 10 strati. Un cavo di acciaio flessibile internamente vuoto trasmette la carica orgonica dell'accumulatore più piccolo al grosso imbuto di emissione posto sulla sedia dentro l'accumulatore più grande per le applicazioni locali. Nella sezione III si trovano gli schemi costruttivi relativi a tutti questi semplici dispositivi.*

# Il Manuale dell'Accumulatore Orgonico

attrarre dall'aria la stessa forma di radiazione che in precedenza era stata osservata provenire dalle colture di bioni.

Alla fine Reich si convinse che quello speciale contenitore catturasse una forma atmosferica libera della stessa energia che egli aveva constatato provenire anche dagli organismi viventi. Chiamò l'energia appena scoperta *orgone* e sviluppò dei modi per amplificare gli effetti di accumulazione dell'energia propri del contenitore, soprattutto tramite una stratificazione multipla dei materiali metallici e organici. In queste strutture di accumulo, che erano totalmente passive nel design, non si usavano elettricità, magnetismo, elettromagnetismo o radiazioni nucleari. Questi speciali contenitori furono in seguito chiamati *accumulatori di energia orgonica.*

La reale portata delle scoperte cliniche di Reich, i suoi esperimenti sulla bioelettricità, i bioni, la biogenesi e le origini delle cellule cancerose, e la sua scoperta dell'orgone e dell'accumulatore dell'energia orgonica non possono essere descritti in questa sede, ma alcuni punti vengono riassunti in questo capitolo e in quelli successivi. Si scoprì che l'accumulatore orgonico aveva degli specifici effetti terapeutici sulle piante e sugli animali esposti alla forza vitale concentrata contenuta al suo interno. Fu anche scoperta e documentata una serie di effetti oggettivi e misurabili sulle proprietà fisiche dell'aria o di altri materiali caricati all'interno degli accumulatori. Reich e i suoi collaboratori pubblicarono una serie di articoli di ricerca sull'accumulatore di energia orgonica, sulle sue insolite proprietà fisiche e sui suoi effetti terapeutici. Tali effetti sono stati ripetutamente confermati e ancora oggi continua una tradizione di ricerca nel campo della biofisica dell'orgone. Possiamo identificare in breve alcune delle proprietà note dell'energia orgonica e alcuni degli effetti dell'accumulatore di energia orgonica.

# La scoperta dell'energia orgonica

**Proprietà dell'energia orgonica:**
A) È dappertutto, riempie tutto lo spazio.
B) È priva di massa, cosmica, di natura primordiale.
C) Penetra tutta la materia ma a velocità diverse.
D) Pulsa, si espande e si contrae in modo spontaneo e scorre con una caratteristica propria di un'onda rotante (spinning wave).
E) È direttamente osservabile e misurabile.
F) È negativamente entropica.
G) Ha una forte reciproca affinità e attrazione nei confronti dell'acqua.
H) Viene accumulata dagli organismi viventi in modo naturale attraverso il cibo, l'acqua, il respiro e la pelle.
I) Flussi separati di energia orgonica o sistemi separati caricati con l'orgone subiscono eccitazione e attrazione reciproca (*superimposizione cosmica*).
J) Eccitabilità per mezzo di energie secondarie (nucleare, elettromagnetica, scintilla elettrica, attrito) al punto da manifestare una brillante *luminescenza*.

**Effetti fisici di una forte carica orgonica:**
K) La temperatura dell'aria è leggermente più alta rispetto a quella dell'ambiente circostante.
L) Maggiore potenziale elettrostatico con una velocità di scarica dell'elettroscopio più lenta rispetto all'ambiente circostante.
M) Maggiore umidità e tassi di evaporazione dell'acqua più bassi rispetto all'ambiente circostante.
N) Soppressione degli effetti di ionizzazione all'interno dei tubi di ionizzazione Geiger-Müller pieni di gas.
O) Sviluppo di effetti ionizzanti all'interno di tubi elettronici a vuoto non-ionizzabili (pressione di 0.5 micron o inferiore), chiamati *tubi vacor*.
P) Capacità di trasmettere, ostacolare e assorbire l'elettromagnetismo.

**Effetti biologici di una forte carica orgonica:**

Q) Effetto generale vagotonico, parasimpatico ed espansivo sull'intero sistema.

R) Sensazioni di formicolio e calore sulla superficie della pelle.

S) Aumento della temperatura interna e cutanea, vampate di calore.

T) Moderazione della pressione sanguigna e del ritmo cardiaco.

U) Aumento della peristalsi e respirazione più profonda.

V) Aumento della germogliazione, gemmazione, fioritura e fruttificazione delle piante.

W) Aumento dei ritmi di crescita e riparazione dei tessuti, e di guarigione delle ferite, accertato attraverso studi sugli animali e studi clinici sulle persone.

X) Aumento di: forza di campo, carica, integrità dei tessuti e immunità.

Y) Maggior livello di energia, attività e vivacità.

*Sopra: Scatola di accumulo dell'energia orgonica, dotata di una lente ottica e di fotocamera a soffietto per la diretta osservazione dell'energia orgonica. Sotto: Camera oscura orgonica. Accumulatori per utilizzo umano sul retro. Entrambe le foto provengono dall'Orgone Biophysical Research Lab (OBRL) dell'autore.*

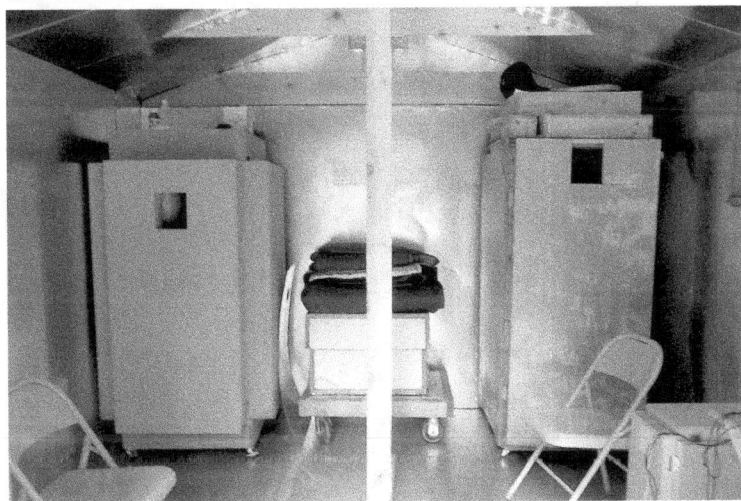

# Il Manuale dell'Accumulatore Orgonico

*Nuova strumentazione: una versione compatta e disponibile sul mercato dell'Orgone Field Meter (misuratore del campo orgonico) originale di Reich, l'Experimental Life-Energy Meter (il misuratore sperimentale dell'energia vitale). È l'unico misuratore conosciuto a dare una lettura costante, senza contatto fisico, della forza o carica del campo energetico di tutte le creature viventi. Più la carica è forte, maggiore è lo spostamento dell'ago. Viene anche utilizzato per valutare la carica dell'energia vitale dei liquidi, della frutta o di altri oggetti. Al confronto un millivoltmetro standard necessiterà di elettrodi di contatto, oppure mostrerà una reazione e poi tornerà rapidamente allo zero.*

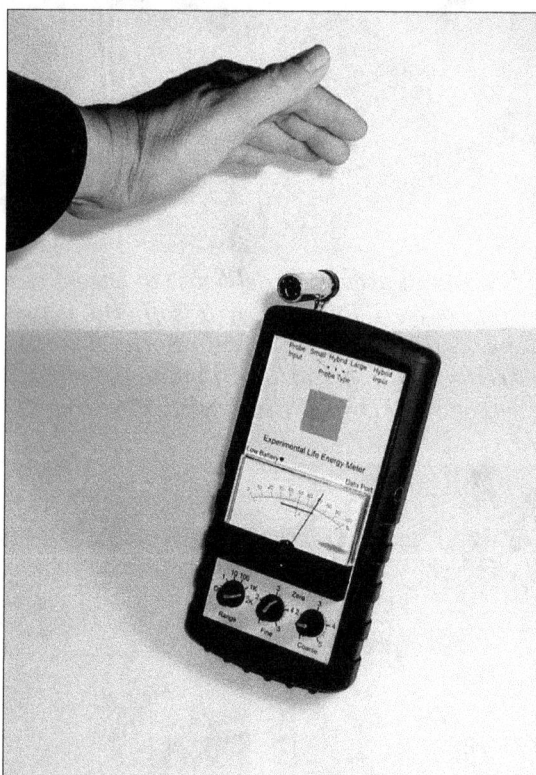

www.naturalenergyworks.net

# 5. Dimostrazione oggettiva dell'energia orgonica

Negli anni, Reich e altri ricercatori svilupparono una serie di tecniche per documentare, misurare e oggettivare la presenza dell'energia orgonica. Queste tecniche sono brevemente elencate qui di seguito, ma per maggiori dettagli si rimanda il lettore interessato al Capitolo 13 sugli *esperimenti* e alla Bibliografia.

A) **Campi bioelettrici.** Reich identificò vari fenomeni bioelettrici, che secondo lui dimostravano la presenza di una corrente energetica più potente in azione nell'organismo. Egli sosteneva che le piccole correnti di "bioelettricità" in millivolt erano solo una minima porzione di questa corrente energetica più forte all'interno del corpo, che lui aveva identificato essere di natura sia emozionale che sessuale, e che in seguito venne oggettivamente identificata come energia orgonica.

B) **Effetti radianti provenienti dalle colture di bioni.** Speciali colture di bioni derivate da sabbia di spiaggia emettevano una potente radiazione che si poteva percepire e vedere nelle camere oscure. Questa radiazione non veniva registrata dagli strumenti di rilevazione delle energie nucleari o elettromagnetiche. Inoltre la radiazione poteva annebbiare le pellicole, imprimere una carica elettrostatica ai materiali isolanti e una carica magnetica a utensili di laboratorio in acciaio.

C) **Osservazioni atmosferiche e in camera oscura, l'orgonoscopio.** Reich osservò e classificò vari fenomeni osservabili dall'occhio abituato al buio delle camere oscure. Furono osservate forme scintillanti simili a nebbia e puntini ondeggianti di luce luminescente, e furono sviluppate numerose tecniche che dimostravano la loro natura reale e oggettiva. Una di queste tecniche comportava lo sviluppo di un nuovo strumento, l'orgonoscopio, che usava dei tubi vuoti, delle lenti e uno schermo fluorescente per ingrandire i vari fenomeni luminosi soggettivi.

# Il Manuale dell'Accumulatore Orgonico

Furono inoltre costruiti degli enormi accumulatori orgonici, grandi quanto una stanza, e le osservazioni fatte al loro interno amplificarono e resero chiari molti degli effetti. Fu identificata una particolare unità corpuscolare orgonica, il cui regolare comportamento cambiava in base a fattori cosmici e meteorologici. Queste particelle macroscopiche furono anche osservate a occhio nudo nel cielo diurno come un fenomeno del tutto comune; esse erano visibili alla maggior parte delle persone una volta che venivano fatte notare. Si osservò che anche la terra possedeva il suo involucro di energia orgonica, o campo energetico, come le singole creature viventi.

D)  **Fotografie a raggi X.** Reich osservò che il fenomeno "fantasma" dei raggi X (l'annebbiamento spontaneo e inspiegabile delle pellicole a raggi X) poteva essere spiegato come un effetto della radiazione orgonica, ovvero dell'energia vitale. Egli pubblicò diverse fotografie nelle quali i fantasmi venivano creati di proposito tramite l'eccitazione dell'energia orgonica all'interno del campo della macchina a raggi X.

E)  **Fotografie a luce visibile.** Reich osservò che le sue speciali colture di bioni annebbiavano le pellicole contenute in armadietti metallici situati nelle vicinanze. Anche le piastre di colture di bioni radianti poste direttamente su pellicola producevano un'immagine della piastra di coltura e del suo contenuto. Di recente, Thelma Moss della UCLA (University of California, Los Angeles) ha dimostrato che si possono fare delle foto del campo energetico vitale senza usare la stimolazione elettrica (come per le tecniche elettro-fotografiche Kirlian), intensificando il campo energetico stesso. Degli oggetti viventi posti per pochi giorni direttamente su una pellicola in un accumulatore orgonico internamente buio, nelle condizioni adatte, produrranno un'immagine.

F)  **Il misuratore orgonico del campo energetico.** Reich sviluppò questo dispositivo per misurare l'intensità dei campi energetici. Usando una bobina di Tesla e delle lastre metalliche speciali per l'accumulo di energia, il dispositivo poteva quantificare le differenze di livello energetico fra persone o oggetti. Una nuova versione di questo dispositivo è oggi disponibile; vedere a pag. 48.

# Dimostrazione oggettiva dell'energia orgonica

G) **L'indicatore orgonico della pulsazione energetica.** Reich dimostrò che le pulsazioni del campo energetico di una grande sfera di metallo erano in grado di mettere in moto un pendolo di materiale metallico/organico più piccolo sospeso nelle vicinanze.

H) **Il differenziale di temperatura dell'accumulatore (To-T).** Un accumulatore svilupperà spontaneamente una temperatura leggermente più alta del suo ambiente circostante, o di un contenitore di controllo, nei giorni soleggiati e tersi, quando la carica orgonica della superficie terrestre è forte. L'effetto svanisce durante la pioggia e i temporali, quando la carica orgonica della superficie terrestre è debole (ma comunque forte nell'atmosfera). I risultati di questo esperimento sulla differenza di temperatura, che è stato ripetuto molte volte, dimostrano che l'energia orgonica funziona in opposizione al secondo principio della termodinamica.

I) **Gli effetti elettrostatici dell'accumulatore.** Un elettroscopio tenuto all'interno di un accumulatore orgonico dissiperà la sua carica più lentamente di uno identico tenuto all'aria aperta o all'interno di un contenitore di controllo. Un elettroscopio statico parzialmente carico o scarico tenuto all'interno di un accumulatore a volte si ricaricherà spontaneamente. Come per l'effetto differenziale della temperatura, gli effetti elettrostatici svaniscono quando il tempo è piovoso o nuvoloso e la carica orgonica sulla superficie terrestre è debole.

J) **L'effetto di inibizione o amplificazione della ionizzazione da parte dell'accumulatore.** I contatori e tubi Geiger-Müller caricati all'interno di un potente accumulatore per diverse settimane o mesi tendono a "spegnersi" per un certo periodo, ma alla fine possono produrre un valore irregolare della radioattività di fondo (background). Reich aveva costruito degli speciali tubi elettronici a vuoto che aveva chiamato *tubi vacor* (abbreviazione di "vacuum-orgone", che imitano il design del tubo Geiger-Müller ma che sono evacuati a un livello molto inferiore rispetto ai valori limite entro i quali potrebbe verificarsi la ionizzazione), che all'inizio non producevano alcun conteggio quando venivano collegati a un rilevatore di radiazioni. Tuttavia, dopo essersi caricati all'interno di un potente accumulatore per settimane o mesi, questi stessi tubi vacor cominciavano a produrre valori di background al minuto molto alti, anche a voltaggi di eccitazione molto bassa. I risultati di questo esperimento sono in contrasto con l'interpretazione classica dell'effetto di ionizzazione all'interno del tubo Geiger-Müller, e quindi con l'interpretazione classica del decadimento radioattivo particellare.

K) **L'effetto dell'accumulatore rispetto all'umidità e all'evaporazione dell'acqua (EVo-EV).** Studi recenti hanno suggerito che un accumulatore tende ad attrarre al suo interno un'umidità leggermente maggiore e a inibire l'evaporazione dell'acqua da un recipiente aperto situato al suo interno. Come altri fenomeni relativi all'uso dell'accumulatore, anche questo effetto diminuisce o svanisce quando piove.

L) **La pulsazione energetica atmosferica e il potenziale orgonotico inverso.** Basandosi sulle osservazioni delle caratteristiche termiche, elettroscopiche e di ionizzazione dell'accumulatore orgonico, Reich identificò un ciclo energetico schematico e regolare in atto nell'atmosfera e nel campo energetico terrestre. Queste osservazioni portarono altresì a identificare un potenziale inverso in atto nell'energia orgonica, che funzionava in contrasto con i principi della termodinamica, cosa che spiegava perché i sistemi orgonotici naturali (organismi, sistemi meteorologici, pianeti) mantenevano una maggiore concentrazione di energia rispetto ai loro ambienti circostanti. Fra due sistemi orgonotici il più forte assorbirà energia dal sistema più debole e aumenterà il suo potenziale o carica finché il sistema più debole sarà svuotato, o sarà raggiunto un livello massimo di capacità di carica da parte del sistema più forte. Successivamente potrà avvenire la scarica energetica. Se il tempo è soleggiato e terso, la carica orgonica sulla superficie terrestre è piuttosto forte e in uno stato di espansione, e impedisce una qualunque formazione significativa di nuvole. Quando il campo di energia orgonica della Terra entra in uno stato di contrazione generale, si sviluppa una carica più alta all'interno dell'atmosfera, che porta a un accumulo di nubi temporalesche e all'abbassamento della carica sulla superficie della Terra. Questa perdita di carica a livello di superficie terrestre quando piove rallenta l'attività delle creature viventi e l'accumulatore

# Dimostrazione oggettiva dell'energia orgonica

non funzionerà bene in quelle condizioni.

M) **Il millivoltmetro.** Praticamente tutti gli oggetti e gli organismi in un dato ambiente, inclusi l'aria, l'acqua e la Terra stessa, hanno una carica orgonica (OR), che aumenta e diminuisce in maniera ciclica o pulsatoria, sincronizzata a fattori cosmici e meteorologici. Nelle creature viventi, *alti potenziali* di OR producono periodi di maggior attività fisica ed emotiva, mentre *bassi potenziali* di OR segnalano periodi di minor attività. In natura, alti potenziali *atmosferici* di OR segnalano periodi nuvolosi con forti temporali, mentre alti potenziali di OR a livello *terrestre* segnalano condizioni con assenza di nubi. Questi potenziali OR producono piccole cariche elettriche, rilevabili con un millivoltmetro sensibile, e sono ottimi predittori di processi biologici o ambientali più profondi e più potenti. Ma i millivolt sono espressioni secondarie, troppo lievi e deboli per essere l'agente causativo. Reich e altri ricercatori che hanno esaminato questi piccoli potenziali elettrici (come HS Burr), li considerano indicativi di più potenti e fondamentali fenomeni naturali onnipresenti, che collegano energeticamente insieme il Sole, la Luna, la Terra, i sistemi meteorologici e tutte le creature viventi.

N) **Studi sull'incremento della crescita delle piante.** Semi e piante caricati correttamente all'interno di un accumulatore indicano un aumento dei tassi di crescita e produzione dei frutti. Questo è uno degli esperimenti più efficaci e ampiamente replicati con l'accumulatore orgonico. Nelle mie sperimentazioni ho visto approssimativamente un raddoppiamento della lunghezza dei germogli di fagioli mungo caricati in un potente accumulatore, rispetto a un gruppo di germogli di controllo. I tassi di germogliazione, crescita, gemmazione, fioritura e fruttificazione possono essere aumentati caricando i semi o facendo crescere le piante direttamente nell'accumulatore. Si possono far germogliare i semi direttamente nell'accumulatore, oppure si possono caricare per alcune ore o alcuni giorni prima della semina. Un aumento della crescita può verificarsi anche caricando solo l'acqua con cui si innaffiano le piante.

# Il Manuale dell'Accumulatore Orgonico

O)  **Studi sugli animali.** Sono stati effettuati studi controllati sugli effetti della radiazione orgonica di un accumulatore su topi con il cancro e su topi che avevano delle ferite. Questi studi generalmente confermano le precedenti argomentazioni di Reich, secondo le quali i tessuti con una carica energetica più forte guariscono più rapidamente e sviluppano tumori più lentamente, o per nulla, rispetto a tessuti energeticamente più deboli. Queste scoperte confutano molti aspetti della teoria del DNA sulla differenziazione cellulare, la quale sembra dipendere più direttamente dall'influenza strutturante del campo di energia vitale proprio dell'organismo.

P)  **Studi sugli esseri umani.** A parte le sperimentazioni cliniche fatte da Reich e dai suoi collaboratori negli anni '40 e '50, pochissimo è stato fatto negli Stati Uniti per quanto riguarda gli effetti biologici dell'accumulatore sugli esseri umani. Tutte le ricerche in questa direzione furono interrotte negli anni '50 da provvedimenti giudiziari. Tuttavia degli studi recenti condotti in Germania, Austria e Italia hanno confermato tali effetti. In genere una persona seduta in un accumulatore proverà una serie di sensazioni come calore, brividi o a volte formicolio sulla superficie della pelle; la temperatura interna del corpo aumenterà e la pelle arrossirà, mentre la pressione sanguigna e il polso tenderanno verso livelli intermedi, né troppo alti, né troppo bassi. Se usato correttamente, l'accumulatore produce un chiaro effetto vagotonico rivitalizzante. Il Capitolo 11 sugli *effetti fisiologici e biomedici*, offrirà maggiori dettagli al riguardo.

# 6. La scoperta di un'energia inconsueta da parte di altri scienziati

Reich non è stato l'unico ad avere scoperto l'energia vitale. Ricerche condotte da diversi studiosi di scienze naturali nel corso degli anni hanno dimostrato che in natura sono in atto dei principi energetici simili all'energia orgonica. L'antica medicina cinese riconosceva l'esistenza di tale forza, chiamata *Chi*, e il metodo tradizionale di agopuntura si basa sull'esistenza di un tale principio energetico all'interno del corpo umano. I punti dell'agopuntura non corrispondono direttamente alle terminazioni nervose e gli agopuntori più abili non fanno affidamento sui modelli della fisiologia occidentale per spiegarne gli effetti. Data l'assenza di un principio energetico basato sulla presenza dell'energia vitale nella medicina occidentale, quest'ultima non riesce a spiegare l'agopuntura e si è opposta per anni alla sua adozione negli Stati Uniti. Per di più l'agopuntura funziona sugli animali, confutando l'idea dell'effetto placebo; anche gli antichi testi indiani fanno riferimento all'energia vitale, chiamata *Prana*, e forniscono le mappe dei *punti Nila* (simili ai punti dell'agopuntura) sugli elefanti. Gli antichi testi cinesi e indiani parlano di un'energia che viene assorbita attraverso il respiro e che scorre nel corpo lungo i vari meridiani. La salute è costituita da un flusso libero e continuo di questa energia, mentre la malattia si verifica quando il flusso dell'energia vitale è bloccato. Ciò è molto simile alle idee di Reich sull'energia orgonica, anche se i testi orientali dicono poco riguardo alla libera espressione delle emozioni, essendo spesso a favore di un controllo conscio delle emozioni e della sessualità (evitare l'orgasmo), mentre Reich dimostrò che proprio questa restrizione cronica, o auto-controllo, era l'origine del blocco e dell'inibizione dell'energia vitale.

Nella tradizione occidentale, anche i vitalisti del XVIII e XIX secolo discussero l'esistenza di un'energia biologica, o forza vitale, che fu chiamata *magnetismo animale*, *forza odica*, *forza*

# Il Manuale dell'Accumulatore Orgonico

*psichica, élan vital* e così via. Mesmer parlava del magnetismo animale come di un fluido atmosferico che circondava, caricava e animava le creature viventi, e che poteva essere proiettato a distanza da un terapista. Mesmer fu insegnante di Charcot, che a sua volta fu insegnante di Freud, che fu uno dei primi mentori di Reich. Reich studiò anche con altri vitalisti, come Kammerer e Bergson, e la tradizione vitalista in biologia è persistita come il punto di vista di una minoranza silenziosa. Oltre a Reich, i più recenti sostenitori di un principio energetico vitale o dinamico in natura includevano Harold S. Burr dell'Università di Yale. Burr propugnava l'esistenza di un potente *campo elettrodinamico* in azione in natura, che influenzava sia il clima che le creature viventi. Allo stesso modo, il biologo Rupert Sheldrake ha sviluppato una teoria sui *campi morfogenetici* che si ispira anche a questa tradizione. Come il lavoro di Burr, la teoria di Sheldrake offre una spiegazione dinamica ed energetica dell'ereditarietà, rendendo superflua la teoria biochimica del DNA. Di recente gli editori della rivista scientifica *New Scientist* hanno definito il libro di Sheldrake "il miglior candidato al rogo" che abbiano mai visto negli ultimi tempi.

Il chirurgo Robert O. Becker portò questi principi originari a un incredibile livello di sviluppo, come dettagliato nel suo libro *The Body Electric*. La sua ricerca iniziale portò allo sviluppo di una tipologia di dispositivi per la guarigione ossea e per il sollievo dal dolore attraverso la stimolazione elettrica. Il suo lavoro successivo sviluppò questa prima fase fino al punto da stimolare artificialmente la crescita rigenerativa degli arti amputati di topi da laboratorio, in un modo simile a quello in cui una salamandra o un ragno fanno ricrescere un arto perduto. Questo tipo di ricrescita è limitato per natura solo a organismi meno complessi e in genere non esiste fra i mammiferi come i topi, i conigli e gli esseri umani. La ricrescita di un arto amputato non era mai stata dimostrata prima su un topo o su qualunque altro mammifero. Il lavoro di Becker fu un duro colpo sia per la teoria biochimica del DNA della regolazione cellulare, che per la teoria secondo la quale il campo bioelettrico di un organismo era un insignificante "sottoprodotto" del metabolismo chimico, come il campo elettrico che circonda il motore acceso di un'automobile. Il suo lavoro dimostrava che il campo energetico dell'animale era un fattore determinante di crescita e guarigione, come nel caso del lavoro di Reich. Quando Becker si stava preparando a replicare gli esperimenti di ricrescita degli arti sugli esseri umani, la comunità biomedica reagì contro di lui con estrema indignazione, attuando ogni sorta di sporchi raggiri per far cancellare i suoi fondi per la ricerca e per far chiudere il suo laboratorio.

Bjorn Nordenstrom, direttore dell'Istituto Radiologico Karolinska in Svezia, è un altro vitalista della nostra era. Come Reich, Nordenstrom fece uno studio del fenomeno "fantasma" dei raggi X, che è un insolito annebbiamento spontaneo delle pellicole dei raggi X. Appare in forma di fascio, simile a del fumo, o a una chiazza sulle immagini a raggi X dei pazienti, e a volte si può vedere sui monitor delle apparecchiature a raggi X per i bagagli negli aeroporti. Esso non si può prevedere e la maggior parte dei radiologi lo ritiene una seccatura, tuttavia Nordenstrom lo studiò e notò che esistevano degli schemi definiti correlabili ai campi bioelettrici dei suoi pazienti. Come Reich, anch'egli scoprì e misurò delle correnti di bioelettricità nel corpo. La sua meticolosa ricerca fu riassunta in un libro dal titolo *Biologically Closed Electric Circuits: Clinical, Experimental and Theoretical Evidence for an Additional Circulatory System* (Circuiti elettrici biologicamente chiusi: prova clinica, sperimentale e teorica dell'esistenza di un sistema circolatorio aggiuntivo). Pur essendo stato fortemente pubblicizzato sulle riviste mediche negli Stati Uniti, il libro vendette meno di 200 copie, mettendo in evidenza il disprezzo che i medici in generale provavano verso qualunque nuova scoperta che sostenesse il principio di un'energia vitale, anche se di natura puramente bioelettrica. Non riuscendo a trovare sostegno per il suo lavoro in Occidente, Nordenstrom fu costretto ad andare in Cina per proseguire la sua ricerca clinica.

Altri scienziati biologi hanno dedotto l'esistenza di un tale principio di energia vitale sulla base del loro lavoro sperimentale, ma nel momento in cui forniscono delle serie prove di conferma vengono aspramente attaccati. Lo scienziato francese Louis Kervran, ad esempio, passò anni a sviluppare esperimenti molto semplici ed eleganti, dimostrando che gli elementi chimici di base venivano *trasmutati* dalle creature viventi. Delle galline alimentate con una dieta priva di calcio, ad esempio, non producevano uova molli dal guscio fragile, a meno che non venisse diminuita la silice nella loro dieta. Infatti con una limitata assunzione di silice esse deponevano uova molli e fragili, indipendentemente da quanto calcio mangiassero. Allo

# Il Manuale dell'Accumulatore Orgonico

stesso modo, le ossa rotte dei topi di laboratorio guarivano molto rapidamente se i topi venivano alimentati con una dieta ad alto contenuto di silice organica, ma non così velocemente se veniva ridotta al minimo la silice alimentandoli solo con il calcio. Questi esperimenti suggerivano fortemente che la silice alimentare veniva trasmutata in calcio nei corpi degli animali. Kervran dimostrò sperimentalmente altre verosimili trasmutazioni e altri scienziati, in Europa e in Giappone, confermarono le sue scoperte. Alla fine egli giunse alla conclusione che doveva essere in atto qualche forma sconosciuta di potente energia biologica per innescare le trasmutazioni. Ma quando scrisse a un eminente scienziato americano per chiedere assistenza nell'ottenere attrezzature per un importante esperimento, gli venne detto in modo alquanto scortese di andarsi a "leggere un testo introduttivo sulla biologia". Negli Stati Uniti Kervran è più conosciuto dai dottori omeopati e dai bioagricoltori che dai professori universitari. Tuttavia se Kervran ha ragione – e le prove sperimentali suggeriscono che ce l'ha – allora i libri di biochimica andrebbero riscritti. Come Kervran evidenziò, biologia e biochimica sono due discipline completamente differenti e non andrebbero confuse. La biologia si occupa di fatti osservabili, mentre la biochimica tenta di spiegare i fatti osservati tramite una teoria chimica che presuppone che gli elementi siano costanti. Ed è in questo presupposto di base che si trova parte dell'errore.

Un altro scienziato francese, Jacques Benveniste, dimostrò di fatto che un tale principio energetico agiva nelle diluizioni omeopatiche. Il suo lavoro sperimentale venne replicato con successo da laboratori indipendenti in altri paesi allo scopo di soddisfare coloro che lo criticavano con ostinazione, ma non fu sufficiente. Per aver fatto questa fastidiosa scoperta, che aveva dato sostegno ai dottori omeopatici (che negli Stati Uniti sono spesso perseguiti e incarcerati), la rivista scientifica *Nature* inviò nel suo laboratorio una squadra di "investigatori di frodi" composta da non-scienziati e membri del comitato degli scettici con la scusa di "valutare" le sue procedure di laboratorio. I poliziotti scientifici di *Nature* crearono il caos nel laboratorio di Benveniste, distraendo chi lavorava con espedienti e schiamazzi prima di essere finalmente mandati via. In seguito *Nature* cercò di diffamare Benveniste negli editoriali, ma non confutò in modo fattuale il suo lavoro attraverso la replica degli esperimenti. Tali sono gli intrighi della scienza accademica tradizionale.

# La scoperta di altri scienziati

Nelle scienze atmosferiche la tradizione basata sul principio secondo il quale forze energetiche dinamiche possano influenzare intere regioni fu preservata per un certo periodo dai meteorologi più anziani, che usavano l'analisi delle linee di flusso anziché la teoria dei fronti, per la previsione del tempo. L'analisi delle linee di flusso si focalizzava in modo più coerente sui movimenti delle correnti d'aria, o correnti a getto come vengono chiamate oggi. Ad esempio, quando si guardano le immagini dinamiche delle nuvole viste da un satellite nello spazio, non si vedono dei "fronti" ma dei *movimenti di scorrimento delle nuvole*. Reich scoprì le configurazioni di base di queste correnti in modo indipendente, molti anni prima che fossero lanciati i primi satelliti meteorologici. Allo stesso modo i vecchi scienziati atmosferici spesso sostenevano che ci fosse una grande interconnessione nell'atmosfera. Charles G. Abbot, che era capo dello Smithsonian Astrophysical Observatory (1906-1944), usava dei concetti energetici correlati per una previsione del tempo di mesi nel futuro, ma fu ignorato e deriso per le sue scoperte, nonostante la loro straordinaria accuratezza. Irving Langmuir, uno degli ideatori delle tecniche di inseminazione delle nuvole, una volta dimostrò oggettivamente che inseminare le nuvole nel New Mexico avrebbe creato dei temporali fino in Ohio, e mise in guardia contro tale pericolo l'industria di inseminazione delle nuvole che si stava appena sviluppando. Gli inseminatori di nuvole odierni, che ricevono finanziamenti di milioni di dollari, si comportano come se il lavoro di Langmuir non fosse mai esistito, rifiutandosi di replicare il suo semplice esperimento. Essi negano l'esistenza di effetti a lunga distanza dell'inseminazione delle nuvole, sapendo che se tali effetti diventassero di dominio pubblico potrebbero essere costretti a smettere.

Per gli scienziati di fisica l'energia nello spazio era rappresentata dal concetto di un *etere cosmico* (o aether) che risale a centinaia di anni fa. Nella sua vecchiaia il fisico/teologo Isaac Newton sostenne con forza che questo etere cosmico *doveva essere statico* in modo da impedirgli di partecipare direttamente al movimento e alla strutturazione dell'universo. Quel ruolo, sosteneva l'anziano Newton, apparteneva solo al Dio antropomorfico (che all'epoca esigeva che i miscredenti venissero brutalmente torturati e bruciati sul rogo). Nel corso degli anni un etere morto e immobile non fu comunque mai scoperto. Invece la presenza di un *etere con proprietà più dinamiche* fu dimostrata

# Il Manuale dell'Accumulatore Orgonico

in modo oggettivo dal fisico Dayton Miller, che spiegò anche perché i tentativi precedenti di misurare l'etere erano falliti. Per prima cosa egli osservò che l'etere è *trascinato* alla superficie terrestre e si muove più velocemente ad alta quota che a bassa quota. I tentativi precedenti di misurare il suo movimento vennero fatti solo a bassa quota, oppure in edifici in pietra massiccia o in seminterrati. In secondo luogo l'etere di Miller veniva *riflesso dai metalli*, mentre nei tentativi precedenti di misurarlo erano stati usati strumenti dove le parti critiche si trovavano all'interno di contenitori metallici. Miller scoprì che facendo i cruciali esperimenti sul moto dell'etere in cima a una montagna, dentro a un edificio leggero costruito senza materiali metallici e con finestre non molto spesse, l'etere era facilmente individuabile e misurabile. Fece più di 200.000 misurazioni separate nel corso di 30 anni di ricerche. Paragonate questo al famoso esperimento Michelson-Morley del 1887, della durata complessiva di 6 ore di misurazione effettiva nel corso di quattro giorni. L'esperimento Michelson-Morley è ampiamente frainteso come un fallimento completo nella rilevazione della presenza dell'etere. Esso fu un punto cardine nel campo delle scienze, dopodichè l'idea dell'etere venne del tutto abbandonata a favore delle teorie dello "spazio vuoto" proprie della relatività e della dinamica dei quanti.

L'esteso lavoro di Miller sulla questione dell'etere cosmico non venne mai confutato quando lui era in vita, ma la sua ricerca fu paragonata con disprezzo alla "ricerca del moto perpetuo". Dopo la sua morte, i seguaci della teoria dello spazio vuoto fecero un bel respiro di sollievo. Oggi, tutti i libri di testo di fisica iniziano con la menzogna che "l'etere non è mai stato misurato o dimostrato". È opportuno sottolineare che le teorie della relatività e della dinamica dei quanti, più le teorie dell'universo in espansione e del "big bang", vengono ridotte completamente in frantumi dalla scoperta della presenza di un'energia nello spazio, e molti fisici, religiosamente aggrappati alle proprie idee, semplicemente si rifiutano di esaminare questo tipo di prove. Peggio ancora, la fisica è diventata un'industria multimilionaria che supporta tecnologie molto discutibili, come i reattori nucleari, la ricerca sulla fusione "calda" (che non ha ancora prodotto una potenza elettrica sufficiente per una singola lampadina) e imponenti acceleratori di particelle. Questa sorta di ricerca della Grande Scienza non ha portato alcun frutto o beneficio reale al

# La scoperta di altri scienziati

genere umano, essendo composta da "mucche sacre" come l'industria medico-ospedaliera e l'industria farmaceutica, che sono minacciate fino alle fondamenta dalle scoperte di un'energia vitale cosmica primaria. Sfortunatamente la comunità della fisica ha reagito a queste nuove scoperte con la stessa arroganza e violenza che caratterizza la reazione delle comunità mediche rispetto all'energia vitale. I seguaci di Einstein, ad esempio, sono stati recentemente accusati sui giornali di tattiche molto sporche a livello di censura e repressione, in stile pugnalata-alla-schiena. Per un breve periodo una rivista del tutto nuova, *Scientific Ethics*, aveva cominciato a rivelare l'intero disgustoso scenario.

Di grande interesse per il lavoro di Reich è che l'etere dinamico di Miller era *più attivo ad alta quota* e veniva *riflesso dai metalli*. La capacità di essere riflesso dai metalli e di avere uno stato più attivo ad alta quota sono proprietà basilari dell'energia orgonica scoperta in modo indipendente da Reich. L'orgone soddisfa anche molte altre qualità e funzioni basilari dell'etere, come l'ubiquità e la mancanza di massa, e offre un mezzo per la trasmissione dell'eccitazione elettromagnetica. Inoltre l'orgone pulsa, si sovrappone e partecipa direttamente in modo spontaneo alla creazione sia della materia che della vita. Ma anche senza usare la parola tabù "etere", o il termine ancora più offensivo "orgone", un altro gruppo di fisici ha individuato o dedotto l'esistenza di correnti di energia dinamica nello spazio profondo.

Ad esempio l'astrofisico americano Halton Arp fece così tante fotografie di ponti di energia/materia fra oggetti dello spazio profondo in zone dove quei ponti di energia/materia non avrebbero dovuto esistere, che gli fu vietato l'uso dei grandi telescopi americani. Le sue semplici fotografie demolivano le teorie dello spazio vuoto, dell'universo in espansione e del "big bang" con un solo scatto della macchina fotografica. Così forte era l'odio verso il suo lavoro che alla fine dovette andare in Germania per continuare la sua ricerca. Anche Hannes Alfven, un altro celebre fisico, offese profondamente i suoi contemporanei suggerendo, come Reich, che lo spazio era pieno di correnti di energia plasmatica. Gli scienziati dello spazio si rifiutano ancora oggi di mandare dei satelliti sonda dove lui suggerisce, perché così facendo si potrebbe avere la conferma che lo spazio è energicamente ricco. Infatti le teorie fisiche di oggi sono in uno stato di agitazione, nel disperato tentativo di giustificare le più recenti dimostrazioni della presenza di un'energia nello spazio

# Il Manuale dell'Accumulatore Orgonico

per meglio preservare le svariate teorie ultraterrene come il creazionismo del Big Bang, la relatività di Einstein e le dinamiche quantistiche del "multi-universo". Lo "spazio vuoto" è diventato una religione, con una casta sacerdotale accademica.

Poche delle idee sopra citate e delle scoperte più comuni, come la correlazione fra il clima e le macchie solari, vengono finanziate o studiate al giorno d'oggi. Le riviste scientifiche ancora sostengono di routine l'erronea affermazione secondo la quale non è stato trovato "nessun meccanismo" che spieghi le correlazioni fra il sole e la terra, proprio come i libri di testo di fisica sostengono la menzogna che "l'etere non è mai stato rilevato". Ed è vero che queste relazioni non possono né essere vere, né avere alcun senso dal punto di vista delle teorie dello "spazio vuoto" in fisica. Esse richiedono un mezzo, nell'atmosfera e nello spazio, attraverso il quale possano passare eccitazioni e influssi indipendentemente dai fenomeni termici o di pressione; una forza che si propaghi nell'atmosfera più rapidamente delle correnti d'aria e che allo stesso modo riesca a propagare velocemente gli influssi nelle profondità dello spazio. Ancora una volta l'orgone di Reich corrisponde a questa descrizione.

Altre ricerche sono state fatte per dimostrare che le creature viventi e la chimica fisica dell'acqua sono sensibili a fattori climatici o cosmici in un modo che non può essere spiegato tramite semplici fenomeni meccanici come luce, temperatura, umidità o pressione. Frank Brown, della Northwestern University, ha passato decenni a dimostrare che gli orologi biologici di svariate creature viventi erano sensibili ai cicli lunari e ad altre forze cosmiche. Nessuno riuscì a smentirlo quando era in vita, ma oggi, dopo la sua morte, le sue scoperte vengono ampiamente ignorate. Lo stesso vale per il lavoro del chimico italiano Giorgio Piccardi, il quale dimostrò che la chimica fisica dell'acqua veniva modificata dal magnetismo, dalle macchie solari e da altri fenomeni cosmici. In Europa il suo lavoro aiutò ad alimentare un interesse nel trattamento magnetico dell'acqua, che portò a nuovi metodi per ridurre le incrostazioni nelle tubature idrauliche delle abitazioni e nei boiler industriali. Il magnetismo correttamente applicato può alterare le caratteristiche di solubilità dell'acqua, permettendo alle sostanze dissolte di rimanere in soluzione in concentrazioni più alte del normale ad una data temperatura. Negli Stati Uniti queste scoperte sono state accolte con scherno, dato che tutti i testi di fisica dicono che il magnetismo non ha alcun effetto sull'acqua. Inoltre quasi tutti i laboratori chimici usano dispositivi di miscelazione magnetica per mescolare le loro soluzioni chimiche, invece delle "antiquate" bacchette di vetro per mescolare a mano; se Piccardi ha ragione (e ce l'ha), questi dispositivi di miscelazione magnetica potrebbero alterare la chimica, la quantità dei precipitati, e le curve di titolazione di ogni reazione chimica a essi sottoposta. Quindi mentre negli Stati Uniti le nuove scoperte vengono ignorate, all'estero nuovi prodotti basati su queste nuove scoperte stanno entrando in commercio. Ora in Europa sono disponibili dei semplici sistemi di trattamento magnetico dell'acqua per la casa che in molti casi sostituiscono gli addolcitori d'acqua a scambio ionico e tutti i loro sacchetti di sale. Nel frattempo negli Stati Uniti l'industria degli addolcitori d'acqua, in collusione con accademici e politici dogmatici, è riuscita a far passare in alcuni stati delle leggi per proibire la vendita dei dispositivi di trattamento magnetico dell'acqua.

Comunque il lavoro di Piccardi va molto oltre la semplice questione del trattamento magnetico dell'acqua. Ad un certo punto egli tentò di isolare un'energia cosmica sconosciuta che stava influenzando i suoi esperimenti chimici in modo simile a un forte magnetismo. Al fine di escludere la radiazione sconosciuta, che era correlata alle macchie solari, egli costruì intorno ai suoi esperimenti uno scudo elettromagnetico a forma di scatola metallica con messa a terra. Inoltre, al fine di stabilizzare la temperatura all'interno della scatola metallica, sistemò uno strato di lana intorno alla superficie esterna. Con sua sorpresa la scatola metallica non annullava i fenomeni cosmici, bensì li amplificava. Lui e i suoi collaboratori passarono decenni a eseguire esperimenti all'interno di simili contenitori, che rispecchiano la costruzione dell'accumulatore di energia orgonica di Reich. Questa conferma indipendente del principio dell'accumulatore orgonico da parte di Piccardi fu convalidata, sebbene in modo meno diretto, anche dal biologo Brown. Egli osservò che dei *contenitori metallici* sigillati ermeticamente, che avevano pressione, temperatura, luce e umidità costanti al loro interno, non annullavano le influenze cosmiche sugli orologi biologici, permettendone invece una più chiara osservazione, aggiungendo perfino una dimensione insolita al loro comportamento. Ad esempio, dentro la scatola di metallo il metabolismo delle patate seguiva un ciclo correlato a parametri lunari, solari e galattici. Il metabolismo delle patate dimostrò inoltre una correlazione con il tempo meteorologico locale, *però non al tempo di oggi, ma al tempo fra due giorni nel futuro!* Nel contenitore la patata energizzata rispondeva a fattori energetici esterni dell'ambiente che erano anche determinanti per gli eventi meteorologici futuri.

Gli esperimenti sopra descritti non sono che alcune delle prove che dimostrano l'esistenza di un principio energetico simile o identico all'energia orgonica. In molti casi i ricercatori non erano a conoscenza del lavoro di Reich. In alcuni casi, e lo so attraverso contatti personali, essi odiavano a morte Reich e sopportavano a fatica la menzione del suo nome da parte dei loro studenti! Tuttavia i fatti parlano chiaro, e sono a favore di una convalida dell'energia orgonica di Reich. Va tuttavia asserito che le scoperte di Reich sull'energia orgonica sono di gran lunga più inclusive, comprensive e tangibili di tutti i concetti sopra descritti. Oltre a essere stato quantificato, fotografato e misurato, l'orgone può essere visto, percepito e, come riportato in questo libro, accumulato e usato in modo pratico in speciali contenitori sperimentali.

Occorre esprimere un commento aggiuntivo riguardo alla risposta della comunità scientifica e accademica a queste nuove scoperte. Il lettore noterà che la maggior parte, se non tutti, i ricercatori sopra citati furono duramente attaccati, isolati e ignorati per le loro scoperte, a prescindere dalle loro credenziali, dalla loro reputazione o dalla quantità di prove che fornivano. Reich spiegava questa reazione emozionale di aggressione verso le nuove idee che sconvolgono i vecchi modi di vedere il mondo come il risultato di uno specifico disturbo emozionale, che definiva la *peste emozionale*. Nella sua forma peggiore essa si trova all'interno delle istituzioni religiose, dove gli eretici e i disobbedienti vengono aggrediti e bruciati sul rogo. Particolari *individui affetti da peste emozionale* sono attratti verso le grandi istituzioni sociali e costruiscono la propria reputazione non sul lavoro produttivo, sulla ricerca o sul miglioramento dell'umanità, ma sul potere politico e sul numero di scalpi che riescono a procurarsi. Pettegolezzi, diffamazioni, manovre politiche, attacchi a sorpresa, come pure la manipolazione dei tribunali e della polizia, sono tattiche ordinarie utilizzate dalla peste. Il loro scopo segreto, come per i grandi inquisitori della chiesa, è di uccidere tutto ciò che è più vivo del loro sé emozionalmente morto, come le inquietanti nuove scoperte e gli uomini e le donne che le fanno. La storia della medicina e della scienza è piena di dimostrazioni di tale comportamento. Si incoraggia il lettore a leggere la discussione di Reich sulla peste emozionale nei suoi *La funzione dell'orgasmo* e altri scritti – *Analisi del Carattere* (terza edizione), *L'Assassinio di Cristo* – poiché essa costituisce ancora il principale ostacolo sulla strada del progresso sociale umano e della ricerca scientifica.

Per ulteriori informazioni leggere il mio articolo *"The Suppression of Dissent and Innovative Ideas In Science and Medicine"* (La soppressione del dissenso e delle idee innovative nella scienza e nella medicina) su:

www.orgonelab/suppression.htm

# Parte II

# L'Utilizzo Sicuro
# ed Efficace
# dei Dispositivi
# di Accumulazione
# Orgonica

# 7. Principi generali per la costruzione e l'uso sperimentale dell'accumulatore di energia orgonica

A) La superficie interna di tutti gli accumulatori deve essere composta solo di metallo. Pitture, vernici o rivestimenti sul metallo interferiranno con l'effetto di accumulo, ad eccezione della galvanizzazione dello zinco.

B) La superficie esterna di tutti gli accumulatori deve essere composta di una sostanza non metallica, generalmente organica, che assorbe l'orgone.

C) All'interno delle pareti dell'accumulatore si possono alternare materiali metallici e non metallici in strati multipli per un maggiore accumulo di energia. Più strati ci sono, più l'accumulatore è potente, anche se la potenza non si raddoppia semplicemente raddoppiando gli strati. Un accumulatore a tre strati avrà circa il 70% del potere di accumulo di un accumulatore a dieci strati (uno "strato" consiste di un livello di metallo più un livello di non metallo). Si possono anche mettere accumulatori di diverse dimensioni uno dentro l'altro per sviluppare una carica ancora più forte. Tuttavia i punti A) e B) vanno seguiti scrupolosamente. In accumulatori a strati multipli potete raddoppiare lo strato di materiale organico non metallico più esterno e lo strato metallico più interno per ottenere una maggiore capacità di accumulo energetico.

D) Uno degli errori più comuni che alcuni commettono nel riprodurre gli esperimenti con l'accumulatore orgonico di Reich è l'utilizzo di materiali inappropriati. Per accumulatori usati con sistemi viventi, e in particolare per l'utilizzo con esseri umani, il rame, l'alluminio e altri materiali non ferrosi vanno del tutto evitati perché producono *effetti tossici*. Allo stesso modo certi tipi di schiume poliuretaniche, rigide o morbide, non hanno un buon effetto sul sistema vivente se usate in un accumulatore. Qualunque tipo di materiale impregnato di formaldeide oppure fatto con colle o resine altamente tossiche, andrebbe evitato.

**Non-metalli utilizzabili**
- lana e cotone grezzi
- acrilici, plastica di stirene
- fibra di cartone
- materiale per isolamento acustico
- strato di sughero
- lana di vetro, fibra di vetro
- cera d'api, cera di candela
- rivestimento in gommalacca naturale
- terra, acqua

**Non-metalli scadenti o tossici**
- legno massello o compensato
- uretano o poliuretano
- cartone pressato, truciolato
- materiali organici contenenti amianto o altri materiali e sostanze chimiche tossiche

**Metalli utilizzabili**
- lamiera di acciaio o di ferro
- acciaio galvanizzato
- lana d'acciaio
- acciaio inossidabile
- recipiente in lega di acciaio o di stagno

**Metalli da non usare**
- lamiera o rete di alluminio
- piombo
- rame

**Consultare anche le *Note aggiuntive sui materiali di costruzione dell'accumulatore orgonico* che si trovano alla fine di questo capitolo.**

In linea di principio la composizione metallica deve essere *ferromagnetica*. Ciò significa che una normale calamita deve restare saldamente attaccata. Gli strati di isolante organico devono essere fatti di materiali con proprietà *altamente dielettriche*, cioè devono essere degli ottimi isolanti elettrici, che possono trattenere una forte carica elettrica lungo la loro superficie. Esiste anche un'altra questione, che in mancanza di un termine migliore io definisco il "fattore lanuginosità", nel senso che l'isolante organico funziona meglio se ha della "lanugine" con dei minuscoli pori, dove l'aria può risiedere o "respirare" nel materiale. Anche l'aria è una sostanza altamente dielettrica, quindi materiali fibrosi organici porosi, con rivestimenti in cera, sembrano funzionare meglio.

Si può considerare l'accumulatore orgonico come un *condensatore aperto*. Sappiamo che un normale condensatore elettrico, come quelli usati in elettronica, immagazzinerà della carica elettrica che verrà scaricata in seguito. Gli strati alternati di materiali metallici conduttivi e isolanti altamente dielettrici dell'accumulatore orgonico sono analoghi a tale condensatore, ad eccezione del fatto che l'accumulatore è vuoto e le persone si possono sedere al suo interno, o vi si possono mettere degli oggetti a caricare.

E)   Alcune persone hanno fatto degli esperimenti usando degli accumulatori fatti di scatole metalliche interrate e circondate da un buon terreno fertile, privo di pesticidi o erbicidi. Accumulatori di questo tipo di grosse dimensioni sembrano cantine o "tumuli funerari". Alcuni scrittori che hanno familiarità con i siti archeologici sono giunti a ipotizzare che i principi dell'energia vitale fossero conosciuti e usati dagli antichi. Certe antiche strutture e tumuli sono caratterizzate da stratificazioni di terreno argilloso o di pietra ad alto contenuto di ferro, ricoperte da altri strati di terreno organico o torba.

F)   Un accumulatore particolarmente potente può essere costruito usando per gli strati esterni non metallici della cera d'api o altri materiali altamente dielettrici. Questi materiali possono essere piuttosto dispendiosi per un accumulatore grande e sono anche fragili. Se usate del materiale fragile o friabile per lo strato esterno non metallico, potete rivestire la superficie esterna con della gommalacca trasparente. Questo è stato sperimentato da molte persone e sembra non interferire con l'accumulo dell'energia o con le sue qualità positive per vita. Non usate però mai la gommalacca sulle superfici interne.

G)   Alcuni esperimenti hanno dimostrato che la forma dell'accumulatore è un fattore di minore importanza rispetto al materiale che lo compone. Tuttavia degli accumulatori fatti a forma di cono, piramide o tetraedro hanno occasionalmente prodotto degli inspiegabili effetti negativi sull'energia vitale. A meno che non si vogliano testare effetti di questo tipo, gli accumulatori andrebbero costruiti in forma rettangolare, cubica

# Il Manuale dell'Accumulatore Orgonico

*La forma di un accumulatore orgonico è meno importante dei materiali di cui è composto e dell'ambiente in cui si trova. La foto sopra mostra lo strato interno in lamiera di acciaio galvanizzato di sei accumulatori (fila in alto) confrontati con sei scatole di controllo in cartone (fila in basso) usati in un esperimento di germogliazione dei semi da me condotto nel 1973. Da sinistra a destra: tetraedro, piramide di Cheope, cono, cubo, cilindro e sfera. Le forme più ordinarie di accumulatore, come le scatole cubiche, rettangolari e i cilindri, davano sempre i risultati migliori nella germogliazione dei semi. Le forme a punta (tetraedro, piramide, cono) di solito uccidevano molti semi prima della loro completa germogliazione. Inoltre l'effetto dell'accumulatore era più forte dell'effetto della forma, cioè i risultati migliori di germogliazione dei semi all'interno delle diverse forme delle scatole di controllo non erano buoni quanto i risultati peggiori ottenuti all'interno delle varie forme degli accumulatori. Condussi esperimenti simili testando materiali diversi e i materiali standard ferromagnetici davano sempre i risultati migliori. Se una calamita non ci rimane attaccata, quel materiale non va usato!*

o cilindrica. Queste sono le forme che hanno dato i risultati migliori e sono le più facili da costruire. A questo proposito vi racconto un aneddoto. Nel 1980 ero in Egitto ed entrai nella Grande Piramide di Cheope. Al suo interno fui colpito da un forte senso di soffocamento e non riuscivo a respirare. Mi sentii meglio quando mi versai l'acqua della borraccia sulla testa e sul petto. In seguito sentii i resoconti di interi gruppi di turisti che avevano avuto la stessa esperienza, al punto che alcuni erano svenuti ed erano stati fatti rinvenire all'esterno. Non sono in grado di stabilire se fu un effetto della scarsa ventilazione o meno, ma nel mio caso fui l'unico, in un gruppo di otto persone, a esserne colpito. Avendo riscontrato che le piantine crescevano in modo stentato o morivano in accumulatori conici e piramidali, mi sembrava possibile che questi effetti fossero il risultato di un accumulo tossico o di un sovraccarico energetico. Ulteriori studi sarebbero necessari per chiarire i fattori relativi alla forma, come pure l'utilizzo degli accumulatori in ambienti energeticamente stagnanti come i deserti. Per maggiori dettagli leggere il Capitolo 8: *L'effetto Oranur e Dor.*

H)  Gli angoli degli accumulatori non devono essere costruiti con precisione, né gli strati devono essere a tenuta d'aria o perfettamente aderenti, pur certamente desiderando avere una costruzione il più possibile ben fatta e accurata. In alcuni casi ho visto delle scatole di metallo avvolte alla meglio con strati di lana d'acciaio e cotone, feltro o lana. Alcuni hanno anche usato delle lattine, come quelle per inscatolare gli alimenti, avvolte in plastica e poi messe dentro un'altra lattina più grande che a sua volta era avvolta nella plastica. Queste lattine erano inserite l'una dentro l'altra per fare degli accumulatori a quattro o cinque strati, discretamente efficaci per caricare i semi o per altri scopi. Non hanno un aspetto molto bello o "scientifico" ma funzionano piuttosto bene.

I)  Gli accumulatori vanno tenuti dove l'aria fresca può circolare. Bisognerebbe tenere la porta o il coperchio dell'accumulatore un po' aperto quando non viene utilizzato. Quando non viene usato si può mantenere l'interno fresco ed energizzato mettendoci un catino d'acqua. Occorre pulire periodicamente l'interno e l'esterno con uno straccio umido.

# Il Manuale dell'Accumulatore Orgonico

J) Gli accumulatori più grandi usati per le persone o per gli animali da fattoria vanno tenuti all'aperto in un'area riparata, protetta dalla pioggia. Una buona circolazione d'aria e la luce del sole aiuteranno l'effetto di accumulo. Il luogo migliore per fare esperimenti con un accumulatore sarebbe una rimessa di legno in campagna, lontano da ogni genere di linee di trasmissione elettrica, dispositivi elettromagnetici ed impianti nucleari. Il fatto di scoprire quale sia l'ambiente migliore per l'energia vitale è in pieno accordo con le più recenti scoperte sull'*ecologia domestica*, dove la costruzione di un habitat viene esaminata in modo critico rispetto agli effetti tossici che provoca sui suoi abitanti. Per maggiori dettagli vedere il Capitolo 8: *L'effetto Oranur e Dor*.

K) Se il tempo è umido o piovoso l'accumulatore non svilupperà una forte carica. In tali giorni la carica orgonica alla superficie terrestre è molto bassa, perché la maggior parte di essa viene assorbita dalle nubi temporalesche sovrastanti o in lontananza. La massima carica orgonica si trova nell'accumulatore in giornate limpide e assolate, quando essa è elevata anche alla superficie terrestre.

L) Gli accumulatori orgonici usati ad alta quota tendono a produrre una carica maggiore di quelli usati a bassa quota; latitudini più basse possono produrre cariche maggiori rispetto a latitudini più alte; atmosfere a più bassa umidità tendono a produrre cariche maggiori rispetto ad atmosfere a più alta umidità. Nei periodi caratterizzati da una maggiore presenza di macchie e di emissioni solari la carica orgonica è più forte rispetto ai periodi con meno macchie ed emissioni solari. Gli allineamenti fra Terra, Sole e Luna durante i periodi di luna piena e luna nuova sembrano produrre nell'atmosfera e all'interno dell'accumulatore una carica maggiore e più eccitata.

M) Se fate un esperimento controllato con l'accumulatore, non mettete nessuno strumento di misura nelle sue immediate vicinanze. Ricordate che l'accumulatore ha un campo energetico che influenzerà parzialmente gli oggetti nelle vicinanze in modo simile a quelli contenuti al suo interno. I campi elettrici o elettromagnetici prodotti da vari strumenti potrebbero inoltre disturbare o altrimenti influenzare il funzionamento di un accumulatore, rendendo questa precauzione doppiamente importante per uno scienziato che fa ricerca.

N) Non usate nessun elettrodomestico collegato a una presa all'interno o nelle vicinanze dell'accumulatore, come pure nessun cellulare, computer portatile, televisore o altri dispositivi radianti. Essi disturberanno l'energia all'interno. Anche le pareti metalliche interne conducono elettricità e ci potrebbe essere pericolo di elettroshock. Se negli accumulatori utilizzati per le persone vi serve la luce, usate una lampada da tavolo a batteria, o mettete una lampada molto luminosa appena fuori dalla porta. Molte persone usano una luce di questo genere per leggere un libro mentre sono sedute all'interno. I *ricevitori* radio non sembrano avere un effetto negativo se usati nella stanza, ma gli effetti delle cuffie connesse a un riproduttore elettronico di musica all'interno dell'accumulatore sono sconosciuti.

O) Riguardo agli accumulatori usati in ricerca, tenete presente che qualunque materiale organico o contenente umidità posto al loro interno assorbirà la carica orgonica. Non tenete o mettete inutilmente degli oggetti all'interno dell'accumulatore.

P) Negli accumulatori utilizzati per le persone, le pareti esterne non devono distare dalla superficie cutanea più di 5-10 centimetri. Quando si entra è meglio svestirsi parzialmente o completamente, perché gli indumenti pesanti inibiscono l'assorbimento della radiazione orgonica. Si può usare una sedia o una panca di legno per sedersi, in quanto il legno asciutto assorbe poco l'orgone. Anche le sedie metalliche vanno bene, ma possono non essere confortevoli per via della sensazione di freddo che producono quando ci si siede.

**Q) Nota. L'uso troppo frequente o troppo prolungato dell'accumulatore può produrre sintomi di sovraccarico energetico, come pressione nella testa, una leggera nausea, sensazione di malessere generale o capogiro. In questi casi è necessario uscire subito dall'accumulatore e riposarsi per un po' all'aria fresca. I sintomi spariranno in pochi minuti. Reich consigliava alle persone con dei trascorsi di biopatie da sovraccarico energetico (vedere il Capitolo 11) di usare l'accumulatore con grande cautela**

# Il Manuale dell'Accumulatore Orgonico

**e solo per brevi periodi. Le biopatie da sovraccarico includono: ipertensione, scompenso cardiaco, tumori al cervello, arteriosclerosi, glaucoma, epilessia, forte obesità, apoplessia, infiammazioni e congiuntivite.**

R) La questione di "quanto sia abbastanza" è connessa al livello di energia di ognuno ed è una valutazione soggettiva, diversa per ogni individuo. Nessuno vi dice mai quanta acqua bere per placare la vostra sete. Voi bevete finché sentite di "averne abbastanza". Lo stesso vale per l'utilizzo dell'accumulatore: quando sentite di averne "abbastanza", uscite. Per la maggior parte delle persone ciò avviene un po' dopo aver raggiunto il punto in cui il proprio campo energetico sta leggermente *luminando* o rilucendo di una calda eccitazione alla superficie della pelle, e dopo che si comincia a sudare. Se siete insicuri rispetto a queste sensazioni, siate pazienti, poiché alcune persone riescono a sentire gli effetti energetici solo dopo molte sessioni. Una buona regola è limitare la seduta a non più di 30-45 minuti. Si può tuttavia ripetere la sessione più di una volta al giorno. Non ci si dovrebbe "appisolare" all'interno per periodi prolungati. Ulteriori informazioni su questi bio-effetti si trovano nel Capitolo 11: *Effetti fisiologici e biomedici.*

S) Lo stato qualitativo dell'orgone, come pure la sua carica assoluta, variano costantemente in qualunque luogo sulla superficie terrestre. I cicli meteorologici fanno sì che l'accumulatore modifichi la sua carica, e le condizioni ambientali tossiche (oranur e dor, vedere più avanti) possono periodicamente o cronicamente contaminare l'accumulatore, rendendo il suo utilizzo potenzialmente rischioso. Per utilizzare l'accumulatore in modo sperimentale è quindi necessario imparare a conoscere i cicli meteorologici e altri fattori ambientali.

## Nuove informazioni e aggiornamenti sull'energia orgonica e sull'accumulatore di energia orgonica.

La ricerca sull'orgone è in continuo sviluppo in tutto il mondo e, grazie a internet, tutte le nuove informazioni possono essere messe subito a disposizione, consentendo un aggiornamento periodico in base alle esigenze. A questo proposito è stata creata la seguente pagina web: www.orgonelab.org/orgoneaccumulator

## Note aggiuntive sui materiali per la costruzione dell'accumulatore orgonico

Fin dagli anni '40, da quando Reich pubblicò per la prima volta le sue scoperte sull'accumulatore orgonico, lui e altri (me stesso incluso) abbiamo consigliato il *Celotex* per la costruzione dello strato esterno non-metallico dell'accumulatore. Tuttavia Celotex è di fatto una marca della ditta Celotex e al giorno d'oggi non indica alcun prodotto specifico. Originariamente la ditta Celotex faceva solo materiale per *isolamento acustico* a base organica, costituito da steli frantumati e polverizzati di canna da zucchero e da residui di altre piante erbacee. Il materiale organico frantumato veniva mescolato con leganti e colla, pressato in una lastra piatta e lasciato asciugare, e poi dipinto di bianco da una parte. Era discretamente resistente e si poteva tagliare con un taglierino. Questo materiale in *fibra* continua a essere disponibile da diverse parti e viene solitamente usato come pannello per l'isolamento acustico del soffitto. Tuttavia la ditta Celotex oggi costruisce un numero di pannelli isolanti rigidi che sono del tutto inaccettabili e tossici per la costruzione degli accumulatori, come fogli di alluminio e tavole di schiuma isolante. Di conseguenza il termine "Celotex" ha perso il suo significato originario e non viene più utilizzato.

Un altro eccellente materiale esterno per l'accumulatore è il pannello di fibre a media densità (MDF), che è più sottile e più forte della fibra. Si tratta di un materiale denso e duro, più robusto del pannello in fibra o della tavola per isolamento acustico. Anch'esso è composto da cellulosa vegetale di materiale derivato dal legno, macinato in particelle molto piccole, mescolato con leganti e colla e pressato in sottili lastre piane. Si possono usare sia il pannello in fibra che l'MDF, ottenendo una proprietà dielettrica di assorbimento dell'orgone ancora migliore se essi vengono rivestiti esternamente con diversi strati di gommalacca naturale. Il rivestimento in gommalacca è necessario per la durevolezza, per la tenuta all'umidità e per un miglior assorbimento dell'orgone.

È anche possibile ottenere della *lana cardata di pecora* a un costo relativamente basso come sostituto della fibra di vetro normalmente usato all'interno dei pannelli dell'accumulatore. Una volta tosata da una pecora, la lana viene delicatamente lavata e pettinata per rimuovere i residui, producendo un materiale soffice e leggero che si chiama lana cardata, che poi viene trasformata in filato o filo per la produzione finale dei tessuti di lana. La lana cardata può essere tirata e pettinata in strati sottili, necessari per l'utilizzo nei pannelli dell'accumulatore orgonico, e non ha polveri o caratteristiche tossiche di alcun genere. Recenti scoperte biomediche suggeriscono che è molto più tossico respirare e maneggiare la fibra di vetro di quanto non si credesse in passato, quindi tutto sommato sarebbe meglio usare dei materiali totalmente naturali, come la lana cardata. Tuttavia la fibra di vetro si può ancora usare perché possiede delle proprietà dielettriche e di assorbimento dell'orgone molto buone, oltre ad essere economica e disponibile quasi ovunque. Se decidete di usarla prendete semplicemente delle precauzioni.

Io continuo a suggerire il *feltro acrilico* per fare gli strati esterni delle coperte orgoniche, ma bisogna essere sicuri che sia acrilico e non il comune poliestere, che non è un buon materiale da usare. Se avete dei dubbi è meglio usare il feltro di lana di pecora al 100% o coperte di lana morbide e lanuginose, usando l'imbottitura di lana più economica per gli strati interni della coperta.

In generale, i materiali con un'alta *costante dielettrica* (come la lana di pecora con i suoi oli di lanolina naturali, certe plastiche, acrilici, fibre di vetro, gommalacca, cera d'api, etc.) assorbono bene l'orgone. Mentre potete acquistare le componenti di metallo, pannello in fibra, intelaiature di legno e fibra di vetro nei negozi di ferramenta o di legname, il feltro e l'imbottitura di lana è meglio acquistarli in negozi di tessuti. Assicuratevi che sia lana al 100% e non un misto di lana e poliestere. Nei negozi di forniture per campeggio e per esterni si possono trovare coperte da campeggio, e spesso si possono trovare nei negozi di seconda mano delle coperte usate di lana al 100% in buono stato. Rotoli di lana d'acciaio a volte si trovano nei negozi di vernici o di pavimenti, perché vengono usati con grosse smerigliatrici a disco. Se non riuscite a trovare i materiali sul posto, tenendo conto del fatto dei costi aggiuntivi di spedizione provate a cercarli sul sito:  www.naturalenergyworks.net

# 8. L'effetto *oranur* e *dor*

Le osservazioni di Reich sull'energia vitale mostrano che essa di solito esiste in uno stato di attività relativamente calma e tranquilla, al quale la vita sul nostro pianeta si è adattata. Questa condizione può essere percepita come la piacevole calda luminosità o il leggero aumento di energia che si sperimentano di solito all'interno dell'accumulatore o quando si è fuori in mezzo alla natura. Tuttavia egli scoprì anche che, se esposto a livelli moderati o alti di radiazione nucleare o di campi elettromagnetici e ad alcuni altri agenti irritanti, l'orgone modificava le sue caratteristiche. Esso poteva essere portato a uno stato irritato e caotico di iperattività, che Reich identificò come l'*effetto oranur*.

L'oranur, che sta per *Orgone Anti-Nuclear Radiation* (radiazione anti-nucleare dell'orgone), fu scoperto per caso dopo aver introdotto delle piccole quantità di materiale nucleare in un potente accumulatore orgonico. Questo era stato fatto nel periodo della Guerra Fredda, come parte di un esperimento più grande atto a valutare i benefici dell'accumulatore contro la pioggia radioattiva e le malattie da radiazioni radioattive. Reich teneva diversi grandi accumulatori a 20 strati all'interno di un accumulatore ancora più grande, di dimensioni pari a una stanza, situati nel suo laboratorio in campagna nel Maine. Quando si introdusse il materiale radioattivo in questo ambiente fortemente carico, il campo energetico orgonico dell'intero laboratorio fu rapidamente portato ad uno stato di estrema agitazione, che si poteva vedere e percepire come un'intensa nebbia blu che circondava il laboratorio. L'oranur attaccava il corpo con sintomi da sovraccarico, dando sensazioni di scottatura con febbre e pressione nella testa, senso di nausea, irrequietezza e sovra-eccitazione. Al laboratorio di Reich, i collaboratori si ammalarono e i topi utilizzati negli esperimenti che erano tenuti in un altro edificio morirono in grandi quantità. Gli effetti oranur si diffusero poi in una regione più vasta che circondava il suo laboratorio in cima alla montagna, causando considerevoli preoccupazioni.

# Il Manuale dell'Accumulatore Orgonico

L'oranur tende a colpire le persone nel loro punto più debole, portando in superficie i sintomi latenti. Una persona può sperimentare un'agitazione costante con ritmo cardiaco accelerato; altre possono contrarsi leggermente e sudare per l'ansia, oppure svenire, mentre altre possono avere attacchi di collera. I palmi delle mani possono mostrare delle screziature e può diventare quasi impossibile dormire. C'è una tendenza a non riuscire a mantenere una concentrazione coerente sul lavoro o in altre attività. In breve, gli effetti oranur rispecchiano alcune delle reazioni biofisiche normalmente osservate in persone esposte a livelli moderati o alti di radiazione nucleare o elettromagnetica. Tuttavia, nel caso dell'oranur non vi era presenza di radiazione atomica oltre i confini del piccolo accumulatore in cui i materiali nucleari erano stati depositati. Era l'energia orgonica concentrata a produrre quegli effetti, amplificandoli e diffondendoli oltre gli immediati confini del laboratorio.

Anche l'espressione atmosferica dell'oranur è di sovraccarico. Il cielo potrà mantenere un intenso colore blu ma all'orizzonte comparirà una forte foschia, solitamente di color bianco lattiginoso. Possono comparire nubi ben formate che però in condizioni di oranur non si addensano e non aumentano, in parte perché l'atmosfera molto carica e agitata non pulsa più e non riesce a contrarsi. La carica all'interno delle nubi non riesce ad aumentare oltre ad un certo punto. In condizioni di oranur i venti possono essere caotici, come se fossero confusi o agitati. I temporali in arrivo di solito iniziano a frammentarsi o a "spalmarsi" in strati piatti, oppure a dissiparsi mentre si avvicinano a una regione affetta da oranur. L'atmosfera può sembrare "tesa" o "affaticata", riflettendo le condizioni generali di sovraccarico. Di solito le piogge diminuiscono, in particolare perché l'oranur alla fine viene rimpiazzato dalla sua qualità antitetica e cioè da condizioni di intorpidimento e immobilità.

Reich scoprì che l'effetto oranur persisteva anche dopo che i materiali radioattivi erano stati rimossi dai potenti accumulatori del suo laboratorio. Ciò indicava chiaramente che si trattava di un fenomeno di irritazione dell'energia vitale stessa e non del materiale radioattivo e rese i suoi laboratori pressoché inutilizzabili per diversi anni. Egli osservò che sotto una così persistente agitazione provocata dall'oranur, alla fine l'energia orgonica sviluppava una qualità stagnante, che corrispondeva alla sensazione soggettiva di essere diventato immobile e silenzioso, o "morto". Reich identificò questo stato energetico come *dor*, che sta per *deadly orgone* (orgone mortale).

Anche a livello biofisico, l'esposizione a condizioni dor produrrà una qualità di intorpidimento, di immobilità. Si ha una sensazione di intorpidimento letargico, una sensazione di aria viziata che rende difficile respirare. Ci si sente costantemente disidratati, data la natura assetata d'acqua del dor. Alcune persone reagiscono al dor con l'edema, inoltre Reich e i suoi collaboratori individuarono una forma particolare ed estrema di malattia causata da dor avente i sintomi di una forte influenza. L'organismo risponde con sintomi di letargia, immobilità, diminuzione del respiro e distacco emotivo. Questi effetti sono piuttosto tangibili e in alcuni casi misurabili come una diminuzione della luce, come se l'atmosfera non riuscisse più a brillare pienamente di luce solare.

Anche il dor possiede un'espressione atmosferica, che quando è abbastanza diffusa viene associata alla siccità o alle condizioni desertiche. Compare all'orizzonte come una foschia grigia, che riduce la visibilità e dà alla luce solare una caratteristica di bruciore cocente. Reich notò anche un colore nerastro nella pelle delle persone a lungo esposte al dor, e all'apice della crisi oranur-dor nel suo laboratorio sia gli alberi che le superfici rocciose acquisirono un deposito nerastro simile alla fuliggine. Il fenomeno combinato di oranur e dor annerì visibilmente le rocce e gli alberi intorno al suo laboratorio, ed egli ipotizzò che avesse fatto diventare acida la pioggia e che fosse responsabile per il grigiore opaco dell'atmosfera, bloccando la formazione delle nubi e la pioggia. Le nuvole in condizioni dor sembrano lacere o "erose", come del cotone un po' sporco e sfilacciato, oppure sono bloccate e non crescono oltre una certa dimensione. In alcuni casi compaiono delle piccole nubi dal colore nero o grigio molto scuro, che mantengono la loro colorazione opaca e nerastra anche quando vengono illuminate direttamente dal sole. Reich le chiamava *nuvole dor*. Spesso continuano a riformarsi in certe località, come se fossero energeticamente attratte da quei posti. Si possono anche riscontrare al di sopra di intere regioni, e i metereologi le chiamano "nuvole marroni" o "nuvole d'inquinamento" anche se si trovano in regioni rurali o vicine all'oceano che sono molto distanti da città o industrie. Anche gli oceanografi di solito riportano la presenza di insolite "nebbie secche" che sembrano essere nuvole dor del deserto riscontrate

# Il Manuale dell'Accumulatore Orgonico

in regioni desertiche costiere.

Si imparò molto sull'energia vitale atmosferica dall'incidente avvenuto al laboratorio di Reich e la sua pubblicazione del 1951 *The Oranur Experiment* ne descriveva i drammatici eventi. Dalle sue osservazioni di come le persone e le altre forme di vita reagivano all'oranur, Reich trasse delle analogie con esperienze ordinarie ben note alla maggior parte della gente. Ad esempio egli paragonò l'irritazione dell'energia vitale causata da oranur-dor alle reazioni iniziali e prolungate nel tempo di un animale selvaggio messo in gabbia. All'inizio l'animale reagisce con furia, cercando di liberarsi dal recinto che lo limita. Un leone o un orso ingabbiato, ad esempio, reagisce con rabbia furiosa buttandosi contro le sbarre, mordendole e colpendole per cercare di liberarsi. In seguito l'animale esausto diventa inerte e letargico. Si rassegna alla gabbia, sta seduto in un angolo e quasi non si muove. Le tipiche piccole gabbie da zoo producono quasi sempre un animale emotivamente intorpidito di questo genere. Reich paragonò inoltre l'energia orgonica che si muove in modo indisturbato a un serpente che si muove con un ondeggiamento naturale, e l'oranur irritato allo stesso serpente che invece viene catturato e tenuto fermo in un punto dove si contorce e si agita. Lo stesso si può dire di certi tipi di vita "civilizzata" all'interno della *gabbia sociale* della conformità perbenista (come ad esempio il sistema scolastico autoritario coercitivo), che possono produrre un risultato simile negli esseri umani. In termini biofisici è in atto lo stesso tipo di naturale reazione biofisica.

Oltre all'energia nucleare, Reich identificò in seguito altre fonti di produzione leggera o grave di oranur che poteva disturbare l'energia orgonica, come le luci fluorescenti e i motori con accensione a scintilla. Oggi esistono molti più dispositivi che irritano l'orgone e verranno descritti a breve.

Nonostante di solito oranur e dor siano compresenti in una data regione, in genere un'espressione prevarrà sull'altra. Inizialmente si tratta di effetti radianti bloccati in uno specifico paesaggio. Come tali, oranur e dor non possono essere "spazzati via" dai venti, anche se un buon temporale riesce a isolarli e ripulirli. Quando le condizioni oranur e dor sono particolarmente forti i temporali vengono bloccati e deviati, creando una prolungata siccità. I luoghi desertici di solito sono carichi di grandi quantità di dor, soprattutto nelle parti topograficamente inferiori, e grandi masse di aria carica di dor possono fuoriuscire

Sopra: atmosfera soffocata da una foschia grigia di dor che oscura l'orizzonte e blocca lo sviluppo delle nuvole nei deserti vicino a Phoenix, in Arizona. Sotto: lo stesso paesaggio in condizioni atmosferiche diverse, con nuvole ben formate e con il cielo dal colore blu intenso. L'asticella nera segnala lo stesso punto all'orizzonte. Gli studi sperimentali sia della scienza atmosferica classica che della biofisica orgonica indicano che solo una parte di questo tipo di foschia atmosferica oscurante — che compare anche frequentemente sugli oceani aperti con umidità molto bassa e a cui viene dato erroneamente il nome di "nebbia secca" — può essere spiegata dalla presenza di aerosol atmosferici e particelle di polvere. (Vedere: DeMeo J., Journal Am. Inst. Biomedical Climatology, vol.20, pp.1-4. 1996)

# Il Manuale dell'Accumulatore Orgonico

da una regione desertica e scatenare la siccità altrove. Regioni con numerose centrali nucleari e impianti di stoccaggio delle scorie, o con miniere di uranio o impianti di raffinazione tendono a essere molto cariche sia di dor che di oranur. In tali aree si verificano spesso continui episodi di siccità, dato che l'energia vitale si trova raramente nel suo stato naturale e viene periodicamente sovraeccitata o intorpidita.

Confrontate le condizioni descritte nella pagina precedente di oranur e dor con quelle dell'energia orgonica nel suo normale stato frizzante e pulsante. Quando il continuum orgonico mantiene uno stato di pulsazione atmosferica sano e vigoroso, si verificano dei cicli regolari di pioggia-sole-pioggia-sole. L'atmosfera è pulita e trasparente, frizzante e tersa, e non si nota alcuna foschia. Il contrasto fra le nuvole e il cielo azzurro si vede fino all'orizzonte. Il cielo ha un colore blu intenso e i contorni delle nuvole sono chiari e ben definiti. Le nuvole mantengono una forma rotonda, come i fiori di un cavolfiore e si formano verticalmente, senza inclinarsi e senza collassare. Le montagne in lontananza mantengono una colorazione bluastra o porpora. Anche la vegetazione è lussureggiante e dai contorni netti, piena di vita. Gli uccelli sono attivi e volano in alto e anche gli altri animali conducono una vita attiva. La luce del sole scalda senza subito scottare o bruciare. La sensazione soggettiva generale in condizioni di bel tempo è di grande espansione, con tanta energia, voglia di contatto e vitalità. Respirare è facile perché è l'aria stessa a farsi strada nei polmoni. La maggior parte delle persone si sente straordinariamente viva e lucida, e più rilassata del solito. La vita nel suo complesso spinge verso l'alto, contro la gravità, esprimendo la natura dell'energia vitale, impetuosa e dalla spinta dolce ed espansiva. In condizioni di pioggia ci si può sentire meno energici, anche sonnolenti, ma comunque rilassati e a proprio agio. La pioggia cade a cicli regolari.

La maggior parte delle persone anziane è consapevole del fatto che questa qualità dell'atmosfera sia sempre più rara. Si notava più facilmente in passato che non oggi. Caratteristiche di foschia e dor stagnante stanno rapidamente diventando la "norma", al punto che molti giovani, soprattutto nelle grandi città con alti tassi di inquinamento, non sanno più cosa sia una giornata tersa e frizzante. Dei piloti di linea più anziani, ad esempio, ricordano che in passato la foschia dor era presente solo su poche aree industriali vicine alle grandi città. Oggi invece la

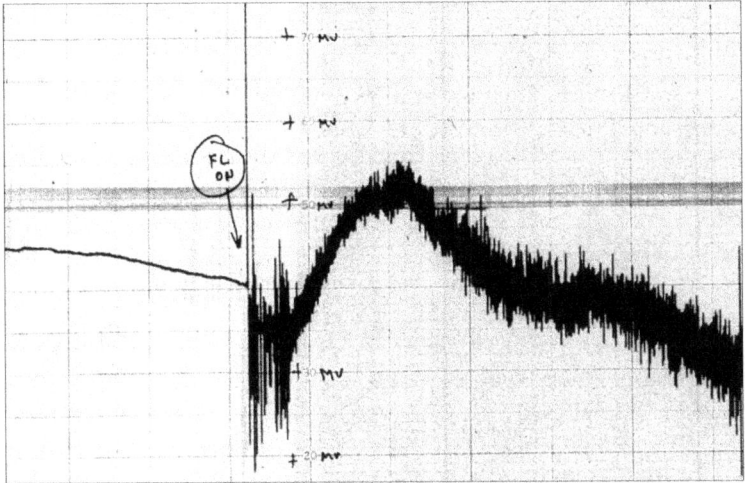

Sopra: *disturbi bioenergetici creati dall'agitazione oranur proveniente da una lampada fluorescente, rilevati misurando il campo bioelettrico di un filodendro posto nelle vicinanze con un millivoltmetro sensibile (HP-412-A VTVM) prima e dopo aver acceso la luce. Sotto: un disturbo simile proveniente da una TV a tubo catodico. In entrambi i casi, la luce dell'apparato non raggiungeva la pianta, che era protetta dietro a un cartone molto spesso.*

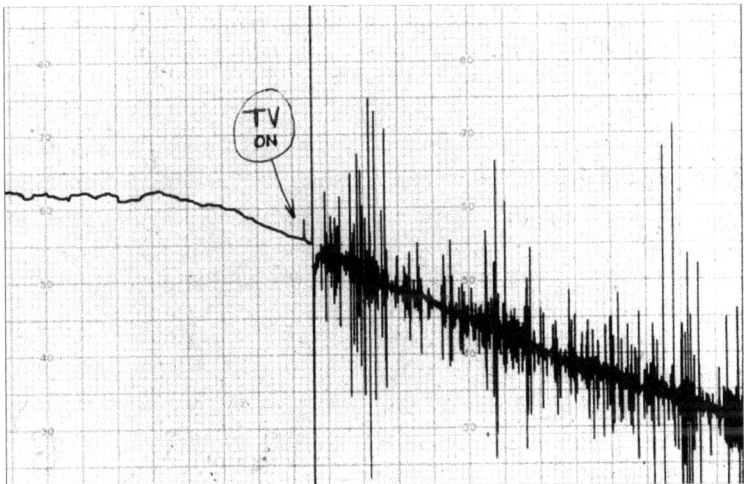

# Il Manuale dell'Accumulatore Orgonico

foschia dor si può vedere ininterrottamente da costa a costa e anche sul mare aperto fino a considerevoli distanze! Allo stesso modo nelle aree soggette a un'aggressiva deforestazione e desertificazione le aride condizioni dor si diffondono in regioni che un tempo erano molto più umide e lussureggianti. In regioni più umide, quando l'atmosfera diventa dor i regolari temporali vengono sostituiti da un piovischio acido nebbioso. I naturalisti riferiscono che il riflesso blu sulle montagne svanisce due anni prima che le foreste inizino a morire, un fenomeno che viene parimenti associato all'inquinamento fosco e stagnante dell'aria.

Il bagliore orgonico blu degli oceani, dei fiumi, delle foreste e dell'atmosfera costituisce di fatto una ragionevole misura per valutare la vitalità degli ecosistemi. Proprio perchè l'energia vitale è stata documentata e oggettivata, dovremmo preoccuparci di non ucciderla a forza di inquinarla.

Un problema comune che riguarda l'utilizzo dell'accumulatore orgonico è dato dal fatto che di solito esso accumula l'energia disponibile a livello locale. Occorre prestare attenzione alle condizioni energetiche del luogo in cui si intende usarlo. L'energia orgonica nell'atmosfera o negli edifici è sensibile a certi tipi di disturbi e agitazioni. In modo molto simile al protoplasma vivente, l'energia orgonica può essere *eccitata* o *irritata*, e certi influssi ambientali possono spingerla verso le condizioni tossiche di oranur e dor. Se l'atmosfera energetica della vostra casa o del vostro vicinato è stata resa tossica in questo modo, si sconsiglia l'utilizzo dell'accumulatore, o lo si consiglia solo dopo la rimozione degli agenti irritanti, per impedire l'inevitabile accumulo di carica tossica o irritante.

Ad esempio, gli accumulatori orgonici, soprattutto quelli appositi per la sperimentazione biologica o per l'utilizzo umano, non dovrebbero mai essere usati in stanze con i seguenti dispositivi irritanti per l'orgone:

- luci fluorescenti, nelle varietà a tubo lungo o a lampadina compatta fluorescente (CFLs)
- televisioni, soprattutto quelle a tubo catodico
- computer o microcomputer
- altri dispositivi a tubo catodico
- forni a microonde o stufe a correnti parassite
- telefoni cellulari o cordless
- dispositivi di rete senza fili (wi-fi), tastiere per computer, i-

pad.
- coperte elettriche (anche spente se attaccate alla corrente)
- diatermia, macchine a raggi X
- motori ad accensione a scintilla, dispositivi o bobine di induzione
- dispositivi video portatili, game-boy, playstation
- altri dispositivi elettromagnetici
- rilevatori di fumo radioattivi a ionizzazione
- orologi da polso e non, o altri dispositivi che contengono materiali radioattivi che brillano al buio (i materiali fosfoluminescenti che funzionano secondo il principio dell'assorbimento della luce visibile vanno bene)
- altri materiali radioattivi o vapori chimici forti.

Gli accumulatori orgonici non andrebbero utilizzati nemmeno negli stessi edifici in cui i dispositivi più potenti dei tipi sopra citati (come le macchine a raggi X) vengono usati o sono stati usati di recente. Gli esperimenti fatti da Reich e da altri operatori clinici negli ospedali hanno dimostrato che i dispositivi a raggi X distruggono gli effetti vitali positivi prodotti dalla radiazione orgonica. In aggiunta vi è un *effetto di persistenza*, ove le condizioni energetiche tossiche permangono per un certo periodo dopo che i dispositivi irritanti sono stati spenti e rimossi da una stanza o da un edificio. Gli accumulatori orgonici non andrebbero parimenti usati nelle immediate vicinanze delle seguenti strutture:

- sistemi radar aeroportuali
- torri di telefoni cellulari
- linee elettriche ad alta tensione
- torri di trasmissione AM, FM o TV
- centrali nucleari e impianti di stoccaggio
- discariche di scorie nucleari, miniere di uranio
- installazioni militari con depositi di bombe nucleari
- aree di test per bombe nucleari usate sia tutt'ora che in passato

Negli anni '40 e '50, Reich e altri suoi colleghi misero in guardia riguardo a questi dispositivi, ma solo oggi si possono vedere degli studi epidemiologici che confermino i loro effetti negativi sulla vita.

# Il Manuale dell'Accumulatore Orgonico

Parte di questo problema è costituito dal fatto che col semplice dar prova di una correlazione fra due eventi non se ne dimostra la causalità. Occorre mostrare o dar prova dell'esatto meccanismo e dar oggettivamente prova di ogni passo fra i due eventi correlati, prima che la causa e l'effetto vengano dimostrati. Nella maggior parte dei casi questa è una politica molto saggia, che però viene applicata in modo molto discontinuo nel mondo delle scienze. I teoremi ortodossi vengono raramente sottoposti a una valida revisione quando sono incapaci di soddisfare questo rigoroso criterio (ad es. "i geni cattivi", "i virus nascosti" etc.), mentre le teorie non ortodosse non ottengono i fondi o vengono eliminate o represse per qualunque loro debolezza. Gli inquinatori industriali stessi possono sollevare questa questione per evitare di prendersi la responsabilità del danno ambientale che hanno causato.

Riguardo alle questioni energetiche, secondo i migliori calcoli dei fisici, le radiazioni a basso livello *non dovrebbero* avere effetti deleteri sul sistema vivente. L'energia presente nelle radiazioni di basso livello, *rilevata con strumenti convenzionali di rilevazione delle radiazioni*, non è sufficiente a provocare un danno significativo. Eppure, secondo molti biologi, il danno avviene. Sottolineo la preoccupazione riguardo agli "strumenti convenzionali di rilevazione delle radiazioni", perché un errore fondamentale della fisica è che se uno strumento non misura un disturbo ambientale, significa che esso non è avvenuto. Lo sbaglio sta nell'errato presupposto che i loro strumenti di rilevazione riescano a rilevare il 100% di qualsiasi disturbo. Questo presupposto indimostrabile viene ovviamente messo in discussione dalle prove biologiche o epidemiologiche che dimostrano che un effetto esiste, anche se non può essere facilmente spiegato all'interno delle principali teorie accettate. Nelle scienze moderne esiste inoltre una grande diffidenza verso il corpo, l'organismo, nel senso che la gente comune che si ammala a causa dei moderni dispositivi di radiazione energetica spesso non viene creduta o è guardata con sospetto. La gente che viveva nei dintorni dell'impianto nucleare di Three Mile Island durante il suo più grave incidente nel 1979, ad esempio, aveva segnalato anomale nebbie di un bagliore blu, forti sensazioni di scottature ed emicranie, difficoltà nel respirare e altre cose che Reich aveva segnalato nell'*Esperimento Oranur* quasi 30 anni prima. Quelle persone furono ignorate perché tacciate di avere delle "reazioni psicologiche" e non vennero prese seriamente, nonostante una grande quantità di uccelli fosse stata trovata inspiegabilmente morta e la regione fosse rimasta priva di uccelli per un certo periodo dopo l'evento. Fenomeni simili furono segnalati nei dintorni della centrale atomica di Chernobyl all'epoca dell'incidente, nel 1986, con lo stesso tipo di reazione da parte delle autorità.

È esattamente qui che le scoperte di Reich sull'energia orgonica offrono una spiegazione, poiché in genere l'energia vitale (e i disturbi a cui è soggetta) viene documentata principalmente in base alle reazioni biologiche negli esseri viventi. Esistono dei metodi per effettuare una rilevazione sperimentale degli effetti oranur indotti dalle radiazioni, che però richiedono un particolare apparato sperimentale non disponibile sul mercato, oppure si possono osservare delle strane reazioni nei rilevatori standard di radiazioni. Reich, ad esempio, notò che i suoi contatori Geiger "acceleravano", "s'inceppavano" o "si spegnevano di colpo" se esposti agli effetti oranur, cosa che confermai anni fa quando vivevo nel sud della Florida vicino ai reattori nucleari di Turkey Point. Quei reattori non avevano dei problemi, ma era sufficiente

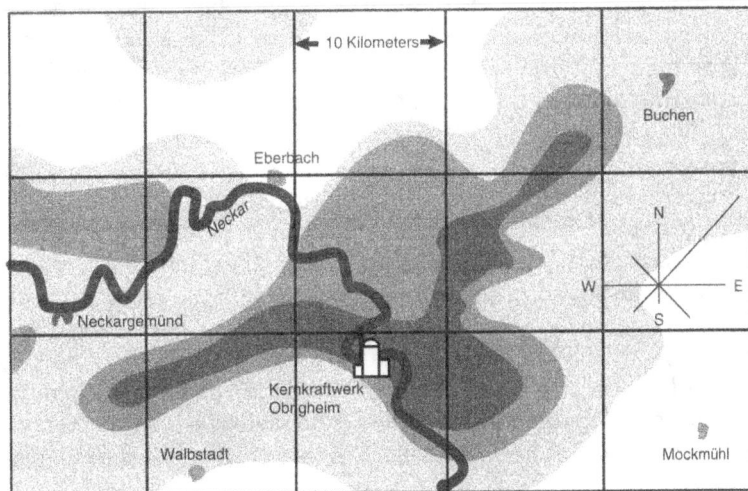

*Distribuzione del deperimento e della morte dei boschi intorno alla centrale nucleare tedesca di Obrigheim, secondo uno studio del professor Günter Reichelt. Altre centrali atomiche, che includono reattori, miniere e raffinerie di uranio, mostravano danni simili. (G. Reichelt, Waldschäden durch Radioaktivität? 1985; vedere anche R. Graeub, The Petkau Effect, 1992.)*

la "normale emissione" di radiazioni tossiche di basso livello per creare una terribile reazione oranur nelle vicinanze.

L'orgone è anche un *continuo di energia*, che permette una connessione fra la struttura o apparecchiatura responsabile (centrale nucleare, torre a microonde, luce fluorescente, TV a tubo catodico) e la creatura vivente che ne viene influenzata. Come il campo energetico orgonico locale della terra o il campo energetico di una casa viene fortemente disturbato e agitato dalle radiazioni nucleari o dai dispositivi elettromagnetici, così pure viene influenzato il campo orgonico di una persona che si trova in quell'ambiente.

La fisica moderna riconosce parzialmente queste connessioni, poiché sembra che tutte le bombe nucleari, i reattori nucleari e le strutture connesse irradino enormi quantità di *neutrini* che praticamente non sono schermabili e individuabili e la cui presenza è al momento solo ipotizzata. Questi neutrini fuoriescono ad alta velocità dalle strutture, attraversano ogni genere di schermatura contro le radiazioni e interferiscono con qualunque organismo presente nei dintorni fino a chilometri di distanza. Teoricamente non creano danni o lesioni perché si considera che i neutrini abbiano una massa estremamente bassa, che passino attraverso qualunque cosa e che richiedano i più sofisticati dispositivi di rilevamento per dimostrare la loro presenza. Come potrebbero dunque danneggiare le creature viventi? Si tratta di una congettura puramente ipotetica. Il fatto maggiormente osservato è che, secondo le ultime teorie della fisica classica, per ogni evento di decadimento nucleare che emette una particella Beta (vale a dire la maggior parte dei tipi di radioattività) viene anche prodotto ed emesso un neutrino distinto abbinato ad essa. La radiazione Beta può essere schermata ma non i neutrini, quindi una considerevole quantità di energia, che non è individuabile con i normali rilevatori di radiazioni, viene continuamente dispersa dal nocciolo del reattore nucleare, attraverso la spessa schermatura del reattore, nella campagna circostante.

I rilevatori di neutrini sono dispositivi grossi e ingombranti, grandi quanto dei magazzini, che richiedono intere squadre di scienziati per farli funzionare. Si basano sul principio di cercare dei minuscoli lampi di luce blu in enormi serbatoi d'acqua oscurati oppure nelle oscure profondità oceaniche, o nelle profondità dei ghiacciai della calotta polare, dove intere schiere di rilevatori di luce sono sparse in fori praticati in profondità. Secondo i calcoli convenzionali un'incredibile quantità di neutrini occupa lo spazio in cui viviamo e respiriamo. Teoricamente il sole produce $18 \times 10^{37}$ neutrini al secondo, davvero un gran numero (18 seguito da 37 zeri!). Di questi neutrini, la terra ne intercetta $8 \times 10^{28}$ al secondo. La terra emette inoltre una particella cugina, l'antineutrino, a una quantità di $1.75 \times 10^{26}$ al secondo. Di questi numeri giganteschi, *il corpo di un essere umano medio è attraversato da 3 trilioni di neutrini naturali cosmici al secondo, teoricamente in arrivo solo dalla terra e dal sole.* Anche un grande reattore nucleare emette degli antineutrini, ad una quantità di $10^{18}$ neutrini al secondo. Il punto è: quanto sono reattivi tutti questi neutrini?

Secondo la teoria classica i neutrini sono considerati così "ultraterreni" che, come i fantasmi, ci attraversano senza conseguenze. Possiedono una massa così bassa, priva di apprezzabili proprietà tangibili, che possono attraversare uno spessore di più di 100 miliardi di miglia di piombo solido prima di reagire con uno degli atomi del piombo. E questo non si avvicina minimamente a rispondere alla sconcertante domanda di cosa sia successo a tutti i neutrini e antineutrini creati fin dall'inizio dei tempi da tutti gli eventi di radioattività nucleare nell'universo, presumendo che il tempo abbia puro un inizio! Si tratta di un numero che tende all'infinito indipendentemente da come lo calcolate. In realtà non ha senso, e ci lascia a brancolare senza fiato cercando delle risposte che somigliano più a delle speculazioni metafisiche.

Di conseguenza alcuni fisici hanno postulato l'esistenza di un *mare di neutrini*, che suona sempre più come il vecchio *etere cosmico dello spazio*, ma con un nome diverso. Ma anche questo ha portato ad un enigma teorico, poiché ovviamente un universo infinito, o anche un universo del "big bang", non riusciva a rendere conto dell'infinito numero di neutrini tutti stipati in ogni centimetro cubico di spazio. Infatti l'intera teoria dei neutrini, che è essenziale per la teoria classica del decadimento nucleare, e di cui di fatto si conosce davvero poco, oggi è talmente piena di contraddizioni e complessità che possiamo facilmente speculare che questo mare di neutrini sia in realtà un *oceano continuo di energia* e non solo una complicazione di particelle discrete pigiate tutte insieme. Questo ci costringe a focalizzarci sulla componente ondulatoria del dualismo onda-particella e a chiederci

# Il Manuale dell'Accumulatore Orgonico

nuovamente: ma *in che cosa ondeggiano le onde? Qual è il loro mezzo di trasmissione?* Osservato in modo nuovo da questo punto di vista, il concetto del mare di neutrini può essere considerato uguale a quello *dell'oceano di energia orgonica*, che è anche simile al vecchio *etere cosmico dello spazio*.

Dal punto di vista della scienza di Reich, tutte le particelle della radiazione atomica emergono dall'oceano di energia orgonica di fondo e alla fine ritornano a esso. Il decadimento radioattivo con emissione di neutrini suggerisce quindi un percorso per il parziale ritorno della materia nell'oceano di energia cosmica dal quale la stessa materia fu originariamente creata. Tutte le stelle, le galassie, i pianeti e la materia nel cosmo si sono lentamente formati secondo un processo che Reich descriveva come *Superimposizione Cosmica* (il titolo di un suo libro basilare nell'offrire una nuova cosmologia), che implica dei movimenti a forma di spirale dell'energia vitale per creare la massa. La teoria della Superimposizione Cosmica era in gran parte un insieme teorico di postulati, ma era anche fondata sulle nuove osservazioni e scoperte della biofisica orgonica, e quindi poteva avere un fondamento empirico.

Usando la teoria di Reich come punto di partenza, ipotizzerei che la materia sia guidata da questa stessa superimposizione di energia cosmica, che ha funzioni gravitazionali ed elettrostatiche, ad aggregare e costruire atomi che vanno da un peso inferiore a uno superiore, per formare alla fine degli elementi instabili o radioattivi. Molto probabilmente in questo processo è in atto il fenomeno di trasmutazione identificato e misurato da Louis Kervran (vedere il Capitolo 6). La materia poi si scompone attraverso il decadimento radioattivo, rilasciando direttamente l'energia vitale cosmica primaria di nuovo nell'oceano di orgone, in parte come materia atomica di peso inferiore o "prodotti di decadimento", come vengono chiamati, ma anche attraverso emissioni del tipico zoo di particelle atomiche, che includono neutrini e neutroni, restando questi ultimi delle particelle misteriose che fanno pensare alle funzioni negativamente entropiche dell'energia orgonica. Ad esempio nel mio laboratorio sulle montagne dell'Oregon è stato possibile produrre "conteggi di neutroni" fino a 4000 cpm (conteggi per minuto, ndt) dentro ad accumulatori orgonici molto potenti, unicamente da sorgenti di radiazione di fondo. Di solito dei conteggi così alti dovrebbero provenire solo da una sorgente di radiazioni molto forte, come dal

L'effetto *oranur* e *dor*

nocciolo di un reattore nucleare. Questo depone a favore della teoria di Reich, che relega la maggior parte dei processi di decadimento radioattivo a espressioni dell'energia vitale, ma non sottoforma di "particelle *discrete*".

L'energia perduta e quasi non rilevabile del neutrino (o del neutrone), derivante dalla scomposizione della materia radioattiva, può semplicemente riflettere l'interfaccia fra la materia e il continuo dell'energia vitale, dove nessuna "particella" viene di per sé scaricata. Secondo questa visione, durante il decadimento nucleare si ri-diffonde semplicemente parte della sua energia nell'oceano orgonico. Reich fece ulteriori ipotesi in questo senso, descrivendo la "convulsione di energia vitale" che accompagna l'esplosione di una bomba atomica, come il risultato di gravi reazioni oranur all'interno dell'energia vitale che circonda il materiale atomico, e non solamente a causa del processo stesso di fissione. I test atomici effettuati nel Nevada Test Site negli anni '50, ad esempio, disturbarono gli esperimenti di Reich sull'energia orgonica nella campagna del Maine. In seguito vi darò altri esempi di simili effetti a lunga distanza. Per questo Reich diventò uno dei primi critici dell'energia nucleare. Grazie alla teoria sull'oranur di Reich siamo comunque anche in possesso di una grande quantità di reazioni biologiche, sia oggettive che soggettive, per comprendere il fenomeno. La teoria dei neutrini della fisica moderna è molto incompleta, ma una semplice reinterpretazione sulla falsariga delle funzioni dell'energia orgonica, potrebbe suggerire un potente meccanismo connettivo e reattivo attraverso il quale le bombe e i reattori atomici potrebbero influenzare la vita e il clima su lunghe distanze.

Di conseguenza possiamo sostenere che i reattori atomici non irradiano "particelle discrete di neutrini" nella campagna, ma invece scaricano continuamente energia cosmica primaria nel continuo localizzato di energia orgonica, che diventa fortemente agitato e sovraccarico. Questa è l'origine dell'intensa luminosità blu che caratterizza così tanti processi atomici, come la "radiazione Cherenkov", osservata in tutti i reattori nucleari così come durante i già citati gravi incidenti a Three Mile Island e a Chernobyl. Funzioni orgoniche simili sarebbero in atto nei "rivelatori di neutrini" o nei "rivelatori di raggi cosmici", che funzionano tutti registrando lampi di luce blu. Sarebbero analoghe al disturbo che si crea nell'atmosfera intorno a una pentola fumante di acqua bollente, nonostante l'aria contenga già al suo

# Il Manuale dell'Accumulatore Orgonico

interno dell'energia termica e del vapore acqueo. Oppure a come un potente apparecchio che crea onde, posto al centro di un grande lago tranquillo, provochi disturbo fino alle rive lontane. I disturbi creati artificialmente si propagano verso l'esterno attraversando la schermatura del reattore e ogni genere di parete o barriera, e influenzano le creature viventi e il clima nell'area circostante. Gli effetti diminuiscono solo con l'aumentare della distanza.

Allo stesso modo, esiste il dilemma della malattia provocata da un elettromagnetismo a basso livello. Tali radiazioni non dovrebbero far ammalare la gente, ma lo fanno. Qui la difficoltà teorica è che la fisica dice che queste onde elettromagnetiche vengono trasmesse nella campagna e intorno al globo *senza alcun mezzo di trasmissione*. Questa posizione è simile a quella di chi studia e lavora con le onde sonore, o le onde d'acqua, negando però l'esistenza dell'aria o dell'acqua. Le "onde-particelle" nucleari ed elettromagnetiche hanno bisogno di un mezzo attraverso il quale propagarsi. Il grande mito della fisica moderna è che questo mezzo non sia mai stato scoperto, ma questo errore è stato discusso nel Capitolo 6 in riferimento al lavoro di Dayton Miller. Essa inoltre sostiene che all'interno delle onde elettromagnetiche a basso livello l'energia è insufficiente per spezzare i legami chimici nelle creature viventi. Il presupposto è che la biochimica regni suprema e che, proprio come l'etere cosmico dello spazio, l'energia vitale non esista.

I dispositivi e le strutture nucleari ed elettromagnetiche hanno degli effetti deleteri sulla salute di chi ci lavora e delle persone che abitano nelle vicinanze, sia che uno accetti o meno il punto di vista bioenergetico presentato in questo libro. In genere i rischi per la salute non sono distribuiti uniformemente in una data popolazione. Certe persone con un'energia molto alta o molto bassa, e in genere quelle molto giovani o molto anziane, sono più sensibili a queste energie tossiche e reagiscono più rapidamente e con maggior forza. Nei capitoli successivi elencherò diversi casi specifici, con dei suggerimenti pratici che la gente può utilizzare per proteggere se stessa e i propri accumulatori da questi pericoli ambientali, ma prima esponiamo il problema.

In una casa comune le cose che di solito irritano di più l'orgone sono la TV a tubo catodico, il forno a microonde, i computer con tecnologia wi-fi "wireless" e le luci fluorescenti di qualunque tipo (la varietà di luci fluorescenti ad ampio spettro riduce ma non elimina il problema). Le lampade fluorescenti spesso producono delle piante iperattive, con foglie larghe di grandi dimensioni, inducendo così le persone a credere che siano "buone". Alcuni studi hanno anche mostrato che se le persone depresse vengono esposte alle lampade fluorescenti possono subire un'agitazione che le rende più attive o accelera il loro metabolismo. Esempi di ciò riguardano chi soffre di depressioni emotive invernali, i neonati depressi e anche gli impiegati depressi, tutti "agitati" ad aumentare temporaneamente l'attività sotto l'influenza dell'oranur fluorescente. In molti casi l'aumento di attività è legato al colore o alla frequenza della luce, e anche questo ha la sua influenza. Di solito però il problema dell'eccitazione causata dall'oranur fluorescente non viene tenuto in considerazione in quel tipo di studi. Tuttavia tutti i tipi di luce fluorescente, le TV, i computer, i dispositivi wi-fi, i telefoni cellulari e i forni a microonde producono oranur, che può essere misurato oggettivamente attraverso il potenziale elettrico disturbato di una pianta di casa esposta a questi dispositivi, e a volte attraverso l'uso di un contatore Geiger standard o di uno caricato con l'orgone. Una valutazione scientifica può essere fatta anche tramite misurazioni dettagliate delle funzioni dell'accumulatore e osservando la perturbazione che avviene in condizioni oranur o dor.

In qualunque quartiere cittadino, le torri di emissioni radio, i radar aeroportuali e le torri di comunicazione per i telefoni cellulari sono pericolosi e producono oranur. Come i forni a microonde e le TV a tubo catodico, possono disperdere livelli di radiazione relativamente alti nel loro ambiente circostante. Le nuove TV e i nuovi monitor dei computer a schermo piatto sono più sicuri a questo riguardo, ma non del tutto.

Alcune delle prime versioni dei sensori apri-porta automatici a infrarosso o degli interruttori di accensione automatica della luce emettevano un segnale *attivo* rilevato dai sensori, che accendeva e spegneva le cose. Oggi la maggior parte di essi è stata sostituita dalla tecnologia passiva, che rileva solo il calore corporeo. I dispositivi elettromagnetici passivi non creano problemi, solo quelli che irradiano attivamente energia sono un problema. In questo senso, tuttavia, gli scanner delle biblioteche o quelli di inventario commerciale, progettati per impedire i piccoli furti o per la rilevazione dei chip identificativi posti nei prodotti, creano un grosso problema, soprattutto per chi lavora

# Il Manuale dell'Accumulatore Orgonico

in quegli ambienti. Sono un pericolo per i lavoratori che siedono vicini ad essi giorno dopo giorno; qui il rischio reale è semplicemente sconosciuto. Allo stesso modo i forni a microonde e le TV a tubo catodico possono esporre la persona "media" a un dosaggio "medio", che si presume irrazionalmente sia innocuo. Finché non si sa di più al loro riguardo bisognerebbe peccare per eccesso di cautela. Un accumulatore non va posto nelle loro vicinanze.

Allo stesso modo è permesso alle centrali nucleari di sfiatare (o meglio scaricare) grandi quantità di radiazioni misurabili nell'acqua di raffreddamento e nell'aria di ventilazione che passa attraverso le strutture. A parte il fatto che la popolazione del posto spesso respira e beve questi rifiuti, che si possono accumulare nella catena alimentare, esiste il problema di oranur e dor. Entrambi sono creati dalle centrali nucleari e l'energia atmosferica in queste aree verrà influenzata, con uno stato qualitativo che predominerà sull'altro. Dopo che un reattore nucleare è stato in funzione per un certo periodo in una regione, le persone sensibili possono letteralmente sentire la differenza e delle accurate osservazioni a volte rivelano delle modificazioni nel clima.

I test sotterranei delle bombe atomiche sono, o erano, forse quelli che creano i danni peggiori, poiché scuotono e agitano gravemente il campo energetico orgonico dell'intero pianeta. Esistono prove che suggeriscono che dopo quei test atomici sotterranei si scatenarono gravi sbalzi climatici e terremoti sia a livello locale che a considerevoli distanze (vedere la Bibliografia). L'esempio più grave derivò da una serie di dieci test atomici effettuati in successione in un breve periodo di tempo dai governi dell'India e del Pakistan nel maggio del 1998. Nel giro di pochi giorni un'estrema ondata di caldo esplose nella regione di India e Pakistan, con un terremoto di magnitudine 6.9 nel vicino Afghanistan. Diverse migliaia di persone morirono nel corso di quegli eventi e altre gravi reazioni climatiche si svilupparono a livello globale in un breve periodo di tempo. Secondo il classico modo di pensare, tutto questo era "impossibile", ma ha perfettamente senso se viene considerato come un disturbo diffuso del campo vitale energetico della terra. Altre dimostrazioni, fornite dai ricercatori giapponesi Kato e Matsume, suggeriscono che a causa dei test atomici sotterranei l'intero pianeta è disturbato nelle sue dinamiche di rotazione e che la parte superiore dell'atmosfera è surriscaldata e perturbata. Anche il geografo Gary Whiteford documentò dei cambiamenti negli schemi globali dei terremoti in seguito ai test atomici sotterranei (vedere la Bibliografia per le citazioni). Questo genere di effetti non ha alcun senso dal punto di vista della biologia, della geologia e della fisica classica, che negano l'esistenza del principio di una qualsiasi energia vitale e presumono che lo spazio sia "vuoto". Tuttavia, dal punto di vista della biofisica orgonica questi effetti trovano una ragionevole spiegazione, molto simile alla nostra precedente discussione sull'energia vitale di un leone o di un orso, agitati dalla cattività o dall'essere pungolati. Ci possono anche venire in mente i tori torturati nelle arene spagnole, che come prima cosa vengono infilzati nella schiena con delle aste acuminate. Sembra che l'energia vitale che carica la terra e l'atmosfera sia altrettanto reattiva e irritabile, come il protoplasma.

Infatti le reazioni dell'energia vitale nelle creature viventi, dapprima agitate e poi letargiche e malate, inizialmente documentate da Reich nell'esperimento oranur, sono state meravigliosamente corroborate da John Ott nel suo libro *Health and Light* (Salute e luce, ndt). Ott dimostrò che i topi di laboratorio esposti alla radiazione eccitante di una TV a tubo catodico diventavano inizialmente sovreccitati e iperattivi; in seguito, gli stessi topi diventavano inerti e letargici e alla fine sviluppavano malattie degenerative. Ott fece molti esempi di come il comportamento aggressivo fra gli animali da allevamento come i visoni e i pesci d'acquario venisse eliminato rimuovendo le luci fluorescenti che producevano oranur e aumentando la loro esposizione alla luce naturale del sole. Effetti simili, causati dalle luci fluorescenti nelle aule scolastiche, si manifestano negli studenti. Ott lo dimostrò usando delle riprese time-lapse (a intervallo di tempo, ndt), le cui allarmanti sequenze sono riportate nel video *Exploring the Spectrum*. Alcuni insegnanti hanno scoperto che il comportamento distruttivo in aula spesso si elimina con facilità semplicemente spegnendo le luci fluorescenti.

Ho personalmente osservato una reazione simile in bambini ai quali è permesso di stare tantissimo tempo a "guardare" la TV o a navigare su internet. Questi effetti si notano di più con i vecchi schermi a tubo catodico sia delle TV che dei computer, mentre non sono così evidenti con i nuovi schermi piatti. In ogni caso, quando si espone un bambino alla TV o al computer, nelle

# Il Manuale dell'Accumulatore Orgonico

prime fasi spesso vi è poca concentrazione sul contenuto del programma. I bambini vogliono semplicemente che la TV sia accesa e spesso fanno altre cose mentre sono seduti davanti allo schermo. La dipendenza da computer mostra una sindrome simile. Spesso si vede questo strano comportamento in intere famiglie, la cui attività serale o di fine settimana ruota intorno alla grande TV a colori a tubo catodico. A nessuno sembra interessare che programma sia in onda, purché il televisore sia *acceso*. Oppure i bambini siedono immobili di fronte allo schermo della TV e del computer, facendo meno attività all'aria aperta e creando meno contatti umani. Come i topi di laboratorio a cui viene data la cocaina, anche i bambini e gli adulti possono diventare *dipendenti* dagli effetti oranur del computer o della TV. In seguito, come i topi di Ott, possono entrare in uno stato letargico o di immobilità, comunemente descritto come lo stile di vita sedentario, che può essere correlato e precursore all'obesità e alle malattie degenerative. Ovviamente qui entra in gioco anche una componente emotiva, nel momento in cui adulti e bambini emotivamente contratti possono usare la TV e internet come modi per sfuggire a una situazione infelice a livello sociale o familiare. Ricordate però che Reich scoprì che l'orgone è l'energia delle emozioni. La TV e il computer con le loro capacità fortemente irradianti e, per il bambino, il game-boy, la playstation o il cellulare per inviare gli SMS e altre cose del genere sono più di una semplice fuga "cognitiva". Essi hanno dei *distinti effetti bioenergetici che possono, in ultima analisi, essere ciò che li rende così allettanti da creare dipendenza in chi li usa.*

Questa forma bioenergetica di dipendenza elettromagnetica/oranur si vede più chiaramente quando qualcuno cerca di spegnere il computer o la TV. Bambini agitati o letargici, immersi nella radiazione dello schermo ma immobilizzati e cerebralmente congelati o morti, possono improvvisamente protestare a gran voce quando si cerca di spegnerlo. Anche gli adulti che soffrono di questa sindrome si sentiranno a disagio al pensiero di spegnere i congegni elettronici e di essere forzati, per così dire, ad uscire da uno stato leggermente catatonico per entrare in un più diretto contatto emotivo (bioenergetico) con altri esseri umani. Gli adulti sperimentano un potenziamento di questo "ronzio bioenergetico" quando a esso viene abbinato il consumo di alcolici. Infatti la comparsa di schermi televisivi elettromagnetici nei bar sportivi, dove il grande schermo resta sempre acceso, fornisce una sensazione bioenergetica simile a quella del reparto TV di un grande negozio di elettronica. Certo le immagini colorate danno una sensazione di vivacità e allegria, e spesso l'atmosfera sociale nei bar sportivi può essere più congeniale della solitudine o della velata ostilità che la persona affronta a casa propria in una famiglia disfunzionale. In alcuni casi può trattarsi di una reale e molto razionale *fuga temporanea* e non di una mera "evasione dalla realtà".

Di certo anche il contenuto del programma svolge un ruolo, nel senso che più è eccitante e fantastico, o violento, crudele e sessualmente titillante, più andrà a toccare i sentimenti repressi, il desiderio sessuale e la rabbia trattenuta dell'individuo, alimentando ulteriormente la sindrome. Non voglio condannare l'uso della TV in maniera radicale, poiché nell'oceano di *cibo spazzatura per la mente* che inonda le onde radio esistono alcuni programmi dal contenuto eccezionalmente buono.

Un'altra risposta che appartiene a questa categoria è l'uso diffusissimo di video giochi portatili o telefoni cellulari sempre più elaborati, soprattutto da parte di adolescenti inclini all'ansia che passano un sacco di tempo a usarli. Potremmo chiamarli *dispositivi oranur portatili*, dai quali l'individuo riceve una "dose" bioenergetica personale, paragonabile alla dipendenza di un fumatore di sigarette. La perdita di un tale giocattolo che dà assuefazione può creare una forte ansia o delle violente esplosioni emotive. Ott ha mostrato che questi dispositivi, le TV (o gli schermi da computer a tubo catodico) e le luci fluorescenti in particolare sono spesso una causa dell'iperattività infantile. Attualmente anche altri ricercatori hanno osservato simili disturbi comportamentali, che consolidano l'isolamento sociale e la contrazione emotiva fra i bambini che sono assuefatti ai propri aggeggi elettronici. L'oranur delle luci fluorescenti nelle aule scolastiche, o ancor peggio nelle strutture informatiche, o nei reparti TV dei grandi magazzini che hanno anche molte luci fluorescenti, assale i passanti occasionali con sensazioni oranur tangibili.

Io vidi un chiaro caso di assuefazione da radiazione televisiva in tre bambini iperattivi, che passavano ogni giorno ore davanti allo schermo senza dare molta attenzione al contenuto dei programmi. Appena arrivavano a casa dalla scuola la TV doveva essere accesa. Quando finalmente la TV venne spenta (la madre dovette tagliare il filo della corrente per vanificare gli astuti

# Il Manuale dell'Accumulatore Orgonico

tentativi dei figli), ci fu un pianto disperato di protesta e un periodo in cui il loro comportamento diventò ancora più agitato. Tuttavia, dopo circa una settimana i bambini si calmarono e iniziarono a sviluppare nuove amicizie e attività, e *l'iperattività scomparve del tutto*. La madre si liberò della grande TV a tubo catodico e in seguito ne acquistò una più piccola a schermo piatto LCD, che produce molto meno disturbo elettromagnetico. Anche se in seguito ai bambini fu concesso di guardare la TV a schermo piatto quanto volevano, non ricaddero più nella stessa trappola e la sindrome da iperattività non si verificò più. In questo caso il sistema energetico dell'organismo era diventato assuefatto all'agitazione elettromagnetica oranur, ed era stato necessario uno sforzo chiaro e consapevole per superarla.

Quando si usa l'accumulatore orgonico in un ambiente oranur o dor, tutte le considerazioni sopra citate sono estremamente importanti, poiché l'accumulatore amplificherà qualsiasi tipo di condizione energetica sia presente nell'ambiente circostante. Se oranur o dor sono presenti, un accumulatore amplificherà quelle tendenze, impartendo alla sua carica una caratteristica tossica e negativa rispetto alla vita. In alcuni casi gli effetti di oranur e dor sono persistenti e diffusi, e non si possono influenzare semplicemente cambiando le cose a casa vostra. Questo può essere il caso in alcune grandi città inquinate, e di certo nelle aree vicine a impianti nucleari. Riguardo alle centrali nucleari, per la sicurezza ci vuole una distanza minima di 50-80 chilometri, sia per quanto riguarda gli effetti biologici dell'emissione di radiazioni a basso livello che per l'utilizzo dell'accumulatore. (Vedere la mia nota sul fattore distanza nella Prefazione dell'autore.) Allo stesso modo, se ci si trova a pochi chilometri di distanza da cavi di trasmissione elettrica ad altissima tensione, o da grandi torri di trasmissioni radio l'uso di un accumulatore è sconsigliato. Allo stesso modo, non usate un accumulatore se la vostra zona è stata recentemente soggetta a un incidente nucleare e la pioggia di polvere radioattiva è presente. La stessa precauzione vale anche per il vostro sistema bioenergetico. Proprio come l'accumulatore orgonico, l'energia vitale del vostro biosistema verrà influenzata da questi stessi fattori. Per questo motivo alcune persone scelgono di trasferirsi con la famiglia in luoghi più sicuri, seguendo sostanzialmente delle sensazioni che già avevano di trasferirsi in campagna, dove i ritmi di vita sono più lenti e naturali. Imparare a conoscere l'energia orgonica offre dei benefici ed è molto appagante, ma ci rende anche consapevoli degli aspetti potenzialmente tossici del nostro ambiente energetico circostante che prima passavano inosservati.

Un'ultima serie di considerazioni. Gli accumulatori non andrebbero mai usati all'interno di case mobili o di case con rivestimenti o fiancate in alluminio. L'alluminio conferisce una caratteristica vitale negativa all'energia orgonica, ed è consigliabile non vivere all'interno di tali strutture, anche se non contengono un accumulatore al loro interno. Case mobili con rivestimenti in legno sono più sicure e non danno problemi.

Va comunque notato che alcune case mobili e alcuni edifici vengono isolati con imbottiture in fibra di vetro che hanno un fasciame interno in alluminio. Se questo tipo di isolamento viene ampiamente utilizzato, esso funzionerà come un rivestimento in alluminio, trasformando la casa in un grande accumulatore di alluminio e conferendo una sensazione di leggera tossicità o sovraccarico. Inoltre le case con i tetti di metallo, o i nuovi edifici con le armature in acciaio al posto delle componenti in legno, si comporteranno un po' come un grande accumulatore e quindi amplificheranno qualsiasi effetto oranur provenga dall'esposizione elettromagnetica.

Una volta vissi per un breve periodo in una casa mobile rivestita in alluminio all'interno della quale, anche senza un accumulatore, si sviluppò una carica molto alta di energia leggermente nauseante. Questo può disturbare il ciclo del sonno e portare a ulteriori amplificazioni dell'effetto oranur se si usano luci fluorescenti o a fluorescenza compatta, forni a microonde, computer, telefoni cellulari, sistemi wi-fi o televisori. Le case più recenti, progettate per il risparmio energetico, sono spesso problematiche perché di solito includono l'isolamento in alluminio e non hanno una ventilazione adeguata, cosa che peggiora ulteriormente la loro situazione energetica. Non bisogna vivere dentro un accumulatore orgonico a causa dei problemi di sovraccarico, e le persone più sensibili saranno destabilizzate dal sovraccarico che si produce spontaneamente in una struttura così tossica.

Biologicamente non siamo tanto diversi dai cavernicoli, ma ci piace considerarci delle creature da "era spaziale", con tutte le nostre apparecchiature e giocattoli elettronici. Di fatto è comunque possibile vivere molto bene con una linea telefonica standard, delle lampadine a incandescenza, un normale fornello

# Il Manuale dell'Accumulatore Orgonico

a gas o elettrico, degli schermi piatti per computer e TV e nessun congegno radiante "wireless". Non dobbiamo tornare alle lampade a kerosene o al calesse trainato dai cavalli, ma valutare la nostra tecnologia con un po' di saggezza per adattarla alla nostra biologia e non viceversa. E chissà, col tempo, quando le funzioni anti-gravitazionali dell'orgone verranno comprese, la razza umana diventerà da era spaziale e viaggerà anche sulle stelle. Si spera che nel processo non diventeremo dei cyborg elettronici o dei mutanti da era atomica.

Imparate a riconoscere dor e oranur, così se la sensazione dentro a un edificio o a un accumulatore diventa disturbata o agitata potete prendere le precauzioni necessarie per eliminare tali effetti. La sensazione soggettiva dentro a un accumulatore dovrebbe essere di calore, benessere e rilassamento. È qui che diventa importante imparare a conoscere il proprio ambiente energetico ed entrare in contatto con le sensazioni del vostro corpo e dei vostri organi. Esistono anche degli strumenti a prezzi ragionevoli per aiutarvi in questo processo. Seguite i consigli dati nel capitolo successivo per "Ripulire il vostro ambiente bioenergetico".

# 9. Ripulire il vostro ambiente bioenergetico

Nell'ultimo capitolo sono stati identificati alcuni potenziali problemi riguardanti l'utilizzo dell'accumulatore orgonico o il vivere in un ambiente energeticamente disturbato. I punti seguenti vi aiuteranno a creare un ambiente vivo, nel quale l'accumulatore orgonico produrrà la sua carica maggiore, dalle caratteristiche energetiche più delicate ed espansive. Mettendo in atto il maggior numero possibile di questi punti non solo proteggerete il vostro accumulatore, ma anche voi stessi e la vostra famiglia, indipendentemente dal fatto di costruire o meno l'accumulatore. Leggete il punto "N" più avanti riguardo agli strumenti di misurazione utili a rilevare e valutare le varie sorgenti di radiazione a basso livello discusse in questo Capitolo.

A) Il "vecchio fienile nei boschi". Il miglior ambiente in assoluto su cui posizionare un accumulatore sarebbe il pavimento asciutto di un grande fienile arieggiato in campagna. Il più delle persone non avrà un fienile così, ma potrà forse avere un portico esterno coperto che soddisfi questi criteri concettuali. Si dovrebbero riprodurre queste condizioni il più precisamente possibile. *Idealmente*, l'ambiente da "fienile nei boschi" dovrebbe essere vicino a campi e boschi, ad almeno 50-80 km di distanza dalle centrali nucleari e a 8 km da qualunque filo di trasmissione elettrica che attraversi la campagna. (Vedere la Prefazione dell'autore per le avvertenze sul fattore distanza.) Non dovrebbe neanche trovarsi sulla via di trasmissione dei fasci di microonde, e neppure nel raggio di 8 km dalle torri di trasmissione radio o TV. La struttura migliore è aperta, ben aerata e illuminata dal sole, ma protetta dalle piogge e dai venti forti. Nelle vicinanze dell'accumulatore non devono esserci: televisioni, luci fluorescenti, computer, telefoni cellulari, forni a microonde, dispositivi wi-fi, rilevatori radioattivi di fumo e così via. Dovrebbero esserci solo poche prese elettriche e luci da soffitto a incandescenza.

# Il Manuale dell'Accumulatore Orgonico

B) <u>Piante, fontane e cascate.</u> Potete aumentare le caratteristiche vitali positive di una stanza riempiendola il più possibile di piante vive e assicurandovi che sia adeguatamente ventilata. Le piante verdi smorzano l'effetto di dor e oranur e in più ossigenano l'aria. Lo stesso vale per l'acqua di una fontana. Il più delle persone riesce a percepire questi effetti espansivi e piacevoli, e l'utilizzo di piante da interni, cascate o fontane per migliorare soggettivamente l'estetica in edifici sia grandi che piccoli è in aumento.

C) <u>Pulizia diretta con l'acqua.</u> Se il vostro ambiente è inquinato, o possiede un carattere secco e desertico, preparatevi a pulire quotidianamente l'accumulatore dentro e fuori con un panno umido. Per poter eliminare l'energia stagnante potete anche tenere una ciotola d'acqua al suo interno quando non lo usate.

D) <u>Materiali da costruzione.</u> I libri che aiutano le persone a trovare materiali da costruzione sicuri, privi di componenti chimici tossici, sono ormai disponibili in librerie, biblioteche e su internet. Vi danno informazioni sui numerosi prodotti non tossici disponibili sul mercato. Da un punto di vista bioenergetico, c'è ragione di preoccuparsi se si vive in un accumulatore oppure se si costruiscono accumulatori all'interno di case mobili o di case con rivestimenti o fiancate in acciaio o alluminio. Il rivestimento esterno in alluminio trasforma la dimora in un accumulatore in alluminio, che è risaputo avere un effetto tossico in sé e per sé. Qualunque struttura fatta di pareti metalliche, oppure le nuove costruzioni che usano montanti di metallo per le pareti divisorie, può creare un effetto di accumulo energetico. Anche se è consigliabile "caricarsi" periodicamente dentro un accumulatore, non è consigliabile viverci costantemente dentro! Ricordate il principio del *vecchio fienile nei boschi.*

E) <u>Illuminazione.</u> Riguardo all'illuminazione, tutti i tipi di luce fluorescente, inclusa la varietà a tubo lungo e le lampadine piccole compatte a spirale (CFL), che si avvitano nelle normali prese elettriche, non andrebbero mai usate vicino ad un accumulatore orgonico o nella stanza in cui si trova. In particolare le CFL emettono delle radiofrequenze di basso livello, in aggiunta ai disturbi elettronici a 60 cicli al secondo della linea elettrica.

# Ripulire il vostro ambiente bioenergetico

Alla maggior parte delle persone non piace la sensazione della luce emessa da queste lampadine, anche senza che nessuno glielo dica. Questo avvertimento vale anche per le varietà di lampadine e tubi fluorescenti a "spettro completo", che in realtà non rispecchiano la frequenza solare. Nel mio laboratorio di ricerca biofisica dell'orgone ho fatto delle misurazioni spettrografiche sia dello spettro solare naturale che di molti tipi diversi di lampadine. Tutti i tipi di luce fluorescente, incluse quelle a spettro completo, producono a paragone uno spettro solo parziale. Esse contengono tutte un regolatore di corrente elettromagnetico agitante con catodi ad alto voltaggio che eccitano e disturbano il continuo di energia orgonica. Nessuna di queste apparecchiature per l'illuminazione, inclusi gli stessi tubi fluorescenti, elimina l'effetto oranur, che non è schermabile. Il miglior tipo di illuminazione, da un punto di vista sia bioenergetico che di spettro completo, è la semplice lampadina di vetro trasparente a incandescenza del tipo senza patina, dove si vede il filamento attraverso il vetro. Queste lampadine riproducono bene il naturale spettro solare e non creano oranur. Il calore di scarto prodotto riscalderà semplicemente la vostra casa, cosa non problematica dove il clima è freddo. Le asserzioni riguardanti il risparmio energetico con le lampade fluorescenti sono inoltre parecchio fuorvianti, poiché ci vuole parecchia energia per produrle rispetto a una semplice lampadina a incandescenza, e la maggior parte delle lampadine CFL brucerà rapidamente se soggetta al normale uso di accensione e spegnimento. Sarà inoltre necessario averne diverse per produrre la stessa intensità luminosa di una lampadina a incandescenza. Siate scettici rispetto alle affermazioni del governo e degli ambientalisti a questo riguardo. Per il risparmio energetico si spera che le ditte di lampadine trovino una soluzione adatta e a favore della vita come i LED. Finora, le varietà LED conosciute non solo consumano pochissima elettricità, ma producono pochissimo disturbo elettromagnetico e danno una sensazione delicata. Il problema è che producono una luce brutta e fioca. In ogni caso non sta al Governo del Grande Fratello imporre quali tipi di luce si possono o non possono usare.

F) Cucina. Riguardo al cucinare, state lontani dai forni a microonde e dai fornelli che lavorano su principi elettromagnetici a correnti parassite. Anche se i forni a microonde sono certificati

## Confronto spettrale di diverse lampadine rispetto alla luce naturale del sole.

Il grafico spettrale in alto nella pagina successiva corrisponde alla luce naturale del sole, che mostra una distribuzione della frequenza da circa 300 a oltre 900 nm (nanometri, ndt) con un picco a circa 520 nm. Le creature viventi, le piante e gli animali sono state esposte per millenni a questa luce e con essa si sono evoluti. Nel grafico in mezzo c'è lo spettro di una lampadina standard trasparente a incandescenza, che offre la miglior riproduzione possibile dello spettro solare fra tutte le lampadine attualmente sul mercato. Essa funziona tramite il riscaldamento elettrico di un filamento dove è stato creato un vuoto parziale, che produce la luce tramite un semplice processo termico. La lampadina è molto più fredda del sole e il suo picco è a circa 625 nm, inoltre produce una benefica radiazione ultravioletta a circa 350 nm. Questa leggera radiazione ultravioletta è positiva per la vita, necessaria per la salute sia della pelle che degli occhi, e non è nociva. La lampadina trasparente a incandescenza mostra inoltre una curva spettrale liscia, che fornisce un comportamento della luminosità simile a quella solare. In basso si nota la cosiddetta lampadina fluorescente compatta a "spettro completo" (CFL). Il suo spettro è composto soprattutto da netti picchi derivanti da eccitazione elettrica ad alto voltaggio di gas fluorescenti selezionati in modo tale che, una volta mescolati insieme, cercano di ingannare i vostri occhi facendo credere di essere simili alla luce naturale del sole. In realtà, essi producono un effetto sgradevole che alla gente di solito non piace. Non solo producono "luce spazzatura", ma le lampadine emettono delle radiofrequenze che, a distanza ravvicinata, eguagliano quelle di un telefono cellulare. Non sono benevole per la vita e producono una luce tossica e un'irritazione biologica. Al mio laboratorio OBRL abbiamo testato molti tipi di lampadine, e quelle trasparenti a incandescenza praticamente brillano di più di tutti i tipi di lampadine o tubi fluorescenti che si trovano sul mercato. Attualmente anche le lampadine LED funzionano in modo simile a quelle fluorescenti "caratterizzate da picchi", ma consumano molta meno elettricità e non emettono radiofrequenze. Il tempo ci dirà se i produttori di lampadine potranno produrre una varietà autentica a pieno spettro e a basso consumo energetico. Nel frattempo, fidatevi dei vostri occhi!

# Ripulire il vostro ambiente bioenergetico

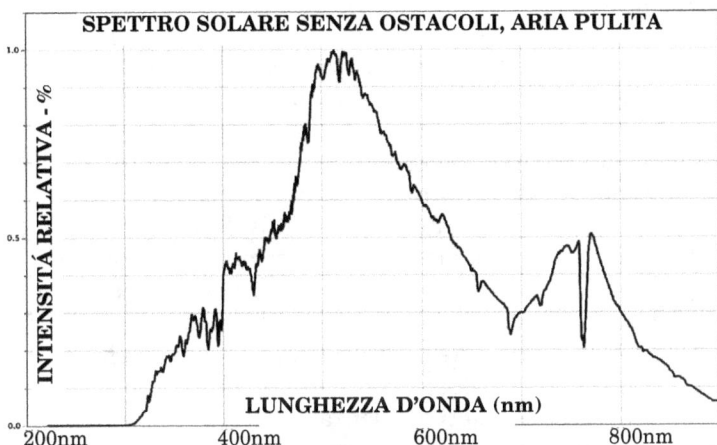

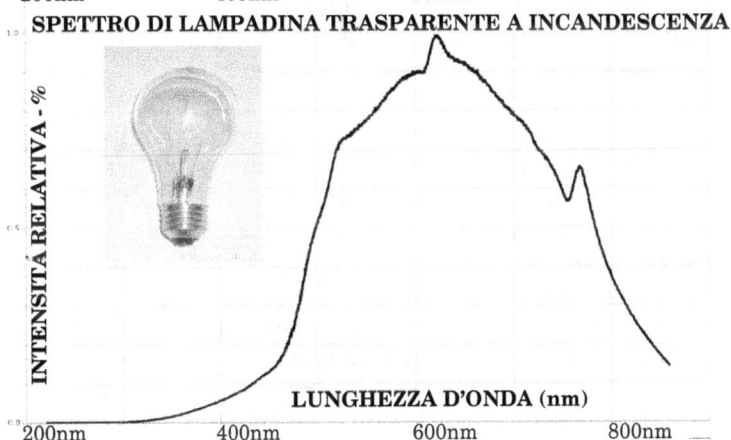

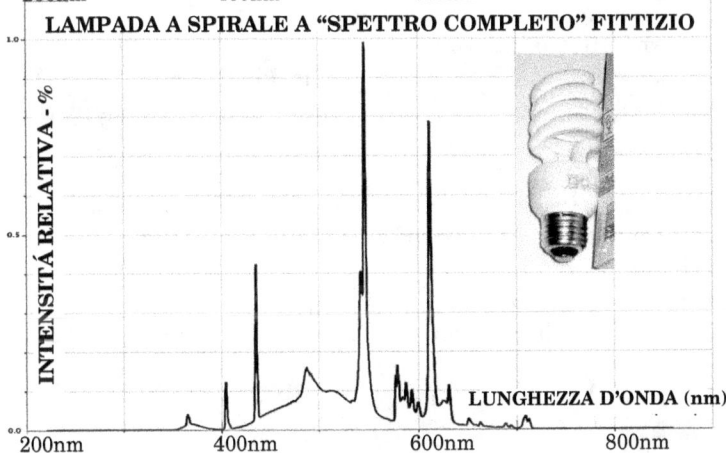

SPETTRO SOLARE SENZA OSTACOLI, ARIA PULITA

INTENSITÁ RELATIVA - %

LUNGHEZZA D'ONDA (nm)

200nm  400nm  600nm  800nm

SPETTRO DI LAMPADINA TRASPARENTE A INCANDESCENZA

INTENSITÁ RELATIVA - %

LUNGHEZZA D'ONDA (nm)

200nm  400nm  600nm  800nm

LAMPADA A SPIRALE A "SPETTRO COMPLETO" FITTIZIO

INTENSITÁ RELATIVA - %

LUNGHEZZA D'ONDA (nm)

200nm  400nm  600nm  800nm

# Il Manuale dell'Accumulatore Orgonico

dal governo federale come "sicuri", gli standard usati per definire questi criteri sono piuttosto datati e una collusione fra il governo e chi li produce di fatto esiste. Forni, fornelli e tostapane che funzionano con il riscaldamento standard a resistenza elettrica sono più sicuri, ma emettono alcuni disturbi elettromagnetici nella gamma delle frequenze estremamente basse (ELF). Un altro svantaggio degli elettrodomestici da cucina a resistenza elettrica è che non sono molto efficienti a livello energetico, date le intrinseche inadeguatezze di bruciare carburante, trasformarlo in vapore, usare il vapore per far generare elettricità da una turbina, poi pompare l'elettricità lungo un filo e infine riconvertirla nuovamente in calore nella casa. Da un punto di vista biologico e di efficienza energetica, per cucinare è meglio utilizzare fornelli a gas e forni a scintilla elettrica senza fiamma pilota. È risaputo che il cibo cotto al forno microonde spesso perde sapore e il suo valore nutrizionale è sospetto, poiché crea sottoprodotti radiolitici che non possono essere salutari.

G) Televisione. Riguardo alla televisione, i grandi schermi a colori che usano il tubo catodico sono i peggiori. Hanno tre cannoni elettronici nel tubo catodico puntati direttamente alla vostra faccia e operano a voltaggi di eccitazione relativamente alti. Il televisore a tubo catodico standard emette un ampio spettro di energie nocive, che includono le frequenze estremamente basse (ELF), raggi X molli, frequenze radio e campi magnetici pulsati, che possono rapidamente creare i livelli di oranur e dor in una stanza o in una casa. In alternativa si consigliano le TV che usano la nuova tecnologia degli schermi a cristalli liquidi (LCD), che sembrano destinati a sostituire completamente quelle a tubo catodico (CRT). La tecnologia LCD viene usata per le TV a grande schermo ad alta definizione, che hanno prezzi ragionevoli. Da un punto di vista bioenergetico sono anche accettabili i televisori a proiezione, che non hanno un tubo catodico e proiettano l'immagine su uno schermo o su un muro. I dispositivi elettronici sia delle TV a LCD che a proiezione creano comunque del disturbo sull'energia orgonica e non andrebbero usati vicino a un accumulatore. Le TV *al plasma* a schermo piatto consumano più energia e hanno un campo di disturbo più forte delle varietà a LCD, quindi non sono consigliate.

# Ripulire il vostro ambiente bioenergetico

H)   Computer. Qui valgono le stesse precauzioni consigliate rispetto ai televisori. Gli schermi dei computer sono spesso peggio della TV perché chi lavora vi è seduto molto vicino e vi passa molto tempo davanti. I computer più vecchi sono a tubo catodico e operano a voltaggi superiori rispetto ai moderni computer portatili o da scrivania. I grossi schermi  con tubo a raggi catodici andrebbero buttati o riciclati perché producono ELF, radiofrequenze, raggi X molli e campi magnetici pulsati, e sono stati correlati a deformità infantili e ad aborti spontanei. Se usate molto il computer, passate decisamente allo schermo piatto con tecnologia LCD standard, come quella descritta nel paragrafo precedente sui televisori. A parte lo schermo del computer, anche il suo circuito interno produrrà disturbi elettromagnetici e oranur. Per questo motivo, è meglio usare computer portatili che funzionano a batteria e corrente continua, con una connessione temporanea alla presa a muro per ricaricare la batteria. Corredati da uno schermo piatto a cristalli liquidi, sono probabilmente i computer più sicuri esistenti sul mercato e richiedono una quantità minima di energia elettrica per funzionare. I computer portatili non dovrebbero comunque mai essere tenuti sulle ginocchia, perché emettono una considerevole radiazione in prossimità dell'involucro. Usateli su una scrivania e usate anche una tastiera esterna separata per evitare di esporre l'estremità delle vostre mani alla radiazione, che è anche associata alla sindrome del tunnel carpale. Di solito questa sindrome viene descritta come il prodotto di "movimento ripetitivo", ma di fatto potrebbe essere il risultato di una overdose elettromagnetica nelle mani. Usate inoltre connessioni cablate in ogni caso. Niente connessioni "wi-fi" per la tastiera o il mouse, e anche per la connessione al vostro router e sistema internet. É meglio avere dei cavi tesi sul pavimento o sul soffitto che ammalarsi per esposizione cronica a bassi livelli di microonde! In ogni caso non usate mai alcun tipo di computer o televisore in un accumulatore o nelle sue vicinanze.

I)   Coperte elettriche e stufe elettriche. L'uso delle coperte elettriche è stato correlato all'aumento di aborti spontanei fra le donne incinte. Anche se spente e solo inserite nella presa a muro, possono emettere un campo elettrico ELF molto forte con influenze tossiche. Si consiglia di eliminarle e di tornare alla coperta di lana, al piumone e alla trapunta pesante. *Le coperte elettriche*

# Il Manuale dell'Accumulatore Orgonico

*non andrebbero mai usate con una coperta orgonica,* o in un accumulatore. Per deduzione, la stessa precauzione presa per le coperte elettriche andrebbe estesa a tutte le stufe elettriche portatili. D'inverno è meglio portare l'accumulatore dentro casa piuttosto che lasciarlo fuori inutilizzato a causa del freddo.

J) Torri di trasmissioni radio o TV ed emissioni delle linee elettriche ad alta tensione. I pericoli ambientali causati dalle torri di trasmissione radiotelevisive e dalle grosse linee aeree per la trasmissione della corrente elettrica ad alta tensione vengono documentati solo ora. Non sorprendetevi se l'azienda elettrica locale e anche i gruppi ambientalisti sono poco informati su questi argomenti. Informatevi sui pericoli e fate una valutazione basandovi su quello che succede nei vostri dintorni e su ciò che avete imparato. Secondo i risultati dei miei studi, 8 km sono una distanza sicura sia dai grandi cavi sospesi sulle campagne che dalle torri di trasmissione radiotelevisive.

Anche i campi delle linee elettriche rappresentano un potenziale pericolo delle linee di distribuzione locale, come i pali elettrici fuori dalla vostra casa, dove ci sono dei trasformatori con una linea che vi entra direttamente in casa. L'impulso della potenza viene trasmesso lungo quella linea con una pulsazione di 60 cicli al secondo nel Nord America, o di 50 cicli al secondo in Europa e in altre nazioni. Ad ogni pulsazione della potenza elettrica, il campo energetico che circonda la linea elettrica si espande e si contrae da zero alla sua forza massima, creando un forte campo. La pulsazione di energia viene trasmessa lungo la linea e attraverso il trasformatore, che abbassa il suo voltaggio da parecchie migliaia di volts a 120 volts (220 in Europa), entra nel quadro elettrico generale della vostra casa e viene poi distribuito a tutte le varie prese a muro dove collegate le vostre apparecchiature.

Se il cablaggio elettrico della vostra casa non è messo a terra nel modo giusto e adeguato, questo può creare un campo elettromagnetico molto grande all'interno della vostra abitazione. Ciò può succedere, ad esempio, se durante la costruzione della casa si è usato il sistema delle tubature idrauliche per la messa a terra, come spesso succede, o se i picchetti di rame piantati nel terreno hanno una messa a terra elettrica insufficiente. Si trovano sempre dei forti campi in quasi tutte le case, ad esempio dove i cavi dell'alimentazione elettrica entrano in casa, e anche

# Ripulire il vostro ambiente bioenergetico

vicino al quadro generale dove l'alimentazione viene suddivisa fra interruttori multipli. Non è consigliabile porre un accumulatore, il vostro letto o la vostra scrivania vicino a questi "punti caldi" all'interno della casa. Se per motivi di scarsa messa a terra, la vostra intera casa è un "punto caldo" a causa dei campi elettromagnetici, allora è meglio saperlo e prendere eventuali misure di protezione. Lo stesso vale per quanto riguarda i telefoni cellulari e le radiazioni delle torri di emissione nel vostro vicinato.

K)   <u>Emissioni di microonde dalle torri radar e telefoniche.</u> In questo periodo si sta sviluppando una grossa polemica sugli effetti biologici delle radiazioni a microonde, che stanno trovando sempre più applicazioni. Oltre a essere impiegate nei forni domestici, le frequenze a microonde vengono usate per l'essiccazione industriale e per la lavorazione dei materiali, e per i sistemi radar meteorologici, aeroportuali e della polizia. Vengono utilizzate per le comunicazioni telefoniche a lunga distanza e con i cellulari, e ora anche per una pletora di dispositivi "wi-fi" come le reti di computer, le connessioni internet, le tastiere wireless e così via. *Nessuno di questo dispositivi andrebbe usato vicino a un accumulatore orgonico* e la gente dovrebbe se possibile evitarli, mantenendo o ritornando alle linee telefoniche e alle connessioni internet via cavo "nel vecchio stile da cavernicoli". Se dovete usare un telefono cellulare o una connessione wi-fi per internet, allora usate dei cavi di prolunga per allontanarvi dalle componenti radianti dell'antenna, che è dove la radiazione dannosa e "calda" viene emessa. Gli accumulatori orgonici non andrebbero mai posizionati vicino a questi apparecchi o impianti.

L)   <u>Rilevatori di fumo.</u> A questo riguardo, la varietà meno costosa *ionizzante* usa, come parte del meccanismo di funzionamento, una piccola quantità di rifiuti tossici radioattivi come sorgente della ionizzazione. Pur funzionando molto bene nel rilevamento del fumo, non andrebbero usati in stanze contenenti accumulatori, né dove le persone vivono o dormono. L'irritazione radioattiva produce continuamente oranur e può rapidamente agitare l'energia in una stanza o in un piccolo appartamento. In alternativa esistono in commercio dei rilevatori di fumo che utilizzano il principio *fotoelettrico* come alternativa alla ionizzazione e ai rifiuti radioattivi. I rilevatori di fumo

# Il Manuale dell'Accumulatore Orgonico

fotoelettrici soddisfano o superano tutti i requisiti legali e gli standard di sicurezza antincendio.

M) Impianti nucleari. Se vivete in una zona vicina a una centrale nucleare o a un impianto di stoccaggio dei rifiuti, dovreste valutare seriamente il danno provocato a voi stessi e alla vostra famiglia. Ottenete informazioni su questi impianti dai gruppi ambientalisti locali. Di solito esistono uno o più gruppi che cercano di disinquinare o di chiudere gli impianti nucleari in queste aree. Questi gruppi di cittadini sono i meglio informati riguardo ai pericoli per la salute provocati da qualunque impianto nucleare. Malgrado tutto, è un consiglio ragionevole non vivere o lavorare in una zona a meno di 50 km, o meglio ancora 80 km, di distanza da un tale impianto. La documentazione su questa questione fu presentata originariamente molti anni fa dal dottor Ernest Sternglass in un piccolo ma importante libro dal titolo *Low Level Radiation* (Radiazione a basso livello), con ulteriori dettagli nel successivo *The Enemy Within* (Il nemico dentro). Egli dimostrò la presenza di alti tassi di aborti spontanei, basso peso alla nascita e nascite con basso QI, e tumori in aumento fra le popolazioni che abitavano vicino agli impianti nucleari. Vide inoltre che gli effetti deleteri diminuivano con l'aumentare della distanza. Documentazione aggiuntiva si trova nel libro del dottor Jay Gould *Deadly Deceit* (Inganno mortale). Questi libri vi presenteranno un consistente corpus di prove che riguardano gli enormi problemi causati dall'esposizione alla radiazione a basso livello proveniente da impianti nucleari e strutture simili. Di conseguenza gli accumulatori orgonici non andrebbero mai usati vicino a qualunque tipo di impianto nucleare (Vedere la Prefazione e il Capitolo 8 sugli effetti oranur).

N) Strumenti semplici di rilevazione delle radiazioni. Sul mercato sono già disponibili a prezzi abbastanza ragionevoli strumenti professionali per rilevare i campi elettromagnetici o la radiazione nucleare ionizzante, e possono essere usati facilmente da chiunque. Negli Stati Uniti, con circa $1000 si possono acquistare eccellenti strumenti di misura per fare una valutazione dettagliata della casa, del posto di lavoro, della scuola di vostro figlio e del vicinato. Essi includono un *Trifield Meter* per le frequenze elettriche di basso livello, un *RF (radiofrequenze) Meter* per le emissioni dei cellulari e delle torri, e un rilevatore

# Ripulire il vostro ambiente bioenergetico

di radiazioni atomiche *RadAlert*. Di seguito vi fornirò i dettagli al riguardo, per poterli confrontare con altre marche di dispositivi sul mercato. Se il prezzo sembra troppo alto, va confrontato con il prezzo di una malattia grave o di un leggero malessere che riduce la vostra produttività sul lavoro. Conosco dei casi in cui diversi vicini di casa misero in comune le loro risorse per acquistare un set di strumenti di misura, e altri casi in cui fu un imprenditore ad acquistarli per avviare una nuova attività indipendente: fare indagini ambientali per altre persone. Spiegherò anche come sviluppare dispositivi semplici ed economici. Una volta che avrete misurato o valutato la vostra esposizione a sorgenti di radiazioni tossiche nel vicinato, in casa e al lavoro, e riuscirete a localizzarle con precisione, potrete prendere delle misure per attenuarle.

*Microonde*. Le frequenze usate per i forni a microonde di solito hanno un picco intorno ai 2 gigaherz (GHz), che è leggermente diverso da quelle usate per i telefoni cellulari, le torri dei cellulari e le trasmissioni AM/FM (fino a 3 GHz). I forni a microonde di solito usano radiazioni molto più intense e quindi sono più tossici se li avete costantemente vicini. Un normale *Trifield Meter* ha un circuito di misurazione delle microonde per i campi forti provenienti dai forni a microonde, ma non reagirà molto alla forza del segnale più bassa proveniente dai cellulari e dalle torri. Per questi avrete bisogno di uno speciale *misuratore di radiofrequenze per cellulari e torri* progettato proprio per quello scopo. Alcuni anni fa cominciai a usare e a vendere questi misuratori, che oggi sono ampiamente disponibili (www.naturalenergyworks.net).

Mentre potete decidere se usare o non usare il forno a microonde o il telefono cellulare, avete invece poca scelta quando si tratta dell'esposizione alle torri dei cellulari, che forniscono il segnale a ogni telefono cellulare individuale. La Legge sulle Telecomunicazioni, approvata durante gli anni di Clinton-Gore, vieta specificamente alle città, alle province o agli stati locali di applicare dei propri standard di sicurezza più rigorosi, con il risultato di permettere alle compagnie dei telefoni cellulari di calpestare il paesaggio e le popolose città americane. Quando si cerca di combattere una ditta di telefoni cellulari in tribunale si finisce per lottare anche contro la FCC (Federal Communications Commission).

# Il Manuale dell'Accumulatore Orgonico

I principali gruppi ambientalisti, nel frattempo cresciuti come dimensioni e potere politico, sono caduti nella trappola delle tipiche chiacchiere di Washington, svendendo i propri principi in cambio degli ambigui ordini del giorno del Grande Governo e della Grande Scienza — o più volgarmente per soldi. Gli standard di sicurezza riguardanti i campi elettromagnetici non sono mai stati in cima alle loro priorità, e quindi hanno intascato le loro bustarelle e "aderito al programma". Così ora torri dei cellulari e stazioni di collegamento stanno spuntando dappertutto, sui campanili delle chiese e nei cortili delle scuole, spesso camuffate da tubi da stufa o collocate all'interno di palme di plastica. Qui non si considera la salute pubblica, perché le stesse aziende che fanno questi dispositivi partecipano alle sessioni di governo dove si decide a quante radiazioni di basso livello verranno esposte le persone. E quel calcolo dipende da quali sono i costi minimi per far funzionare quella tecnologia, il che significa livelli maggiori di radiazioni, affinché i vostri adolescenti possano avere una buona ricezione al cellulare anche in cantina nascosti dentro a uno scatolone.

Anni fa, dopo aver installato nella mia auto un sensibile rilevatore radar della polizia (dispositivo elettronico utilizzato dagli automobilisti per rilevare se la loro velocità è oggetto di monitoraggio da parte della polizia, ndt), arrivai a comprendere per la prima volta quanto fosse diffusa l'esposizione alle microonde. Nell'appartamento dove vivevo, il mio rilevatore cominciava a trillare ogni volta che parcheggiavo l'auto rivolta in una certa direzione. Il rilevatore indicava come se mi trovassi solo a 100 metri da un radar operativo della polizia. L'attività era più forte al secondo piano del mio appartamento che al livello della strada, e in seguito scoprii che il mio condominio era stato costruito lungo il percorso di un fascio di raggi di telecomunicazioni a microonde che veniva trasmesso da una torre all'altra sopra le nostre teste. Le persone ai piani superiori ricevevano una dose significativa di microonde nei loro appartamenti e l'agitazione oranur in quei piani era piuttosto evidente. In altre occasioni, quando attraversavo intere città o contee, il mio rilevatore radar o misuratore di radiofrequenze segnalava un forte segnale proveniente da varie sorgenti: torri a microonde dei cellulari, radar aeroportuali e numerosi sistemi wi-fi. Non era attivo alcun radar della polizia, ma la gente del posto era costantemente immersa nell'energia a microonde proveniente da quelle strutture.

# Ripulire il vostro ambiente bioenergetico

Quanto sono forti questi segnali se confrontati con quelli provenienti dalla natura? Fondamentalmente in natura non si è esposti a queste bande di frequenza, ed è per questo che sono state scelte per le comunicazioni — sono "zone naturalmente tranquille". In campagna si misura di solito un'esposizione di 0.002 micro-watts per centimetro quadrato ($\mu$w/cm$^2$), che è estremamente bassa. Se si va in città i livelli possono rapidamente salire a 1.0 o 10 $\mu$w/cm$^2$, fino a livelli di centinaia di $\mu$w/cm$^2$, con esposizioni molto irregolari. Una casa o appartamento può essere immerso in quelle radiazioni mentre un altro è molto tranquillo, oppure una parte della casa è tranquilla e l'altra è "rosso fuoco". Questo rende imperativo l'acquisto di un buon rilevatore di radiofrequenze per fare quelle misurazioni. Non solo è una pessima idea mettere un accumulatore orgonico in posti così "caldi", ma è anche sconsigliabile dormirci o lavorarci.

*Campi elettrici.* Un tipico campo elettromagnetico (EMF) ha due diverse componenti che vanno misurate separatamente: il campo elettrico e il campo magnetico. La componente elettrica del campo elettromagnetico a bassa frequenza, come i campi di emissione elettrica a 60 cicli al secondo, si possono misurare usando un Trifield Meter, come menzionato in precedenza (www.naturalenergyworks.net), che è l'opzione più vivamente suggerita. Potete però fare rilevazioni anche con una radio a transistor AM a buon mercato, impostando il quadrante a partire dai 1600 kilocicli. Così impostata, essa non rileverà alcuna trasmissione radio, ma solo rumore statico di fondo, infatti con questa impostazione potete alzare il volume al massimo e sentire solo un leggero sibilo. Se poi invece la tenete vicina a una presa di corrente elettrica, filo elettrico, interruttore per la regolazione della luce, linea telefonica, computer, televisore o luce fluorescente, scoprirete che il disturbo elettrico aumenterà notevolmente il livello di interferenza e il rumore emesso dalla radio. In questo modo la vostra piccola radio portatile è diventata sensibile a forti campi elettrici nella gamma delle frequenze basse ed emetterà un chiaro segnale radio quando vi sarà esposta. Girando per la vostra casa e avvicinando la radio ai dispositivi o anche a parti dei vostri muri che sospettate emettere questi campi tossici, potete individuare le zone sicure e non sicure. Usate la radio più a buon mercato, con l'involucro di plastica e senza antenna esterna, come quelle che si trovano nei negozi di elettronica di consumo.

# Il Manuale dell'Accumulatore Orgonico

*Campi magnetici.* La componente magnetica del campo elettromagnetico è parimenti potenzialmente tossica e anch'essa può essere rilevata con il Trifield Meter. Questo eccezionale strumento di misura permette il rilevamento di microonde, campi elettrici e magnetici, tuttavia i campi magnetici sono anche rilevabili usando il metodo sopra descritto della radio a buon mercato. Potete inoltre rilevare i campi magnetici più specificatamente usando un *accoppiatore e amplificatore acustico* magnetico a buon mercato, solitamente descritto come "amplificatore telefonico". Spesso viene usato per amplificare il suono di un telefono e ha una piccola ventosa in gomma per attaccare la sua sonda al vostro telefono. Quando il dispositivo non è attaccato a un telefono e lo impostate ad alto volume, l'accoppiatore è sensibile ai campi magnetici vaganti che provengono da varie sorgenti domestiche. Se è impostato ad alto volume, il sibilo statico aumenterà quando l'accoppiatore viene avvicinato a un campo magnetico e l'amplificatore darà un'indicazione audio. Usatelo come la radio a transistor descritta in precedenza per tracciare una mappa dei campi tossici nella vostra casa. Non mettete un accumulatore, il vostro letto o il letto di vostro figlio vicino a questi forti campi di energia tossica.

*Radiazione nucleare o atomica.* Non esistono metodi semplici e a buon mercato per rilevare la radiazione atomica (ionizzante) di basso livello. Diffidate anche dei contatori Geiger di color giallo vivo venduti a poco prezzo nei mercati dell'usato. Sono in genere dei vecchi strumenti della Protezione Civile, che difficilmente reagiranno, a meno che una bomba atomica esploda nei paraggi! Quindi sono inutili per la rilevazione di radiazioni a basso livello provenienti da una centrale atomica vicina, o emesse nella banda dei raggi X molli dai computer o dalle TV a tubo catodico. Allo stesso modo, le radiazioni provenienti dalle centrali nucleari vengono generalmente diluite mescolandole a grandi quantità di aria e di acqua, ma sono ancora pericolose. Per fare le misurazioni appropriate sono necessari dei metodi sofisticati di monitoraggio della durata di ore o giorni, o delle concentrazioni in campioni di aria e acqua. Tenere un semplice contatore Geiger davanti al televisore o al computer o nell'aria vicino a una centrale nucleare raramente rileva qualcosa, ed è solitamente una procedura che non ha senso. Allo stesso modo, i dosimetri portatili del tipo economico di solito servono a rilevare livelli piuttosto alti di radiazioni e non registreranno effetti a

# Ripulire il vostro ambiente bioenergetico

basso livello. Nonostante ciò, ho visto dei professori di fisica tenere il tubo del contatore Geiger, fatto per rilevare un'intensa radiazione gamma, davanti a una TV a tubo catodico dal ronzio intenso e dichiarare che era "del tutto sicura". Ovviamente questo è assurdo. Io consiglio per le misurazioni del vicinato e per l'uso in casa il *RadAlert*, o uno strumento ad ampio spettro dalla stessa sensibilità, che rilevi le radiazioni dei raggi X molli, alfa, beta e gamma. (www.naturalenergyworks.net)

O) Livelli sicuri di EMF e dispositivi di protezione. Anche se prima ho fornito informazioni dettagliate su dei metodi semplici e a buon mercato per la determinazione approssimativa delle radiazioni EMF, ciò non significa che la questione sia insignificante o triviale. Se utilizzando i metodi a buon mercato scoprite che gran parte della vostra casa o del vostro vicinato è "contaminata" e reattiva, allora dovreste fare il passo successivo e usare rilevatori più precisi per valutazioni più accurate. Qualsiasi misurazione che risulti superiore a 1 milligauss (campi magnetici) o 1 kilovolt/metro (campi elettrici) o $0.1$ μw/cm$^2$ (radio frequenze) è probabilmente troppo elevata per un'esposizione a lungo termine, soprattutto per bambini e donne incinte. Io consiglio un'esposizione massima che vada da 1/10 a 1/100 degli standard federali, e certamente la "scienza ufficiale" del Grande Governo sarebbe in pieno disaccordo con i miei consigli, tuttavia *ho il diritto di dissentire categoricamente dal Grande Governo.* (Presto, nascondete questo *Manuale!*) La decisione di "cosa fare" è però anche vostra, quindi non fate affidamento su ciò che è scritto in questo libro, ma fate le vostre rilevazioni e studiate la questione da vari punti di vista.

Molti aggeggi diversi vengono anche venduti come "dispositivi di protezione" per "neutralizzare" le radiazioni elettromagnetiche. Essi vanno da quelli piccoli come bottoni, che attaccate al vostro telefono cellulare, a cose più grandi come piramidi o cristalli, che mettete sul computer o sullo schermo, e poi ad aggeggi più costosi da inserire nella presa elettrica per "proteggere la vostra casa" con un unico dispositivo. Devo esprimere un grande scetticismo rispetto a queste affermazioni, perché non ho mai visto una valida prova scientifica dimostrare che essi riducano la forza del campo elettromagnetico misurato. Le persone a volte ci giurano sopra, ma come studioso di scienze naturali devo ricordare alla gente che esiste il potere della persuasione, ecco perché è così importante usare un buon dispositivo di misurazione. Fino a che viene rilevata la presenza di un campo elettromagnetico il suo effetto è ancora in atto, indipendentemente dalle asserzioni di chi produce i dispositivi, e le persone più elettrosensibili lo confermeranno.

Conosco diversi casi in cui i campi elettromagnetici misurati furono ignorati, in ossequio a qualche aggeggio che si diceva "neutralizzasse il campo elettromagnetico tossico", ed ebbero come risultato la morte. In un caso, una donna che lavorava come segretaria sviluppò dei forti disturbi neurologici che si manifestavano in modo evidente quando usava il computer e che diminuivano quando non lo usava per qualche giorno. Lei mi chiamò per un consiglio e io le suggerii di cambiare lavoro, di fare qualcosa all'aperto. Temendo la povertà, lei continuò a lavorare come segretaria e cominciò a indossare un grembiule e un cappello metallizzati, oltre a mettere diversi dispositivi di protezione sul computer, che aveva un grande schermo a tubo catodico che le bombardava la faccia e il torace tutto il giorno. Il suo capo si rifiutò di acquistare un nuovo monitor a schermo piatto a emissioni più basse e lei si rifiutò di comprare un computer portatile per eliminare la causa del problema, ma fu disposta ad andare in ospedale dai medici a farsi prescrivere delle pillole per sopprimere i sintomi delle radiazioni dello schermo! Morì nel giro di un anno. I medici che si trovano davanti a questi sintomi di solito non fanno una diagnosi basandosi sull'ecologia energetica della casa e dell'ambiente lavorativo del paziente, e non fanno neanche delle domande al riguardo.

In un altro caso telefonò una signora la cui figlia sembrava aver sviluppato un grave linfoma per il fatto di vivere al piano superiore di un appartamento in un edificio che aveva sul tetto una torre di trasmissione per telefoni cellulari. L'amministratore dell'edificio non aveva avvisato gli inquilini, e questo è ciò che di solito accade quando la compagnia telefonica offre una paga mensile ai proprietari dei condomini per affittare lo spazio sul tetto. Comunque la signora mi chiese cosa pensavo della situazione e io dissi senza esitare: "traslocate immediatamente". Lei invece comprò per $ 300 un dispositivo che affermava di "neutralizzare i campi elettromagnetici tossici". Non ebbi più notizie fino all'anno successivo, quando mi scrisse una lettera addolorata dicendo che sua figlia era morta e che si sentiva sconvolta per non aver lasciato l'appartamento.

# Ripulire il vostro ambiente bioenergetico

In un altro caso mi chiamò un signore che aveva tre figlie: una aveva appena sviluppato la leucemia e un'altra mostrava i segni preliminari della stessa malattia. Il medico di famiglia gli disse che era "qualcosa di genetico", ma lui pensava avesse a che fare con la grande torre di trasmissione AM-FM che si trovava a un chilometro e mezzo di distanza da casa sua. Comprò diversi strumenti di misura, le cui rilevazioni erano superiori alla mia soglia raccomandata di 0.1 µw/cm² e nel giro di una settimana trasferì la sua famiglia in un posto in campagna, privo di campi elettromagnetici, con una buona aria fresca e acqua pulita. Nel giro di un anno le due figlie si erano completamente ristabilite, senza più segni della malattia. In seguito cominciò a documentarsi su Wilhelm Reich e anche se la norma è di *non* trattare la leucemia con l'accumulatore orgonico — perché è una miopatia da sovraccarico che non richiede necessariamente un'aggiunta di energia vitale — lui oggi è davvero entusiasta riguardo all'intero soggetto e dà continuamente consigli ai suoi amici che abitano ancora nel vecchio quartiere. Loro quasi pensano che lui sia pazzo, ma non possono negare la guarigione delle sue figlie.

Da quanto sopra descritto risulta chiaro che si può fare molto per eliminare i disturbi energetici tossici dalla vostra casa. Affrontare questi problemi fuori da casa vostra, ovvero nel vostro vicinato, è una questione più difficile. A volte l'unica soluzione è trasferirsi da un'altra parte.

Un'altra decisione che le persone prendono quando scoprono che il loro ambiente viene irradiato dalle torri dei cellulari o dagli impianti nucleari nelle vicinanze, è di organizzare un cambiamento sociale. Questo è molto più difficile di un cambiamento personale individuale. Di solito, quando si affrontano queste questioni, si è per lo più da soli a combattere una politica di governo scolpita nella pietra. La maggioranza dei principali gruppi ambientalisti, ad esempio, ha venduto l'anima sulle questioni che riguardano la sicurezza dei campi elettromagnetici, proprio come hanno fatto riguardo alla teoria $CO_2$ dell'effetto serra, per la quale i maggiori beneficiari sono sempre stati i fornitori delle centrali nucleari e gli agenti di borsa di Wall Street del sistema "cap and trade", (il commercio sui crediti per poter emettere $CO_2$, ndt). La maggior parte delle organizzazioni ambientaliste sembrano finalizzate soprattutto verso obiettivi socialisti, che consistono nell'aiutare il Governo del Grande Fratello ad avere più potere di dirvi cosa fare, quando farlo e anche di tirare fuori più soldi dalle vostre tasche per metterli nelle proprie.

Per quanto nobile possa sembrare "il cambiamento sociale", la vostra priorità dovrebbe essere prima di tutto proteggere la vostra salute e quella dei vostri cari. Poi potrete prendere in considerazione di agire a livello sociale e dedicare parte del vostro tempo a lavorare collettivamente con persone che la pensano allo stesso modo. Per risolvere problemi anche piccoli può essere necessaria parecchia educazione di sé e degli altri. Alcune persone avranno nondimeno le risorse necessarie e saranno felici di lottare contro l'amministrazione comunale o battersi in modo efficace contro un'industria o impresa locale, quindi se avete il tempo e l'energia vitale per farlo, bene, ma prima salvate voi stessi e le vostre famiglie. Una cosa è certa, nell'immediato futuro il problema dell'inquinamento radioattivo ed elettromagnetico, e come conseguenza il problema di dor e oranur che ne deriva, non farà altro che peggiorare. Per cominciare cercate di coinvolgere le persone interessate nella vostra zona. Informarsi nelle erboristerie e nei negozi di cibi naturali, o alla biblioteca pubblica è un buon modo per cominciare a vedere cosa si può imparare. Nel frattempo, riguardo a queste problematiche ho raccolto alcune fonti in questo sito: www.orgonelab.org/cart/emfieldsafety.htm

# 10. Acque *vitali,* naturali e curative

Ogni volta che facciamo un lungo bagno caldo o ci rilassiamo con un pediluvio, abbiamo la sensazione di rilassamento in parte anche per la capacità di assorbimento energetico dell'acqua stessa. Reich osservò che esisteva una forte affinità e attrazione reciproca fra l'acqua e l'energia orgonica. L'acqua possiede quindi una speciale capacità di eliminare la tensione e la stasi bioenergetica, inclusa la forma indebolita e immobilizzata dell'energia vitale, che Reich chiamava *dor.* L'acqua può inoltre possedere una sua carica e pulsazione intrinseca, al punto che quando ci immergiamo in un'acqua particolarmente viva o *vitale* possiamo essere rivitalizzati.

Un bagno in acqua calda riduce la nostra carica orgonotica interna e la tensione bioenergetica e di conseguenza ci rilassiamo. L'effetto può essere spiegato in parte dal riscaldamento termico dei nostri corpi e dallo stimolo del nostro sistema nervoso parasimpatico che si espande e si rilassa, ma ci sono anche altre considerazioni da tener presente. Con l'immersione in una vasca d'acqua, il potenziale energetico del corpo verrà ridotto, mentre aumenterà il potenziale energetico dell'acqua. Noi perdiamo letteralmente energia nell'acqua e ci rilassiamo, un po' come un palloncino gonfio che ha perso un po' d'aria.

L'effetto dell'acqua di assorbire energia può essere trasformato nelle sue qualità peculiari in un effetto combinato che *assorbe* ed *energizza* allo stesso tempo grazie all'uso di cristalli disciolti, come i sali di Epsom, che aumentano il potenziale energetico dell'acqua, rendendola così un più potente attrattore e mobilizzatore della nostra energia biologica. Un simile effetto energizzante e assorbente si può ottenere immergendosi in una vasca d'acqua che contenga mezzo chilo di sale marino e mezzo chilo di bicarbonato di sodio. Si possono usare i bagni con sale e bicarbonato, della durata di circa 20 minuti, per ridurre la tensione e il sovraccarico o per espellere una carica energetica di tossine, come pure per rivitalizzare e apportare la fresca energia vitale che viene rilasciata dai materiali cristallini.

# Il Manuale dell'Accumulatore Orgonico

I bagni minerali nelle varie sorgenti termali, dove si è visto che l'acqua possiede qualità terapeutiche, sembrano basarsi su dei principi bioenergetici simili. Molte località di villeggiatura e centri benessere vengono costruiti in luoghi dove sistono sorgenti calde, oppure altri tipi di acque o composti terrosi (fango, argilla, cenere) di natura insolita. Queste acque minerali che sgorgano da sorgenti calde venivano usate dai nativi americani, che spesso vi costruivano accanto delle capanne sudatorie dove versavano queste acque ad alto contenuto energetico e ricche di minerali su pietre incandescenti all'interno delle capanne. L'energia e il vapore che venivano rilasciati avevano effetti curativi, simili ai metodi di guarigione naturale che utilizzano saune e bagni di vapore con aromi ed effluvi.

I coloni europei imitavano spesso le usanze dei nativi americani e in tutta la storia americana, fino agli anni '40, sono esistiti molti centri benessere situati su sorgenti termali che attiravano visitatori da tutto il paese. Per la gente è normale immergersi in quelle acque minerali, o in speciali bagni di fango o di cenere, per poi sentirsi estremamente rilassati, particolarmente energizzati e perfino guariti da disturbi cronici. Facendo questi bagni si possono alleviare sintomi clinici in modo temporaneo o permanente. Queste acque terapeutiche venivano spesso chiamate "acque al radio", a causa della scoperta del radio da parte dei coniugi Curie in Europa all'inizio del '900, e della successiva moda diffusa (e spesso abusata) delle terapie con radiazioni nucleari negli ospedali. Le quantità di radio o di gas radon contenute nelle acque delle sorgenti termali naturali di solito sono notevolmente basse ma, in assenza di un'altra spiegazione plausibile sulla natura terapeutica delle acque, si affermò questa spiegazione anche se non completamente esauriente. In altri casi, come quello della sorgente nella grotta di Lourdes in Francia, alle acque curative viene data una spiegazione metafisica.

Oggi possiamo presupporre che esse siano acque cariche di orgone che filtrano verso l'alto dalle profondità della Terra. La prova di ciò si manifesta in due modi: in primo luogo con la frequente caratteristica emanazione o luminosità di colore blu intenso di queste acque termali e, in secondo luogo, con le abbondanti vescicole, a metà fra il vivente e il non vivente, di solito presenti in queste acque, che spesso gorgogliano verso l'alto da estreme profondità caratterizzate da forte pressione ed

# Acque *vitali,* naturali e curative

elevata temperatura, dove i microbi non dovrebbero esistere. E infatti sono "microbi" molto strani. I microbiologi moderni li chiamano *termofili* o *estremofili,* e spesso si afferma che siano loro a produrre il bagliore blu, ma stranamente non creano i tipici effetti di bioluminescenza al microscopio, né "opacizzano" le acque in cui vengono trovati, come si può vedere in un brodo trasparente che diventa torbido quando si deteriora per contaminazione microbica. Le sorgenti termali mantengono invece una trasparenza dal colore blu intenso anche quando sono profonde meno di un metro, il che nega le tipiche rivendicazioni di "dispersione della luce", alle quali spesso si fa appello per spiegare un colore blu intenso simile, meravigliosamente vivo, osservato nelle profondità di laghi e oceani.

Il lavoro di Reich offre una spiegazione di base per questi effetti terapeutici dei bagni con acque termali e sostanze terrose. Reich scoprì l'energia orgonica, o energia vitale, nel corso di esperimenti che dimostrarono la possibilità di ricavare delle microscopiche vescicole che irradiavano energia dalla disgregazione di vari materiali organici e inorganici. Argilla, terra, roccia disgregata, sabbia marina e limatura di ferro, se lasciati disintegrare e rigonfiare in acqua o in soluzioni composte da sostanze nutritive sterili, formavano le piccole vescicole radianti che in seguito lui chiamò *bioni.* Il processo di formazione dei bioni poteva essere accelerato facendo scaldare i materiali fino all'incandescenza, prima di immergerli nelle soluzioni di sostanze nutritive.

Si scoprì che certe sabbie provenienti dalle spiagge scandinave formavano dei bioni dal carattere radiante eccezionalmente forte e bluastro. I bioni blu di queste preparazioni sviluppavano dei campi energetici che potevano irradiare cose e persone e, per un certo periodo, Reich utilizzò in modo sperimentale le soluzioni energetiche di bioni per il trattamento dei sintomi di diverse malattie. Furono iniettate soluzioni di bioni in animali da laboratorio, le quali ebbero un effetto immobilizzante sui batteri patogeni e sulle cellule cancerogene. In seguito si utilizzarono dei cataplasmi fatti di bioni, grazie ai quali l'energia direttamente rilasciata dalla sostanza in disgregazione poteva essere usata per irradiare il corpo.

In parallelo alla scoperta dei bioni fatta da Reich, il naturalista austriaco Viktor Schauberger fece una serie di scoperte sulla natura vitale dell'acqua sorgiva rispetto all'acqua trattata di

# Il Manuale dell'Accumulatore Orgonico

città. Egli definì l'acqua viva e naturale delle sorgenti che aveva osservato in gioventù sulle Alpi, *acqua vitale.* Tutti sanno apprezzare le qualità rinfrescanti dell'acqua naturale sorgiva rispetto all'acqua cittadina al cloro o a quella in bottiglia, nonostante i chimici moderni e i burocrati governativi solitamente si facciano beffe dell'idea. Attraverso indirizzi di ricerca diversi, sia Reich che Schauberger sembrano aver identificato una verità fondamentale sull'acqua, il solvente universale, che ancora oggi non si può dire ben compresa. Come indicato nel Capitolo 6, specialmente grazie al lavoro di Piccardi sappiamo che l'acqua è una sostanza che reagisce alle macchie solari, al magnetismo e ad altri fenomeni cosmici. Il fatto che debba possedere una carica di energia vitale cosmica, l'orgone, insieme a materiale bionico dal bagliore blu non dovrebbe sorprendere, bensì dare parecchie spiegazioni.

Dopo la scoperta dell'accumulatore di energia orgonica, che sviluppava la sua carica direttamente dall'atmosfera, Reich cessò lo sviluppo sperimentale di pacchetti di bioni a tali scopi. Tuttavia negli anni successivi, con l'inquinamento energetico e chimico dell'atmosfera, e con il conseguente problema della contaminazione dell'accumulatore, l'interesse nei pacchetti di bioni si è riacceso.

La semplice seguente ricetta per ottenere una certa quantità di bioni fu sviluppata partendo da diversi materiali. Un insieme di bioni si può preparare partendo da sabbia pulita di spiaggia o da altri materiali terrosi o argillosi noti per le loro proprietà curative. Si mette una grossa manciata di materiale terroso in una calza spessa, o in un involucro di tessuto spesso, che diventa come un salame lungo 30 cm e largo 15 cm, legato o cucito in modo che il materiale non fuoriesca. Il pacchetto bionico viene poi immerso e bollito in acqua o in una pentola a pressione per circa 15 minuti. Non usate un forno a microonde perché ne disturberà le proprietà bioenergetiche. Dopo essere stato bollito, il pacchetto bionico viene avvolto in carta cerata o in plastica e messo in freezer a congelare fino a diventare solido. Per il primo utilizzo del pacchetto bionico, bisognerebbe alternare più volte il processo di bollitura e congelamento. Non si dovrebbe usare il forno a microonde per la preparazione. Il pacchetto bionico si usa dopo una delle bolliture, facendolo raffreddare e togliendo l'acqua in eccesso. Il pacchetto viene poi applicato sul corpo, con un panno supplementare isolante nel caso sia troppo caldo. Appena la sabbia di spiaggia si disintegrerà per le bolliture e i congelamenti, si formeranno dei microscopici bioni radianti blu. La radiazione di un simile pacchetto di bioni dovrebbe continuare anche dopo che si è raffreddato, e può essere rinnovata ripetendo la bollitura dopo che si è asciugato. Si può ottenere la radiazione orgonica da questo materiale naturale anche in atmosfere molto inquinate e piene di dor, quando l'utilizzo di una coperta o di un accumulatore orgonico sarebbe problematico. L'effetto fu scoperto da Reich all'inizio della sua ricerca, e sia l'esistenza che il comportamento dei bioni radianti è stato confermato da altri scienziati.

Prima della moderna era dei farmaci, i professionisti della salute usavano tipi speciali di impacchi o cataplasmi riscaldanti e radianti di sabbia o di argilla per alleviare i dolori o per guarire ferite o infezioni. Si imparava la preparazione di molti di questi cataplasmi e impacchi dai guaritori nativi americani, che sapevano quali fanghi o piante davano gli effetti migliori. Alcuni di questi cataplasmi sono ancora disponibili sul mercato, ma di rado contengono asserzioni sulle loro proprietà terapeutiche. Per trovarli occorre consultare i libri sulla medicina erboristica o cercarli nei negozi di alimentazione naturale. Nei negozi si trovano molti "cataplasmi" e "impacchi caldi" in plastica o in gomma, che però si basano solo sugli effetti termici. Tuttavia i vari centri benessere e le stazioni termali con acque minerali sorgive, dove le persone si immergono in bagni speciali di fanghi, argilla o cenere, usano i principi dell'irradiazione dell'energia vitale, liberata da queste sostanze naturali terrose tramite i principi della disintegrazione bionica. Un processo bionico simile può essere in atto quando si usano i fertilizzanti di polvere di roccia per rinvigorire le foreste morenti e i laghi contaminati, e quando si applicano le maschere di fango o di argilla per rinfrescare il viso e rassodare la pelle floscia.

Alla fine questa tradizione delle acque e dei cataplasmi terapeutici attirò l'ostilità dei medici ospedalieri americani, nella guerra farmaceutica del XX secolo condotta dall'FDA (Food and Drug Administration) e dall'AMA (American Medical Association) contro i metodi di guarigione naturale. I benefici per la salute, come la scomparsa di artrite e reumatismi cronici quando ci si immergeva in quelle acque o dopo i bagni con minerali o argille, vennero chiaramente esaminati e documentati. Quelle acque erano in genere molto mineralizzate, e a volte puzzavano parecchio di solfuri, ma — in parte proprio grazie a quei minerali

# Il Manuale dell'Accumulatore Orgonico

—alleviavano diversi problemi di salute quando venivano bevute o ci si immergeva in esse. Fino agli anni '40 era normale per le aziende termali e per le ditte che imbottigliavano e vendevano quelle acque minerali pubblicizzarne i benefici per la salute. Il presidente Franklin D. Roosevelt, ad esempio, frequentava le terme di Warm Springs in Georgia, che continuano a essere usate come centro terapeutico per la polio-idroterapia. Esse sopravvivono solo perché Roosevelt le comprò e creò un istituto per garantirne la sopravvivenza. Poche altre di queste cliniche e stazioni termali con acque terapeutiche sono sopravvissute nell'era moderna.

A causa delle istanze presentate da FDA, AMA e ospedali locali attraverso avvocati disonesti o malintenzionati che minacciavano l'imprigionamento dei proprietari dei centri termali, le sorgenti di acque termali curative altamente energetiche sono oggi decisamente ridotte e limitate in quello

*Sopra. Cartolina di Radium Hot Springs, ad Albany in Georgia, caratterizzata da* **acque blu scure,** *dove la gente accorreva per ottenere guarigione e recupero dalle malattie. Oggi è sparita, occupata da un campo da golf con "divieto di balneazione". Queste sorgenti di acque termali, centri benessere e cliniche esistevano a centinaia in tutti gli Stati Uniti prima del sorgere del monopolio di FDA, AMA e dei medici ospedalieri, che ha lavorato instancabilmente per farle chiudere.*

# Acque *vitali,* naturali e curative

che possono dire o pubblicare riguardo ai benefici per la salute. Le cliniche sono raramente situate in quei luoghi, che in gran parte sono stati convertiti in musei o parchi nazionali, località di interesse storico, dove potete andare a passeggiare e vedere le foto di gente che faceva i bagni minerali, ma voi non li potete fare. Questa soppressione delle tradizioni delle acque curative avvenne 10 anni prima che il lavoro di Reich fosse attaccato dalla stessa FDA e dai medici ospedalieri.

Con un po' di ricerca, si possono tuttavia ancora individuare queste vecchie sorgenti termali. In alcuni casi esse sopravvivono e, nonostante non possano affermare di curare le malattie, vengono integrate con i riemergenti metodi di guarigione naturale come la terapia del massaggio, che non costituisce una minaccia per le pillole dei dottori.

In Europa, invece, le tradizioni termali vengono ancora preservate. Come i nativi americani, l'Europa ha una lunga tradizione di utilizzo dei *bagni minerali o curativi.* Solo in Germania, ad esempio, ne esistono centinaia, denominati appropriatamente *Heilbäder* (bagni curativi, ndt), con medici curanti che aiutano le persone a trovare una propria cura naturale, tutto sotto l'egida del sistema sanitario ufficiale. I medici tedeschi possono di fatto prescrivere un periodo di cure da trascorrere presso una località con acque termali o minerali pagato dall'assicurazione sanitaria. La scienza è stata sviluppata al punto da riconoscere ufficialmente ognuno degli Heilbäder in base ai benefici apportati a specifici organi e alla stimolazione degli effetti curativi dei loro rispettivi disturbi, quindi i medici faranno le loro prescrizioni tenendo conto di ciò.

Sono riconosciute sei principali categorie di bagni curativi: *Mineralheilbad* (terme curative minerali), *Moorheilbad* (terme curative con fanghi), *Seeheilbad* (terme con acqua marina), *Soleheilbad* (terme curative con i sali), *Kneippheilbad* (che seguono i metodi del dottor Kneipp) e centri termali che usano la *Radonbalneologia,* l'applicazione del gas naturale radon.

Quest'ultima applicazione del radon costituisce una sorta di "dose omeopatica" di radiazioni che, tramite un effetto denominato *ormesi* dalla biofisica classica delle radiazioni, serve a stimolare l'intero organismo. Essa è indicativa di un leggero effetto oranur che, secondo le scoperte di Reich, a bassi dosaggi poteva avere un effetto terapeutico. Tuttavia questi effetti terapeutici sembrano verificarsi solo con esposizioni di breve durata a fonti naturali di

# Il Manuale dell'Accumulatore Orgonico

radiazioni a basso livello, in particolare alle esposizioni al gas radon, e non con qualunque tipo di esposizione prolungata a forti radiazioni di uranio lavorato o dei suoi sottoprodotti. In piccole quantità attentamente dosate, l'ormesi (o medicina oranur, come Reich la definiva) potrebbe produrre un effetto curativo.

Questo equivale alle osservazioni delle antiche popolazioni, che fanno parte delle tradizioni popolari e dei metodi di guarigione naturale che stimolarono le idee di Hahnemann, lo scopritore dei principi della medicina omeopatica. I "sacchetti della medicina", che alcuni nativi americani portavano appesi al collo, spesso contenevano pezzettini di minerali e di piante, le cui leggere radiazioni li facevano sentire più forti o più vitali. Le mie conversazioni personali con alcuni cercatori di minerali dei vecchi tempi denotano che alcune classi di materiale radioattivo li facevano "sentire bene", creando una sorta di espansione bioenergetica, mentre altri producevano sensazioni non così buone. Ed è anche vero che, anni fa, le persone andavano a sedersi nelle grotte o nelle miniere abbandonate a respirarne l'aria, dicendo che gli avrebbe curato le malattie respiratorie. Si tratta di un vecchio "corpus" di metodi di guarigione naturale che è andato perduto, ma che andrebbe certamente studiato attraverso una ricerca razionale. Va chiarito che qui sto parlando di miniere dove non avvengono più perforazioni ed estrazioni, e di conseguenza l'aria non è più carica di polveri o particolati.

Un altro modo per ripulire l'atmosfera energetica di una casa o di un appartamento è attraverso l'utilizzo di tubi o catini di assorbimento. Come l'accumulatore, questi dispositivi sono strumenti passivi molto semplici che funzionano in virtù di principi energetici fondamentali. I tubi di assorbimento sono dei tubi metallici vuoti di acciaio zincato per condotti elettrici del diametro di 1,90 o 2,5 cm, tagliati a una lunghezza di circa 30 cm. Il catino di assorbimento consiste di un secchio di plastica o metallo posto su uno sgocciolatoio oppure dentro a un grande lavello o vasca da bagno, nel quale l'acqua entra scorrendo da un rubinetto e viene poi lasciata lentamente circolare e traboccare. I tubi vengono inseriti a metà nel catino e direzionati verso parti diverse della stanza o dell'appartamento che necessitano di pulizia energetica.

Mentre l'acqua circola lentamente nel catino, le forme tossiche di energia orgonica vengono estratte dalla stanza e forse anche dalle stanze adiacenti. Il dor tende a essere estremamente avido d'acqua e verrà rimosso dalla stanza, presumendo che non ne venga creato dell'altro. Anche l'oranur diminuirà poiché i tubi e il catino abbasseranno gradualmente il livello energetico della stanza, riducendo l'agitazione e il sovraccarico. Dopo che il sistema di assorbimento è in posizione e funziona per un po', potete mettere la mano davanti ai tubi e sentire un leggero formicolio o una "fresca brezza". Si consiglia di posizionare i tubi lontano da dove le persone riposano o dormono; inoltre non vanno puntati verso le parti del corpo per più di pochi secondi. Per un uso continuativo, si possono mettere in ambienti lavorativi e d'ufficio per ridurre l'agitazione e il sovraccarico da oranur. Ho visto in diverse occasioni che questo sistema in funzione abbassava l'oranur in ambienti con sistemi informatici operativi. In questi casi, dove non ci sono lavandini o scarichi vicino alle aree da trattare, si possono usare delle prolunghe composte da tubi vuoti flessibili "greenfield" o BX per estendere l'effetto di scarico da un lavandino o da una vasca da bagno piena d'acqua alle stanze adiacenti. Rivolgete le estremità non immerse nell'acqua del cavo greenfield verso le aree che volete ripulire. Questo tipo di cavo è usato per il cablaggio elettrico e si può acquistare in grandi negozi di ferramenta o di forniture elettriche. Non usate cavi greenfield di alluminio e non fate passare dei fili al loro interno.

È essenziale che l'acqua messa in circolo sia il più possibilmente pulita e in movimento. Deve essere continuamente ricambiata, anche solo da un rigagnolo di acqua fresca. Un buon metodo consiste nel porre una bacinella in un lavandino profondo o in una vasca da bagno già presenti, riempirla e permettere all'acqua di traboccare e finire nello scarico. Poi si può ridurre il volume del flusso d'acqua a un rigagnolo e inserire i tubi, che devono essere di acciaio zincato, vuoti e senza polvere o sporcizia al loro interno. Una delle estremità di ogni tubo deve essere completamente immersa nell'acqua e bisognerebbe usare un certo numero di tubi, che possono anche avere un rivestimento esterno in plastica.

Quando i tubi e i catini di assorbimento vengono lasciati agire in una stanza per diverse ore o giorni, la stanza acquisisce una sensazione più delicata e l'odore diventa più dolce; le condizioni opprimenti o di mancanza d'aria in genere svaniscono. I tubi metallici amplificano gli effetti naturali di assorbimento dell'acqua, tirando fuori le forme stagnanti e tossiche dell'energia orgonica e cambiandone il carattere da negativo per la vita, a

# Il Manuale dell'Accumulatore Orgonico

positivo per la vita. Essi vanno lasciati in funzione per un paio di giorni al massimo e poi smontati. A meno che lo spazio non sia gravemente contaminato, usateli in modo periodico e non permanente.

I principi del tubo e del catino di assorbimento si basano sulle scoperte di Reich, secondo le quali l'acqua ha una fortissima capacità di attrarre e assorbire l'energia orgonica mentre i tubi metallici vuoti hanno la capacità di focalizzare o estendere la distanza di assorbimento dell'acqua verso l'esterno fino a una certa distanza. Ad un certo punto nella sua ricerca, Reich sviluppò uno strumento, chiamato *medical dor-buster* (l'acchiappa dor medico, ndt), che veniva usato in modo sperimentale sui pazienti per rimuovere sovraccarico e dor dal corpo.

# 11. Gli effetti fisiologici e biomedici dell'accumulatore

Sarà utile rivedere gli effetti biologici dell'accumulatore orgonico rilevati da diverse persone che ci hanno lavorato a livello pratico, per sapere che cosa può o non può fare. Tuttavia, questo capitolo non va considerato una panoramica completa o definitiva delle scoperte di Reich sul cancro, sulle biopatie o anche sugli effetti biologici dell'accumulatore. Non lo è, trattandosi unicamente di un sommario ridotto all'osso per fare conoscere al lettore quali effetti aspettarsi se l'accumulatore viene usato in un contesto connesso alla salute. Nella Bibliografia compaiono citazioni selezionate riguardo ai materiali riassunti qui di seguito.

La scoperta dell'energia orgonica e dell'accumulatore orgonico fu annunciata per la prima volta da Reich nell'edizione del 1942 (volume 1) dell'*International Journal of Sex-Economy and Orgone Research* (Rivista internazionale di sessuo-economia e di ricerca orgonica), in un paragrafo dal titolo *"The Construction of a radiating enclosure"* (La costruzione di un contenitore radiante). Quella rivista si focalizzava anche sugli aspetti *emozionali* della biopatia del cancro, sulla relazione che intercorre fra il cancro e la rassegnazione emotiva, la stasi sessuale e l'esaurimento energetico cronico. Reich pubblicò anche le sue scoperte sull'organizzazione spontanea delle cellule cancerogene ottenute studiando i tessuti che subivano la disintegrazione bionica nei suoi pazienti. Informazioni aggiuntive furono pubblicate in seguito su: *The Cancer Biopathy* (Biopatia del cancro), *Orgone Energy Bulletin* (Bollettino dell'energia orgonica) e *Orgonomic Diagnosis of Cancer Biopathy* (Diagnosi orgonomica della biopatia del cancro). Le scoperte di Reich sul cancro vennero confermate da altri ricercatori, che a loro volta fecero delle pubblicazioni sulla sua rivista. Egli però non considerò mai l'accumulatore come una semplice "cura" per il cancro e lo disse esplicitamente in diverse occasioni, rivendicando tuttavia le seguenti scoperte:

# Il Manuale dell'Accumulatore Orgonico

1) Il cancro è una malattia sistemica biopatica e non solo un tumore localizzato.

2) La biopatia del cancro comincia nei primi anni di vita, poiché una sua componente fondamentale è connessa ai traumi infantili e a ciò che ne consegue, ovvero il blocco della respirazione e la soppressione delle emozioni. In seguito, nell'adolescenza e nell'età adulta, la persona avrà grosse difficoltà a creare una vita affettiva e alla fine rinuncerà al piacere sessuale e a dare gioia o significato alla vita.

3) Il paziente afflitto da cancro possiede una notevole contrazione e tensione (armatura) neuromuscolare bioenergetica, che limita la circolazione e l'ossigenazione in certe aree del corpo, in particolare negli organi sessuali.

4) Il paziente afflitto da cancro soffre di una perdita cronica e di un graduale esaurimento della carica bioenergetica dei tessuti corporei.

5) Poco prima dell'insorgere dello sviluppo tumorale, la persona sperimenta una forte scossa emotiva, come la perdita di una persona particolarmente cara, che rinforza la sua rinuncia emotiva.

6) La cellula cancerogena nasce da processi bionici, insorgendo dalla disintegrazione dei tessuti energeticamente indeboliti del paziente.

7) Si riscontrano enormi quantità di bacilli T nei tessuti e nel sangue di pazienti affetti da cancro. I bacilli T si possono coltivare, e se inoculati nei topi causano la formazione di tumori.

8) Di per sé l'utilizzo dell'accumulatore non può invertire la natura biopatica più profonda della malattia del cancro, tuttavia potrebbe stimolare in modo limitato il sistema bioenergetico a espandersi, a ricaricare i tessuti e anche a disintegrare i tumori.

Anche se quest'ultimo punto può sembrare una cura per il cancro, Reich usava cautela al riguardo, pur essendo chiaramente ottimista. Nella casistica presentata nei suoi scritti, sottolineava di più i fallimenti che non i successi. Valutava sempre attentamente il sangue dei pazienti, sviluppando inoltre un nuovo esame bioenergetico del sangue che permetteva di identificare le tendenze pre-cancerogene. Osservò inoltre che la lieve eccitazione vagotonica parasimpatica provocata dall'accumulatore spesso rendeva più profonda la respirazione del paziente, aiutando a portare in superficie delle emozioni che erano rimaste a lungo sepolte. Reich lavorava con i suoi pazienti anche a livello caratterologico per aiutarli a superare i blocchi emotivi e respiratori e la stasi sessuale associata al cancro. Il sangue, fortemente carico di energia vitale proveniente dall'accumulatore, la distribuiva attraverso tutto il corpo, in ogni organo e tessuto, mentre al contempo venivano allentate le corazze emozionali e la respirazione diventava più profonda.

Era chiaro che l'accumulatore riusciva a ricaricare l'organismo e, anche se in modo limitato, aiutava a superare molte complicazioni secondarie della malattia. Spesso le persone riprendevano la funzionalità perduta degli organi e l'energia aumentava per alcuni anni, essendo a volte associata alla completa remissione dei sintomi. Spesso però, almeno nei resoconti pubblicati, avveniva una ricaduta. In alcuni casi era chiaro che quando i tumori dei pazienti cominciavano a disgregarsi, questi ultimi diventavano debilitati a causa dei prodotti tossici dovuti alla disgregazione del tumore stesso e morivano di complicazioni secondarie, come insufficienza epatica o renale. Era un problema particolarmente importante quando i tumori nell'organismo cominciavano a scomporsi e non era possibile scaricare facilmente i loro detriti tossici.

In alcuni casi, quando il livello bioenergetico dei pazienti veniva ricaricato dall'accumulatore, essi cominciavano a sentir emergere delle emozioni sepolte, che spesso non volevano affrontare. Talvolta, mentre iniziavano a ristabilirsi, essi sviluppavano dei dolori, connessi alla loro stasi sessuale, nell'area genitale o nelle cosce. Reich scoprì che quasi tutti i suoi pazienti afflitti da cancro non avevano rapporti sessuali da anni ed erano intrappolati in matrimoni costrittivi e privi di amore. In tali casi, la chiave del miglioramento era superare l'ostacolo della stasi sessuale e del blocco emotivo, ripristinando la loro voglia di vivere. In qualche caso, quando venivano a galla questi problemi emotivi, i suoi pazienti interrompevano i trattamenti con l'accumulatore, nonostante fossero avvenute una significativa riduzione del tumore e la riattivazione delle funzioni corporee.

Per questi motivi e per evidenziare il suo interesse nella *prevenzione* del cancro, Reich si focalizzò sul ruolo centrale che la rassegnazione emotiva e sessuale ricoprivano nell'anamnesi dei suoi pazienti affetti da cancro. Quando si riusciva a superare questo senso di rinuncia verso la vita e le emozioni, Reich osservava che la prognosi migliorava rispetto a quando invece

# Il Manuale dell'Accumulatore Orgonico

non lo si affrontava. Questo fattore sembra spiegare l'osservazione comune secondo la quale i pazienti affetti da cancro che diventano *emotivamente coinvolti*, che imparano a esprimere la tristezza, la rabbia e il terrore, e che riacquistano la voglia di vivere hanno una prognosi migliore.

In base alle scoperte di Reich sulla componente emozionale del cancro, va posta la seguente domanda: come si ripercuote sulla rassegnazione emotiva e sessuale un intervento chirurgico importante che deforma o disabilita gli organi sessuali o altre aree del corpo? Oppure, cosa succede a livello emotivo quando il corpo viene aggredito da radiazioni e sostanze chimiche corrosive al punto da provocare visibili e spaventose deformità e da rendere impossibili le normali funzioni corporee come mangiare, defecare, o eccitarsi sessualmente? Di certo questi orribili trattamenti delle malattie degenerative non possono che *accrescere* la rassegnazione emotiva e la stasi sessuale. Così facendo, non possono fare a meno di *accrescere* il tasso di degenerazione e, allo stesso modo, di *accrescere* il tasso di ricaduta e metastasi. Con questi presupposti, non c'è da meravigliarsi che gli interventi chirurgici mutilanti e i trattamenti con sostanze chimiche tossiche consigliati oggi dagli oncologi non offrano benefici maggiori dei trattamenti di 30 o anche di 50 anni fa!

Ovviamente i ben noti trattamenti non ortodossi, che sono spesso banditi in molti paesi, possono offrire risultati molto migliori. Di solito essi propongono ai pazienti alimenti naturali e rimedi erboristici che energizzano e disintossicano in modo simile ai bagni e agli impacchi bionici descritti in precedenza. Sfortunatamente Reich era molto occupato con la scoperta dell'energia vitale e con altre questioni, e passava poco tempo a concentrarsi sui metodi di disintossicazione. Nel libro *La biopatia del cancro* egli dimostrò, usando uno speciale fluorofotometro, che il miele conteneva *otto volte* la quantità di carica orgonica dello zucchero raffinato e che il latte non pastorizzato conteneva il *doppio* della carica del latte pastorizzato. Qui l'implicazione è che gli alimenti naturali contengono una carica più elevata di energia vitale se confrontati con i prodotti alimentari raffinati, sintetici e devitalizzati. Gerson, Hoxsey e altri sembrano aver scoperto queste differenze nutrizionali indipendentemente l'uno dall'altro attraverso studi empirici, e sono chiaramente più avanti di Reich riguardo agli effetti della dieta e della disintossicazione. Allo stesso modo, essi usano dei trattamenti erboristici o nutrizionali che sembrano avere una significativa componente bioenergetica.

Senza togliere nulla a questi trattamenti alternativi, *le scoperte di Reich forniscono senza dubbio una base scientifica più solida per comprendere le origini della biopatia del cancro e della cellula cancerogena.* La sua analisi sulle radici emozionali del cancro è stata confermata da studi indipendenti e dovrebbe aiutare i pazienti affetti da cancro a rafforzare in modo efficace il proprio stato emotivo. Le scoperte di Reich sono anche compatibili con le varie teorie secondo le quali il cancro è causato da un'alimentazione inadeguata o da tossine ambientali che agiscono sul *livello energetico*. Il livello energetico misurabile di una persona sembra funzionalmente identico al concetto classico di *immunità*, o *resistenza alla malattia*, ed è una chiave per capire perché, pur subendo le stesse influenze tossiche alimentari o ambientali, una persona si ammala e un'altra no. I fattori sociali ed emozionali, come pure i fattori ereditari, esercitano una forte influenza sul livello di energia o di carica dei tessuti. Allo stesso modo, la scoperta del pleomorfismo virale/batterico (la capacità dei microbi di cambiare forma: da virus in batteri e viceversa), le osservazioni indipendenti dei bacilli T e la riscoperta dei bioni da parte di vari ricercatori in biogenesi, confermano tutte la posizione di Reich sulla natura "bionica" auto-generata della cellula cancerogena. Non si può sottolineare abbastanza il fatto che **causalità, processo di sviluppo e terapie ragionevolmente efficaci e non-tossiche per il cancro esistano da decenni, fin dagli anni '40.** L'ostacolo non è stato un fallimento della scienza, ma l'arroganza di *troppi medici oncologi, l'influenza corrotta della politica e della medicina dei Grandi Affari, l'atteggiamento sottomesso della persona media di fronte alla discutibile autorità medica (cioè la rassegnazione e l'impotenza emotiva, unita al credere che "i dottori ne sappiano sempre di più") e l'uso illecito dei tribunali e della polizia da parte dell'istituzione dell'ortodossia medica.* Se i lettori trovano le mie parole inquietanti, suggerisco loro di informarsi sulla vera storia della medicina, rivelata nelle biografie di quei pionieri della salute che sono stati repressi e attaccati come Ignaz Semmelweiss, Harry Hoxsey, Max Gerson, Royal Rife o Wilhelm Reich.

Nonostante le molte difficoltà, sono state raccolte moltissime prove chiare e inconfutabili sull'efficacia dell'accumulatore per

# Il Manuale dell'Accumulatore Orgonico

il trattamento di una serie di sintomi e malattie. Sono stati riportati casi di gravi bruciature nei quali si è verificata una forte attenuazione del dolore seguita da una rapida guarigione. Sono stati parimenti riportati casi di forte riduzione del dolore quando l'accumulatore veniva usato da pazienti affetti da tumori e da artrite. Oltre a Reich, altri dottori associati alle sue attività di ricerca pubblicarono casi clinici sul trattamento del cancro con l'accumulatore. Questi resoconti dimostravano l'esistenza di una terapia importante e promettente per la malattia. Le remissioni complete erano rare, ma le persone sperimentavano sempre una riduzione del dolore e di altri sintomi, con un prolungamento della vita di diversi mesi, se non anni, rispetto alla prognosi convenzionale. Furono affrontati in modo sperimentale anche altre patologie come diabete, artrite, tubercolosi, febbre reumatica, anemia, ascessi, ulcere e ittiosi. In questi casi i miglioramenti potevano essere ricondotti alla terapia e alla radiazione orgonica. Reich scrisse anche riguardo alla promettente applicazione della terapia alla leucemia. Nelle pagine dei bollettini di ricerca venivano anche discussi i benefici addizionali della terapia come l'immunità all'influenza e ai raffreddori, l'eliminazione di problemi cutanei e l'aumento generale dei livelli di vigore ed energia.

Per quanto ne so, negli Stati Uniti non è stato effettuato alcuno studio clinico sul trattamento delle malattie su esseri umani con l'accumulatore da quando Reich morì in prigione. Sono stati effettuati solo studi su animali, soprattutto sugli effetti dell'accumulatore nella guarigione delle ferite e del cancro nei topi. Le prove di laboratorio con i topi confermano gli effetti anticancro e di guarigione delle ferite prodotti dall'accumulatore. Esistono tuttavia studi clinici effettuati su persone in alcuni ospedali in Germania, nei quali la prescrizione di una *terapia con l'accumulatore orgonico* può essere una raccomandazione medica di routine. Molti dei medici tedeschi da me incontrati mi dissero che *gli effetti somatici dell'accumulatore di energia orgonica erano stati più efficaci nel trattamento del cancro di qualunque altra forma di terapia convenzionale o naturale che avevano provato*. Essi riportarono i seguenti effetti dell'accumulatore sui malati di cancro:

1) Il dolore veniva alleviato, l'appetito stimolato e i pazienti diventavano più lucidi e attivi, alzandosi spesso dal letto d'ospedale, o addirittura lasciando l'ospedale stesso, per

riprendere le attività che li interessavano.

2)    Il quadro ematico era migliorato, con globuli rossi che mostravano una maggior carica energetica e meno bacilli T.

3)    I tumori smettevano di crescere e, in alcuni casi, diminuivano in modo radicale.

4)    Mentre alcuni pazienti mostravano un recupero radicale, altri spesso davano solo esteriormente la *parvenza* di una "cura". Il trattamento con l'accumulatore orgonico da solo non riusciva a toccare l'aspetto emozionale permanente della biopatia, che continuava a esaurire il paziente in un modo che non si riusciva a compensare oltre a un certo punto. In quei casi, mentre di solito l'accumulatore allungava di mesi, se non di anni, la vita dei pazienti, riducendo il dolore e migliorando significativamente le condizioni di vita, essi alla fine sperimentavano una ricaduta, con un'improvvisa ricomparsa dei sintomi e una morte piuttosto rapida, anche se meno dolorosa. Sfortunatamente non abbiamo alcun parametro statistico che ci permetta di conoscere la percentuale delle guarigioni rispetto alle ricadute, a causa dell'ostilità della "medicina ufficiale" nei confronti di questo tema.

5)    I medici tedeschi affermarono inoltre che molti malati di cancro che venivano loro sottoposti non possedevano i tratti caratteristici della biopatia del cancro come descritta da Reich negli anni '40. In particolare arrivavano molti giovani e bambini con dei tumori e un quadro ematico critico, mostrando un livello energetico molto basso, ma senza la completa stasi sessuale o la rassegnazione emotiva tipica della malattia fra le persone più avanti negli anni. Essi attribuirono questo fatto a una esposizione dei pazienti a tossine e sostanze inquinanti ambientali e alla natura sempre più devitalizzata dei comuni alimenti. Queste osservazioni suggerirono che, in condizioni alimentari ed ambientali precarie, le persone energeticamente deboli erano più propense alla disintegrazione dei tessuti e alla formazione dei tumori, mentre le persone energeticamente forti non lo erano. In quei casi il trattamento con l'accumulatore dava eccellenti risultati, con una prognosi di guarigione a lungo temine decisamente migliore.

Qui di seguito fornisco una lista, proveniente da fonti pubblicate, di vari disturbi o malattie che hanno reagito positivamente all'utilizzo dell'accumulatore orgonico. Le citazioni

# Il Manuale dell'Accumulatore Orgonico

complete si trovano nella Bibliografia o sui link consigliati. È meglio utilizzare l'accumulatore orgonico in combinazione con i rivitalizzanti metodi di Reich della *terapia analitica del carattere e del rilascio emozionale* per aiutare al contempo le persone a respirare più profondamente, a entrare in contatto con le emozioni sepolte e ad affrontare situazioni sociali repressive che possono essere il nucleo del loro blocco e della loro stasi emozionale ed energetica. Devo inoltre avvertire che ciò che è sintetizzato in questo *Manuale* è solo preliminare. L'accumulatore dev'essere usato con cura e cognizione, e non deve diventare un mero sostituto alle "pillole del dottore", dove il paziente sta semplicemente seduto al suo interno senza fare altro. È necessario leggere i testi originali di Reich e i vari scritti da me citati per maggiori dettagli e, se possibile, combinarlo con altri metodi naturali di guarigione. Sfortunatamente nella maggior parte dei casi, per lo meno negli Stati Uniti, il paziente che tenta questo approccio si ritrova solo nei suoi sforzi e deve impegnarsi in una sorta di trattamento fai-da-te, visto il modo in cui l'FDA e i suoi affiliati hanno completamente annientato l'argomento. Nonostante ciò, come ho descritto altrove, c'è pur sempre motivo di speranza nell'aspettarsi dall'accumulatore orgonico dei risultati buoni, e di frequente anche molto positivi per la vita come evidenziato in diversi casi.

### Studi clinici nel trattamento delle malattie

Segue una lista di articoli pubblicati che elencano le malattie trattate con il nome del medico autore dell'articolo e l'anno di pubblicazione. Per le citazioni, consultare gli elenchi degli autori e degli anni su:     www.orgonelab.org/bibliog.htm

| Malattia | Medico/Autore | Anno |
| --- | --- | --- |
| Biopatia del cancro | Wilhelm Reich | 1943-48 |
| Cancro, ustioni | Walter Hoppe | 1945 |
| Neoplasia del mediastino | Simeon Tropp | 1949 |
| Malattie varie | Walter Hoppe | 1950 |
| Malattie varie | Victor Sobey | 1950 |
| Febbre reumatica | William Anderson | 1950 |
| Cancro al seno | Simeon Tropp | 1950 |
| Ittiosi | Alan Cott | 1951 |

# Gli effetti fisiologici e biomedici

| | | |
|---|---|---|
| Depressione maniacale | Philip Gold | 1951 |
| Biopatia ipertensiva | Emanuel Levine | 1951 |
| Leucemia | Wilhelm Reich | 1951 |
| Cancro | Simeon Tropp | 1951 |
| Diabete | N. Weverick | 1951 |
| Occlusione coronarica | Emanuel Levine | 1952 |
| Malattie varie | Kenneth Bremer | 1953 |
| Cancro della pelle | Walter Hoppe | 1955 |
| Tubercolosi polmonare | Victor Sobey | 1955 |
| Cancro uterino | Eva Reich, W. Reich | 1955 |
| Cancro uterino | Chester Raphael | 1956 |
| Artrite reumatoide | Victor Sobey | 1956 |
| Melanoma maligno | Walter Hoppe | 1968 |
| Biopatia del cancro | Richard Blasband | 1975 |
| Biopatia del cancro | Robert Dew | 1981 |
| Malattie varie | Dorothea Fuckert | 1989 |
| Infezioni cutanee | Myron Brenner | 1991 |
| Biopatia del cancro | Heiko Lassek | 1991 |
| Malattie varie | Jorgos Kavouras | 2005 |

## Studi controllati sulla fisiologia con esseri umani

A parte i numerosi studi clinici pubblicati da Reich e dai suoi associati, come in precedenza elencato, esistono diversi eccellenti studi controllati e in doppio cieco sulle risposte fisiologiche dell'organismo umano all'accumulatore di energia orgonica. Questi studi non erano diretti al trattamento di alcuna malattia o problema specifico, ma erano organizzati per valutare le affermazioni originarie di Reich riguardo agli stimoli vagotonico e parasimpatico di base creati dall'accumulatore orgonico nell'organismo umano.

Uno dei primi di questi studi, intrapreso come tesi di dottorato presso l'Università di Marburg, in Germania, venne in seguito pubblicato col titolo *The Psycho-Physiological Effects of the Reich Orgone Accumulator* (Gli effetti psico-fisiologici dell'accumulatore orgonico di Reich). Esso ha confermato in pieno le scoperte di Reich. Uno studio che è la replica di questo stesso esperimento, a sua volta controllato e in doppio cieco, fu intrapreso alcuni anni dopo all'Università di Vienna, in Austria. Anch'esso dava conferma al lavoro di Reich ed entrambi gli studi sono citati nella

# Il Manuale dell'Accumulatore Orgonico

Bibliografia, come pure altri studi, i quali indicano che l'energia orgonica è la stessa energia dell'agopuntura e della medicina cinese. Alla fine potrebbe anche rivelarsi essere l'energia degli effetti omeopatici. Resta ancora molto da scoprire, anche se molto è già stato confermato.

## Studi controllati con topi di laboratorio

Esistono molti studi sperimentali controllati effettuati con topi di laboratorio per valutare gli effetti dell'accumulatore orgonico o del dor-buster medico (un apparato correlato) sulla loro salute e longevità. Questi includono sia topi geneticamente predisposti a sviluppare tumori spontanei o leucemia, che quelli a cui i tumori venivano trapiantati. Come evidenziato nelle pubblicazioni, questi studi mostrano un considerevole miglioramento delle condizioni fisiche di questi topi, stressati a livello immunologico o indeboliti, quando ricevono un trattamento quotidiano con l'accumulatore orgonico, rispetto ai gruppi di controllo trattati in modo identico ma non con l'accumulatore. Tali risultati oltre a rispecchiare le descrizioni delle loro condizioni generali e della vitalità, come riportato nei vari articoli, erano oggettivati soprattutto da un significativo aumento della durata della vita. Il trattamento con l'accumulatore orgonico aumentava la durata della vita dei topi da 1,6 a 3 volte rispetto a quella dei topi di controllo!

Ad esempio:

1) Wilhelm Reich: "Orgone Therapy Experiments" in *The Biopathy of Cancer*, Orgone Institute Press, Rangely, ME 1958 (Farrar, Straus & Giroux, 1973, P. 290-309)

Questo studio fu intrapreso da Wilhelm Reich valutando tre gruppi di topi col cancro. A un gruppo veniva iniettata una forma speciale di bioni che irradiavano orgone ottenuti da un pacchetto di sabbia (sand packet, SAPA), mentre un altro gruppo veniva trattato nell'accumulatore orgonico. Essi erano poi comparati con un gruppo di controllo non trattato. In tutto erano 164 topi. La durata media della vita era la seguente:

**Durata della vita dei topi: Media      Massima**

| | Media | Massima |
|---|---|---|
| controllo non trattato | 3,9 settimane | 11 settimane |
| trattato con bioni SAPA | 9,1 settimane | 28 settimane |
| trattato con l'acc. orgonico | 11,1 settimane | 38 settimane |

**La durata di vita dei topi trattati con l'accumulatore orgonico veniva all'incirca triplicata.**

2)   Blasband, Richard A.: "The Orgone Energy Accumulator in the Treatment of Cancer Mice", *Journal of Orgonomy*, 7(1):81-85, 1973.

In questo studio, nove topi endogamici (C3H), indeboliti immunologicamente e con tumori trapiantati vennero suddivisi a caso in un gruppo di controllo (5) e in un gruppo trattato (4). I topi trattati venivano messi quotidianamente nell'accumulatore da 80 a 120 minuti. I topi di controllo, che venivano trattati in modo identico ad eccezione dell'uso dell'accumulatore orgonico, vissero 54,4 giorni dopo il trapianto, mentre i topi trattati vissero una media di 87,3 giorni.

| **Durata della vita dei topi:** | **Media** |
|---|---|
| controllo non trattato | 54,4 giorni |
| trattato con l'accumulatore orgonico | 87,3 giorni |

**Il gruppo trattato con l'accumulatore orgonico visse 1,6 volte più a lungo.**

3)   Blasband, Richard A.: "Effects of the Orac on Cancer in Mice: Three Experiments", *Journal of Orgonomy*, 18(2):202-211, 1984.

Solo il primo dei tre esperimenti merita di essere comparato alle sperimentazioni con esseri umani, come descrivo dettagliatamente qui di seguito. Infatti solo nel primo esperimento ci fu un trattamento immediato dei topi e l'utilizzo di topi che sviluppavano spontaneamente dei tumori. Negli esperimenti 2 e 3, i trattamenti vennero ritardati per un periodo critico di 9-10 giorni e nell'esperimento 2 i tumori erano stati trapiantati.

Il gruppo dell'esperimento 1 usò otto topi C3H affetti da

# Il Manuale dell'Accumulatore Orgonico

cancro con tumori spontanei, quattro trattati con ORAC subito dopo lo sviluppo del tumore, e quattro di controllo, non trattati.

| **Durata della vita dei topi:** | **Media** |
|---|---|
| controllo non trattato | 38 giorni |
| trattato con l'accumulatore orgonico | 69 giorni |

**I topi trattati con l'accumulatore orgonico, che avevano sviluppato dei tumori spontanei ed erano stati trattati subito, vissero quasi il doppio.**

*Speciali accumulatori con piccoli scompartimenti per topi usati nel laboratorio di Blasband, in Pennsylvania, nel 1976 circa. Ogni contenitore è composto da 6 scomparti ventilati per topi. Il contenitore a scomparti veniva inserito in un lungo accumulatore cilindrico multi-strato per circa un'ora al giorno.*

Gli effetti fisiologici e biomedici

4)   Trotta, E.E. & Marer, E.: "The Orgonotic Treatment of Transplanted Tumors and Associated Immune Functions", *Journal of Orgonomy*, 24(1):39-44, 1990.

In questo caso 50 topi con dei tumori trapiantati furono divisi in due gruppi, uno di controllo e l'altro trattato con l'accumulatore orgonico. I risultati furono:

**Durata della vita dei topi:**          **Media**
controllo non trattato                   4 settimane
trattato con l'accumulatore orgonico     8,7 settimane

**La durata della vita dei topi trattati con l'accumulatore orgonico era più che raddoppiata.**

Questi studi controllati su topi col cancro, accompagnati dagli evidenti benefici sulla salute riportati da numerosi pazienti e operatori sanitari negli studi clinici, e ulteriormente supportati da diversi studi controllati e in doppio cieco sulla fisiologia umana di base, sono ciò che ha alimentato il costante e crescente interesse nelle scoperte di Reich molti anni dopo la sua morte, avvenuta in prigione nel 1957, nonostante le minacce dell'FDA, l'ostilità e la repressione della professione medico-accademica e il rogo dei libri.

Gli studi successivi trattano gli effetti del dor-buster medico su topi col cancro, oppure si focalizzano sull'effetto dell'accumulatore orgonico su topi con la leucemia, che secondo Reich è una malattia più difficile da trattare, perché è la conseguenza del sovraccarico biopatico dei globuli rossi e quindi non può trarre diretto beneficio dall'uso dell'accumulatore orgonico.

5)   Blasband, Richard A.: "The Medical DOR-Buster in the Treatment of Cancer Mice", *Journal of Orgonomy*, 8(2):173-180, 1974.

In questo articolo veniva descritto l'uso del dor-buster medico e non dell'accumulatore orgonico. Presentava un grafico indicante che l'iniziale soppressione del tumore nel gruppo trattato fu seguita da un ritorno della crescita tumorale nel periodo prossimo alla morte. Tuttavia i risultati più importanti non vennero riassunti in una tabella o in un grafico, ma scritti a pagina 178,

# Il Manuale dell'Accumulatore Orgonico

riportando la durata della vita mediana. L'autore non aveva fatto una media aritmetica, quindi l'ho calcolata io come segue:

| Durata della vita dei topi: | Media | Mediana |
|---|---|---|
| controllo non trattato | 70,7 giorni | 66,5 giorni |
| trattato con il dor-buster medico | 107 giorni | 102 giorni |

**Il solo trattamento con il dor-buster medico portò a un significativo aumento della longevità di oltre il 50%.**

6) Grad, Bernard: "The Accumulator Effect on Leukemia Mice", *Journal of Orgonomy*, 26(2):199-218, 1992.

Grad era professore di biologia alla McGill University e un associato di Wilhelm Reich. Egli intraprese degli esperimenti con l'accumulatore sui topi con la leucemia, ottenendo dei risultati che confermavano quelli di Reich sui bio-effetti dell'accumulatore, ma anche mostrando l'importanza di come venivano trattati i topi per provocare la formazione dei tumori, e altri fattori. Nel suo esperimento usò 260 topi, la cui leucemia era il prodotto di un'endogamia multigenerazionale. L'esperimento di Grad con i test sulla progenie durò diversi anni. I topi con la leucemia, diversi dai topi con il cancro usati da Reich e da altri, non mostrarono un prolungamento della vita. **Tuttavia il trattamento con l'accumulatore orgonico ridusse l'incidenza della loro leucemia del 20%** (dal 90% nel gruppo di controllo al 70% nel gruppo trattato). Ciò indicava che l'accumulatore orgonico, in questo particolare esperimento, influenzava il miglioramento della salute senza però influenzare la durata della vita. Reich considerava la leucemia negli esseri umani una biopatia da sovraccarico che colpiva soprattutto i globuli rossi, i quali per la loro condizione irritata nel plasma sanguigno stimolavano i globuli bianchi immunitari a una reattività eccessiva. Nei casi di leucemia, egli suggeriva di usare l'accumulatore orgonico solo per periodi brevi o di non usarlo affatto. I topi con la leucemia presentano una condizione molto diversa da quella umana, perché gli esseri umani non praticano l'endogamia per generazioni.

# Gli effetti fisiologici e biomedici

Infine, lo studio seguente non ha direttamente a che vedere con il cancro, ma riporta una valutazione degna di essere menzionata che riguarda la guarigione di ferite nei topi.

7)    Baker, Courtney F., e altri: "Wound healing in mice, Part I", *Annals, Inst. Orgonomic Science*, 1(1):12-23, 1984. "... Part II", *Annals, Inst. Orgonomic Science*, 2(1):7-24, 1985.

Questo studio copre circa sette anni di svariati approcci e metodi di trattamento in 42 separati test sperimentali utilizzando 1600 topi con ferite. La prima parte è dedicata alla discussione dei processi di creazione delle ferite e all'osservazione di come le ferite di controllo non trattate guarivano naturalmente. Nella prima parte non viene presentato alcun dato sul trattamento orgonico. Nella seconda parte il sommario dice (pag. 7) *"Le nostre scoperte dimostrano che il tasso di guarigione viene regolarmente aumentato sia dall'accumulatore orgonico che dal dor-buster; i risultati sono significativi a livello di p<0,002 o anche meglio".*

Gli autori ammettono delle variazioni nei risultati, che attribuiscono a possibili fattori stagionali che potrebbero influenzare le capacità di carica energetica dell'accumulatore orgonico. Essi apportarono inoltre delle variazioni nelle procedure sperimentali e nei trattamenti dei topi nel corso dei diversi test, identificandoli con "A, B e C" per distinguerli. Essi rilevarono che i test "C" riflettevano il loro protocollo sperimentale migliore e conclusivo, quindi indicarono i test "C" come quelli della massima importanza e affidabilità per i benefici dei trattamenti con il dispositivo orgonico, che includeva il dor-buster medico e l'accumulatore orgonico. I risultati della serie "C" composta da 18 test (42 topi per test, per un totale di 756 topi) mostravano **un aumento della guarigione da un nominale 1% al 12% nell'Indice Terapeutico attraverso il trattamento con l'accumulatore orgonico, ed erano statisticamente significativi.** Sfortunatamente, gli autori non mostrarono un grafico separato relativo solo ai test del gruppo "C". Infatti una volta aggregato ai test "A" e "B" il grafico indica una radicale variazione nei risultati, che oscura gli effetti terapeutici osservati nei test "C".

**Conclusioni.** Questi studi indicano nel complesso *che il trattamento con l'accumulatore orgonico offre i massimi benefici se effettuato appena dopo l'identificazione della malattia o della lesione. Gli effetti anti-cancerogeni più riproducibili furono osservati soprattutto nei casi in cui i tumori si sviluppavano spontaneamente. Un effetto anti-cancerogeno minore, ma evidente e rilevante, fu osservato nel caso di tumori trapiantati.* Questo è in linea con le osservazioni provenienti da studi di casi clinici pubblicati sulla terapia con l'accumulatore orgonico effettuata su pazienti umani.

Il lettore potrà a ragione lamentare il fatto che esistano solo pochi studi a disposizione, a così tanti anni di distanza dalla morte di Reich. Va tuttavia riconosciuto che tutti i medici e gli scienziati che condussero questo tipo di ricerca accettarono di correre gravi rischi personali e professionali. La persistente guerra aperta contro l'orgonomia da parte dell'FDA e della professione medica, esistita fin dagli anni '40, ha avuto il suo peso. Nonostante ciò, **tutto quello che ho riportato conferma le posizioni originarie di Wilhelm Reich e suggerisce con forza che l'accumulatore orgonico dovrebbe essere disponibile in ogni casa, clinica e ospedale di tutto il mondo.**

Sulla base di queste scoperte pubblicate, possiamo ancora una volta riassumere quali sono gli effetti biologici di una forte carica orgonica:

A) Effetto generale vagotonico, espansivo sull'intero sistema.

B) Sensazione di calore e formicolio sulla superficie cutanea.

C) Aumento della temperatura interna e superficiale, vampate di calore.

D) Moderazione della pressione sanguigna e del battito cardiaco.

E) Aumento della peristalsi, respirazione più profonda.

F) Aumento del tasso di riparazione e crescita dei tessuti, come determinato dagli studi condotti sugli animali e dalle prove cliniche sulle persone.

G) Maggiore intensità di campo, carica, integrità dei tessuti e immunità alle malattie.

H) Maggiore livello di energia, attività e vitalità.

# Gli effetti fisiologici e biomedici

I) Aumento della germogliazione, gemmazione, fioritura e fruttificazione delle piante.

Alla luce di questi fatti, non sorprende che l'accumulatore orgonico possa stimolare la remissione di qualsiasi sintomo connesso a una bassa carica energetica nel sangue o nei tessuti, o all'iperstimolazione cronica del sistema nervoso simpatico. Tuttavia alcune patologie sono il risultato di un sovraccarico cronico e, in tali casi, l'utilizzo dell'accumulatore è sconsigliato, o è consigliato solo con cautela, come menzionato in precedenza.

Reich consigliava infatti alle persone con un'anamnesi di ipertensione, malattie da scompenso cardiaco, tumori al cervello, arteriosclerosi, glaucoma, epilessia, grave obesità, apoplessia, infiammazioni cutanee o congiuntivite di non usare l'accumulatore o di farlo solo con grande cautela e per periodi brevi, a causa dei pericoli di sovraccarico in tali casi. Non tutte le persone soffrono di carenza energetica, oppure anche di "energia bassa". Spesso, invece, le persone soffrono di più perché arginano o trattengono l'energia emotiva che già possiedono. In alcuni casi, l'energia addizionale dell'accumulatore può dare alla persona ancora più energia da tenere a freno. Bisogna riconoscere questo fatto e comprendere che il regolare utilizzo dell'accumulatore non vale per tutti, e che non si tratta di una panacea mistica.

# Il Manuale dell'Accumulatore Orgonico

# 12. Osservazioni personali sull'accumulatore orgonico

All'inizio degli anni '70 incontrai una giovane donna che aveva trattato la sua cisti ovarica con l'accumulatore. Il suo dottore l'aveva esortata a sottoporsi a un intervento chirurgico, ma lei non aveva né l'assicurazione sanitaria, né molti soldi, così decise di provare l'accumulatore. Aveva usato un accumulatore a tre strati, abbastanza grande da starci seduta dentro, per circa 45 minuti al giorno per due o tre settimane. Intorno alla metà della terza settimana ebbe una fuoriuscita vaginale di sangue nerastro dovuta alla disgregazione del tumore che si stava scaricando nella cavità uterina. La donna si era sentita del tutto bene durante l'intero processo, a parte un po' di disagio nel corso dell'evacuazione. Qualche tempo dopo tornò dal dottore, il quale non trovò traccia del tumore. Quando gli fu riferita la forma di trattamento, il dottore espresse scherno e disinteresse.

Più o meno in quel periodo, quando vivevo a soli 13 km dalle due centrali nucleari di Turkey Point, nel sud della Florida, costruii un piccolo ma potente accumulatore. Ero stato sconsigliato dal costruire accumulatori così vicini a una centrale nucleare e avevo letto la descrizione di Reich riguardo all'oranur, ma ricordo che pensai: "È solo un piccolo accumulatore e non potrà fare molto danno." L'accumulatore si trovava in un garage insieme a una quantità di grossi apparecchi e oggetti metallici, come una lavatrice e una asciugatrice, un frigorifero e degli schedari. Nel giro di una settimana il garage diventò talmente carico che era impossibile rimanerci a lungo. Il sovraccarico e l'agitazione, provocati e amplificati dalle centrali nucleari, erano considerevoli e cominciarono a diffondersi nella casa, e spesso sembrava che l'intera area risuonasse o vibrasse in modo sottile. Ricordo ancora chiaramente questo fenomeno, che era più evidente di notte, quando cessavano i venti e i rumori della città. Nel frattempo cominciarono a morire le piante di casa e cominciò ad aumentare il numero di globuli bianchi nei membri della famiglia. Un piccolo contatore Geiger cominciò a dare segnali

# Il Manuale dell'Accumulatore Orgonico

irregolari e a volte molto alti di radiazioni "di fondo". Un po' nel panico, smantellai il piccolo accumulatore e tolsi un po' di materiale metallico dal garage, dove fu messo un catino di acqua per l'assorbimento, e il disturbo gradualmente cessò. Le centrali nucleari però erano ancora una preoccupazione costante e così ci trasferimmo lontano da quella zona.

Qualche anno dopo costruii un altro potente accumulatore a 10 strati, con un imbuto per l'emissione di energia, come descritto nei capitoli seguenti. Un giorno, mentre lavoravo fuori a piedi nudi, calpestai accidentalmente un saldatore bollente lasciato inavvertitamente per terra. La mia pelle era molto ustionata e sentivo molto dolore. Per fortuna il nuovo accumulatore e l'imbuto erano nelle vicinanze, quindi misi il piede ustionato nell'imbuto. In pochi secondi il dolore diminuì e dopo pochi minuti era sparito! Senza ulteriori disagi potei ripulire la grave ustione che aveva portato via tutti gli strati della pelle. La ferita guarì molto in fretta e imparai che il sollievo dal dolore delle ustioni e la guarigione rapida della pelle erano fra gli effetti più potenti dell'accumulatore.

Dopo aver costruito un accumulatore abbastanza grande da potermi sedere al suo interno, fui in grado di confermare una serie di condizioni soggettive e oggettive osservate per la prima volta da Reich. Faceva davvero sentire più rinvigoriti e accaldati, con la pelle arrossata. Non presi più il raffreddore o l'influenza come prima, ma siccome non sono mai stato seriamente ammalato, non ho delle grosse "guarigioni" personali da riportare. Alla fine smisi di sedermi regolarmente nell'accumulatore perché non ne sentivo più la necessità. Uso più sovente la coperta di energia orgonica perché è più facile da riporre (sullo schienale di una sedia o sul letto vicino a una finestra aperta) e veloce da recuperare per l'uso. Ho scoperto che l'effetto più sorprendente della coperta è la sua abilità di fermare un comune raffreddore, o almeno di impedirgli di diffondersi nel petto. Prima di scoprire l'accumulatore e la coperta orgonica, tutti i miei raffreddori si diffondevano dalla testa alla gola e al petto. Da quando uso la coperta, contraggo raramente un raffreddore e quando succede gli impedisco di diffondersi semplicemente riposando con la coperta sul petto e sulla gola. Nel corso degli anni mi sono fatto anche diversi tagli e contusioni, o ferite alle dita dei piedi per aver urtato contro le gambe del tavolo (cammino molto a piedi nudi) e tutte sono state trattate con l'imbuto o la coperta, con grande sollievo dal dolore e benefici per la salute.

L'accumulatore non riuscì ad aiutarmi con un problema di salute in un'unica occasione. Ero stato punto alla gamba da un ragno velenoso, chiamato *loxosceles reclusa*, la cui tossina aveva necrotizzato un lembo di pelle del mio polpaccio del diametro di circa 7 cm. Non sapevo quanto fosse pericoloso questo tipo di ragno, e cominciai a curare il morso solo dopo che la pelle era diventata viola e intorpidita. La ferita fu trattata più volte al giorno con l'imbuto, mentre sedevo nell'accumulatore. I trattamenti non ripristinarono la sensibilità o il normale colore, e alla fine l'intero pezzo di pelle morta diventò nero e duro e si staccò, lasciandomi con una grossa ferita aperta per diverse settimane. L'infezione del sangue fu trattata con gli antibiotici e camminai con le stampelle per settimane. La ferita comunque guarì e oggi la gamba funziona senza problemi, con solo una piccola cicatrice a ricordo del morso. Una rassegna della letteratura medica sul morso di questo tipo di ragno indica che non esistono rimedi conosciuti, oltre alle discutibili iniezioni di cortisone nel punto del morso subito dopo che è avvenuto.

In diverse occasioni, dei miei amici che erano a conoscenza dei miei accumulatori mi chiesero di poterli utilizzare per sé o per i propri amici. In uno di quei casi, una ragazza di 19 anni aveva un tumore benigno incapsulato a forma di disco al seno, del diametro di circa 2,5 cm. Il tumore si era sviluppato diversi anni prima, dopo che lei era rimasta incinta senza essere sposata. A causa di ciò i suoi genitori l'avevano maltrattata con ogni genere di insulti. La gravidanza fu interrotta, ma l'abuso emotivo che lei aveva subito portò a una forte contrazione bioenergetica e allo sviluppo del tumore. Comprensibilmente non disse ai genitori del tumore ed evitò i dottori per paura di perdere il seno. Aveva curato il tumore per anni con una dieta vegetariana ed esso non era né cresciuto, né diminuito. Dopo aver discusso insieme della questione, lei iniziò i trattamenti con l'accumulatore orgonico, stando seduta al suo interno per 45 minuti al giorno con l'imbuto puntato sul seno. Dopo tre trattamenti il tumore cominciò a rompersi e a disintegrarsi in piccoli pezzi. A questo punto però lei diventò ansiosa. Era apertamente agitata e inquieta riguardo all'accumulatore e non voleva più sedersi al suo interno. Le emozioni represse relative al maltrattamento ricevuto durante la gravidanza cominciarono a venire a galla. Lei era una studentessa in scienze biologiche e, pur essendo disperata per la

# Il Manuale dell'Accumulatore Orgonico

sua situazione, aveva mantenuto un atteggiamento superficiale e scherzoso, dicendo che avrebbe provato l'accumulatore solo per "accontentare" i suoi amici preoccupati. Il fatto che l'accumulatore sembrasse funzionare, quando nient'altro aveva funzionato, le creava una confusione a livello intellettuale troppo difficile da gestire. Non fece altri trattamenti con l'accumulatore, ma poco tempo dopo degli amici mi informarono che il tumore era quasi sparito. In questo caso è importante far notare le osservazioni di Reich secondo le quali, a prescindere dalle componenti emozionali alla base della biopatia del cancro (chiaramente emerse nel caso sopra citato), certi tipi di tumori superficiali, come al seno o alla pelle, si potevano trattare in modo efficace con l'energia orgonica.

In un altro caso, una donna di 23 anni aveva fatto per anni delle cure mediche convenzionali per un grave herpes genitale, senza ottenere alcun sollievo dalle persistenti lesioni genitali. Si sedette nell'accumulatore una sola volta, usando un tubo vaginale che emetteva energia. Dopo qualche giorno le lesioni cominciarono a seccarsi e a guarire, lasciandola priva di sintomi per la prima volta dopo anni. In seguito rimase priva di sintomi ancora per diversi anni.

Sono a conoscenza di diversi casi nei quali come trattamento è stata usata la coperta orgonica anziché un grande accumulatore. A un'anziana signora fu data una coperta orgonica per vedere se l'avrebbe aiutata con la sua artrite. Lei la usò, scoprendo che offriva sollievo da disagio e dolore, e recuperò un po' di movimento nelle aree colpite. In seguito sfortunatamente la utilizzò insieme alla sua coperta elettrica, e così tutti i sintomi dell'artrite aumentarono, tornando alla condizione originaria. (Vedere l'avvertimento a capitolo 9). Fortemente delusa, non volle più avere niente a che fare con la coperta orgonica.

In un altro caso una giovane donna trattò suo figlio, che soffriva di una leggera febbre e di un raffreddore persistenti. Lei mise semplicemente il figlio sulla coperta nella culla e lo lasciò lì per 15-20 minuti. Quando tornò la temperatura del bambino era intono ai 39° C. Tolse subito la coperta orgonica dalla culla e lo fece camminare per un po'. La sua temperatura ritornò presto alla normalità e i sintomi del raffreddore sparirono. Reich aveva notato che l'irradiamento orgonico faceva alquanto aumentare la febbre anche negli adulti, accelerando il processo di guarigione. Ovviamente i bambini piccoli, che per una qualsiasi malattia vengono trattati con una coperta o un accumulatore, devono essere tenuti d'occhio. Inoltre nessun bambino piccolo si sentirà a suo agio da solo in un grande accumulatore orgonico, ma se la madre entra con lui, facendolo diventare un gioco, e lo tiene sulle ginocchia, sarà altrettanto efficace.

In un altro caso, a un signore anziano con fibrosi al polmone dovuta al fatto che fumava e tratteneva le emozioni nel petto da una vita, fu diagnosticato che sarebbe morto nel giro di poche settimane. Usava l'ossigeno e non riusciva a dire se non poche parole per volta, né a camminare molto, data l'incapacità di respirare bene. Incominciò a indossare una coperta orgonica a forma di canottiera e a usare un grosso accumulatore. Nel giro di poche settimane era in piedi e remava nella sua piccola barca da pesca. Riferì che riusciva a fare un bel respiro solo quando era dentro l'accumulatore o indossava la canottiera orgonica. Molti dei suoi sintomi furono alleviati dalla terapia orgonica e rimase attivo ancora per molti mesi. Tuttavia le sue condizioni peggiorarono quando i suoi dottori, che disprezzavano l'accumulatore orgonico, gli prescrissero un farmaco sperimentale (prednisone). Poco dopo morì. Data la sua originaria condizione terminale non era stato osservato alcun miracolo, ma lui aveva beneficiato di una buona dose di benessere e sollievo, e di 6 mesi di vita in più.

Una volta ero in corrispondenza con un agricoltore proprietario di una mucca che aveva sul corpo un grande squarcio laterale con una grave infezione in suppurazione che non guariva. I veterinari avevano provato ogni sorta di trattamenti, ma nulla sembrava funzionare e il povero animale peggiorava. Dopo aver provato di tutto l'agricoltore fece una coperta orgonica a quattro strati e la fissò sulla ferita in suppurazione con del resistente nastro adesivo. Lasciò la coperta attaccata alla mucca senza aspettarsi alcun miglioramento, in previsione della triste morte dell'animale. Tuttavia nel giro di pochi giorni la coperta era caduta, mettendo in evidenza una grande crosta sulla ferita. Trattò la mucca ancora un po' di volte con una nuova coperta e attualmente dice che la cicatrice quasi non si nota sull'arzillo animale.

Incontrai un altro agricoltore al quale era stata diagnosticata una forma di cancro al fegato a diffusione rapida. Il dottore gli aveva consigliato di sistemare i propri affari perché sarebbe morto nel giro di 6 mesi. L'agricoltore fece un accumulatore con due bidoni in acciaio per carburante, rimuovendo la cima e il fondo, smerigliando bene l'interno e saldando insieme i due bidoni uno sull'altro. Dopodichè avvolse degli strati di lana d'acciaio e fibra di vetro intorno al tubo d'acciaio che aveva costruito e, mantenendolo appoggiato per terra lateralmente, ci entrava a fare un pisolino ogni tanto. *"Dottor DeMeo* – mi disse – *sono contrario al suo consiglio di non rimanere nell'accumulatore per più di 30-45 minuti. Io sono rimasto nel mio accumulatore per sette ore di fila senza problemi perché mi ci ero addormentato!"* Non sapevo cosa pensare di questo signore, perché quando l'avevo incontrato era molto debole e lento nel camminare, e aveva bisogno di aiuto per muoversi. Il suo livello di energia sembrava così basso che nel suo caso il pericolo di sovraccarico non sussisteva. All'epoca, usando l'accumulatore era vissuto quasi un anno in più rispetto alla sentenza di morte pronunciata dal suo dottore. Gli feci i miei auguri e gli chiesi di tenermi informato sui suoi progressi.

Diversi anni dopo, ricevetti da quell'agricoltore una piacevole lettera, nella quale diceva che voleva partecipare a uno dei miei seminari. Quando finalmente lo rincontrai ero assolutamente sorpreso delle sue condizioni. Era aumentato di circa 20 chili, la sua faccia era rubiconda e abbronzata, stava ben piantato sulle gambe ed esplodeva letteralmente di energia. A volte però il suo viso era molto rosso, come se esplodesse, e se cominciava a parlare non la smetteva più. A livello caratteriale era passato da una situazione energetica estremamente bassa a una di sovraccarico. Lo informai del pericolo di ciò e lui ridusse i suoi trattamenti con l'accumulatore. Ma la storia non finisce qui. Sembra che ritornò dal suo medico di famiglia, il quale vedendo il cambiamento e non trovando traccia del cancro al fegato si arrabbiò con lui, accusandolo di "essere andato in qualche grosso ospedale di città a cercare un farmaco miracoloso". Lui parlò dell'accumulatore al suo dottore, il quale però non gli credette. Siccome tutto questo era successo in una piccola cittadina del Midwest, il fatto che l'agricoltore fosse sopravvissuto alla sentenza di morte del dottore più rispettabile della città, e che addirittura prosperasse nonostante la sentenza di morte, era motivo di grande interesse e dibattito. Mi è stato detto che attualmente in quella città c'è scarsità di bidoni in acciaio per carburante, di fibra di vetro e di lana d'acciaio, dato che gli amici e i vicini di quel signore sono molto occupati a costruire i loro accumulatori!

# 13. Alcuni esperimenti semplici e di media difficoltà con l'accumulatore orgonico

Dopo aver costruito uno o più accumulatori secondo i vari suggerimenti riportati in questo *Manuale*, potrete fare dei semplici esperimenti per confermare personalmente i loro effetti. Accertatevi di monitorare le condizioni ambientali durante gli esperimenti, secondo i fattori elencati in precedenza. Consultate i vari riferimenti bibliografici offerti in questo libro per avere maggiori informazioni.

A) <u>Conferma delle sensazioni soggettive.</u> Se siete un tipo di persona che lavora manualmente, che è generalmente rilassata, con una respirazione completa e profonda, allora probabilmente potroto confermare gli effetti seguenti. Inserite la mano aperta e rilassata nell'apertura di un accumulatore orgonico a circa 2,5 cm dalle pareti metalliche. Dovreste percepire la sensazione di un caldo e penetrante irraggiamento, o di un leggero formicolio. L'effetto può essere confermato anche usando *l'orgone shooter* (emettitore orgonico, ndt) metallico a imbuto, che può emettere in modo direzionale la carica orgonica proveniente da un accumulatore a cui è collegato, o lo *shooter tube* (tubo emittente, ndt), che è una provetta di vetro spesso riempita di lana d'acciaio e caricata all'interno di un accumulatore. Tenere questi diffusori vicini alla mano, al labbro superiore, al plesso solare o ad altre aree sensibili del corpo, di solito produrrà delle sensazioni riconoscibili. Assicuratevi di fare la prova in giornate terse e assolate, quando la carica orgonica alla superficie terrestre è elevata. Nelle giornate umide o piovose, l'effetto sarà minimo o nullo. Le persone che respirano in modo poco profondo, che lavorano più a livello mentale che manuale, o quelle che hanno una maggior tensione emotiva, richiederanno più tempo e sforzo per confermare queste sensazioni. La regola generale è: se riuscite a sentire i disturbi che influenzano negativamente la vita biologica provenienti dai televisori, dagli schermi dei computer a tubo catodico o dalle luci fluorescenti, è probabile che sarete in grado di sentire anche questi sottili effetti orgonotici.

B) <u>Osservazioni effettuate in camere oscure.</u> Molte persone ricordano che nell'infanzia riuscivano a vedere svariate forme nebulose o fenomeni tipo "puntino luminoso" che si muoveva nelle stanze buie. Reich dimostrò che questi fenomeni soggettivi erano reali e non immaginari, e non localizzati solo "nell'occhio". Per riprodurre queste osservazioni occorre saper distinguere i fenomeni energetici dai minuscoli residui presenti nell'occhio o sulla sua superficie. Reich identificò una forma *nebbiosa* di questa energia e una forma *a puntino*, che era un'espressione maggiormente eccitata della stessa energia. Dal 1700 a oggi ci sono stati resoconti di persone sensitive che riuscivano a vedere dei campi energetici radianti intorno alle creature viventi e ad altri oggetti nell'oscurità o nella semi-oscurità. Anche i campi energetici intorno ai magneti o ai fili elettrici a carica debole sono stati osservati al buio da persone sensitive. Questi effetti vengono intensificati dalla presenza di una forte carica orgonica, come nel caso della presenza di un accumulatore. Anche i fenomeni energetici all'interno degli accumulatori possono essere osservati allo stesso modo. Per vederli in modo corretto, abituate gli occhi all'oscurità totale per circa 30 minuti. Per dare una base scientifica a queste osservazioni, si invita il lettore a consultare i resoconti originari di Reich nel libro *La biopatia del cancro*.

C) <u>Osservazioni nel cielo diurno.</u> Un puntino in movimento, che in sostanza è un fenomeno orgonico unitario, si può osservare anche nel cielo diurno. Si vede meglio con uno sfondo omogeneo composto da una nuvolosità uniforme o con un cielo azzurro uniforme. Gli alberi spesso sembrano far divampare questa energia nel cielo o attirarla verso di loro, in modo molto simile a un dipinto di Van Gogh. Occorre essere rilassati quando si fanno queste osservazioni; si può anche "attenuare" la messa a fuoco dell'occhio guardando di proposito nello spazio aperto che esiste in lontananza fra voi e l'infinito. Guardare il cielo attraverso un tubo vuoto di metallo, plastica o cartone facilita queste osservazioni. Il fenomeno è più evidente se osservato attraverso

# Esperimenti con l'accumulatore orgonico

vetrate e lucernari in plastica, e soprattutto quando si guarda fuori dai finestrini in plexiglass di un aereo ad alta quota. Ricordate che alcuni di questi fenomeni accadono all'interno del bulbo oculare, ma non la maggior parte. I resoconti di Reich su questi fenomeni soggettivi sono comunque i più eloquenti.

In base alla mia esperienza ho constatato che circa la metà degli esseri umani riesce a vedere questo fenomeno una volta che gli elo si fa notare. Alcuni lo ignoreranno subito dicendo "di avere qualcosa nell'occhio", mentre altri ne resteranno affascinati. Una signora che partecipava ai miei seminari estivi sulla ricerca orgonica, raccontò la triste storia di quando lei, da ragazzina, vedeva questi fenomeni e lo disse a sua madre che, preoccupata, la portò da un oculista, il quale non riscontrò alcuna anomalia. Venne poi portata dallo psichiatra, che le diagnosticò delle allucinazioni psicotiche e le prescrisse dei farmaci antipsicotici. La povera donna usò quindi per anni le pillole del dottore che le alteravano la mente, fino a quando non lesse della scoperta dell'energia orgonica da parte di Wilhelm Reich e dei fenomeni luminosi soggettivi. Riuscì a smettere di prendere le pillole senza conseguenze, eccetto che scoprì la capacità di guarire le persone con le mani, la capacità di trasferire l'energia vitale dal suo campo energetico a quello di un'altra persona. Anche questo trova una ragionevole spiegazione nella scoperta di Reich. È interessante notare che anche Van Gogh fu diagnosticato "psicotico" dai moderni psichiatri spacciatori di farmaci, come riportato in una delle loro riviste mediche, in parte per la sua vita turbolenta e anche perché affermava di "vedere delle cose". Possiamo solo sperare che la scoperta dell'energia vitale da parte di Reich alla fine venga accolta nel pensiero

*Unità organiche luminose e visibili, con un ciclo vitale della durata di circa un secondo, che pulsano e si muovono a caso nel cielo.*

# Il Manuale dell'Accumulatore Orgonico

scientifico, medico e popolare in modo sufficiente da apprezzare, anziché condannare, coloro che fra noi riescono a sentire, vedere o anche proiettare questa energia vitale direttamente con le loro mani.

D) <u>Esperimenti per l'aumento della crescita delle piante.</u> È possibile osservare gli effetti bio-positivi dell'accumulatore nel caricare i semi, con il conseguente aumento della loro crescita una volta piantati. Prendete i semi del vostro giardino e dividetene ogni tipo in due gruppi separati, A e B. Mettete i semi del gruppo A in un accumulatore orgonico per un giorno o due, o al massimo una settimana, prima di piantarli. Tenete i semi del gruppo B in un luogo lontano dall'accumulatore, ma alla stessa temperatura, umidità e luminosità. In questa fase potete tenere i semi nelle loro confezioni di plastica o carta, ma assicuratevi che nessuno dei due gruppi stia vicino a televisori, luci fluorescenti, forni a microonde, computer o altri dispositivi che producono oranur. Dopo aver caricato i semi, piantateli in modo da poter identificare i due gruppi. Controllate e misurate la crescita in entrambi i gruppi, prendendo appunti e facendo fotografie. Contate o misurate la resa di ogni gruppo. Il gruppo dell'accumulatore dovrebbe avere una crescita e una resa maggiore. Degli studi controllati fatti da agricoltori organici, soprattutto quelli di Jutta Espanca in Portogallo, hanno dimostrato degli effetti molto significativi del caricamento orgonico. Espanca ha scoperto che caricare i semi da giardino funziona meglio se fatto solo per un giorno o anche per poche ore, ma occorre farlo solo in una giornata limpida, tersa e frizzante, quando la carica orgonica alla superficie terrestre e nell'accumulatore è molto forte e vitale. Altrimenti bisogna caricare i semi per periodi leggermente più lunghi. Tenete anche conto che i semi si possono sovraccaricare; i tentativi di caricare i semi per 30 giorni o più danno spesso come risultato poca differenza rispetto alle piantine di controllo, o perfino una crescita stentata.

*Caricare con l'orgone le piante da vaso.* Questo può essere fatto caricando i semi prima di piantarli, come sopra descritto, oppure caricando il terreno e l'acqua prima dell'utilizzo. Si può anche fare un accumulatore usando un barattolo metallico dopo averne rimosse le estremità, avvolgendogli intorno degli strati di plastica e lana d'acciaio. Assicuratevi che l'ultimo strato

# Esperimenti con l'accumulatore orgonico

esterno di plastica sia piuttosto spesso e non usate alluminio. Lasciate la lana d'acciaio soffice, senza comprimerla.

*Esperimenti di germogliazione dei semi in casa.* Si possono osservare gli effetti bio-positivi dell'accumulatore anche sulla germogliazione dei semi. Costruite un accumulatore che possa contenere il vostro apparato per la germogliazione dei semi. Mettete un apparato in una zona buia lontana dall'accumulatore e un altro al buio dentro l'accumulatore. Assicuratevi che temperatura, ventilazione ed esposizione alla luce dei due gruppi sia identica e che siano lontani da dispositivi che producono oranur. Contate la quantità di semi che c'è in ogni apparato e assicuratevi che ognuno sia innaffiato con la stessa quantità d'acqua. Osservate e annotate eventuali differenze successive nella crescita e nel sapore. Il gruppo dell'accumulatore dovrebbe avere una crescita e una resa superiore.

*Esperimenti di germogliazione dei semi in laboratorio.* Procuratevi due piatti piani di vetro o due piatti piani da colture di laboratorio, del diametro di circa 10 cm e con un bordo di 2,5 cm. Mettete in ogni piatto circa 20 o 30 fagioli secchi mungo a formare un unico strato sul fondo. Aggiungete in ogni piatto una quantità d'acqua che copra i fagioli a metà, lasciando la parte superiore esposta all'aria mentre la parte inferiore è immersa nell'acqua. Mettete un piatto di fagioli in un piccolo ma potente accumulatore orgonico e l'altro piatto in un contenitore di controllo in legno o in cartone, di dimensioni simili ma senza metallo. Coprite sia l'accumulatore che il contenitore di controllo con uno strato di plastica nera per impedire che penetri la luce. Mettete i contenitori in un'area ben ventilata, alla stessa temperatura ma non esposti alla luce diretta del sole. I contenitori dovrebbero essere posti in ambienti quasi identici rispetto a luce e temperatura, ma a non meno di un metro di distanza l'uno dall'altro. Naturalmente nelle vicinanze non dovrebbe esserci alcun dispositivo che produce oranur. Aprite ogni giorno i contenitori e aggiungete la quantità d'acqua necessaria per tenere i piatti di fagioli bagnati alla stessa altezza che all'inizio serviva a coprire i fagioli per metà. Se i fagioli di un piatto cominciano a crescere più rapidamente, ci vorrà più acqua, che dovrà essere fornita in base alla richiesta. Quando i germogli in uno dei piatti saranno cresciuti fino a circa 10 cm, annotate le vostre osservazioni riguardo a: tasso di germogliazione, lunghezza e peso dei germogli, aspetto generale e altre

# Il Manuale dell'Accumulatore Orgonico

**Esperimento controllato di caricamento dei semi di fagiolo mungo.** _Sopra. I fagioli nel contenitore a sinistra sono germogliati all'interno di un caricatore di energia orgonica di circa 30 dm cubici, simile a quanto descritto nei Capitoli 16 e 17, mentre l'altro gruppo è germogliato in un contenitore di controllo, senza capacità di accumulo. Sotto. Istogramma relativo a tre anni di dati sperimentali sulla germogliazione dei semi. I semi caricati con l'orgone germogliavano con una media di 200 mm di lunghezza, mentre i semi di controllo germogliavano con una media di 149 mm. I semi caricati con l'orgone avevano un aumento del 34%, con una significatività statistica di p<0,0001. (J. DeMeo: "Orgone accumulator stimulation of sprouting mung beans", Pulse of the Planet 5:168-175, 2002.)_

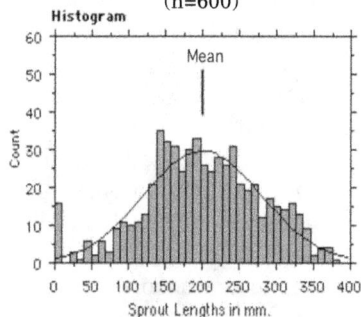

Germogli di fagioli mungo caricati con l'orgone, 3 studi combinati (n=600)

Caricati con l'orgone
Lunghezza media di ~200 mm

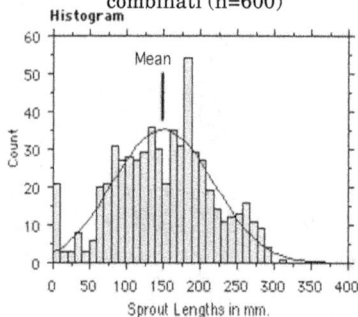

Germogli di fagioli mungo di controllo (non caricati), 3 studi combinati (n=600)

Controllo
Lunghezza media ~150 mm

# Esperimenti con l'accumulatore orgonico

caratteristiche. Confrontate i due gruppi. Il gruppo dell'accumulatore dovrebbe avere un tasso di crescita e di germogliazione superiore. Per condurre questo esperimento con una certa serietà, prima rivedete i protocolli negli articoli da me citati nella pagina precedente.

E) Effetto differenziale della temperatura dell'accumulatore. Reich dimostrò che la sensazione di calore che si sentiva all'interno dell'accumulatore aveva un aspetto oggettivo che si poteva misurare con un termometro. Un accumulatore orgonico a chiusura ermetica riscalda in modo spontaneo l'aria al suo interno da pochi decimi di grado fino a diversi gradi. Questo aumento di temperatura renderà l'interno dell'accumulatore leggermente più caldo dell'aria esterna circostante o della temperatura dell'aria all'interno di un contenitore di controllo termicamente bilanciato costruito senza materiale metallico. Reich considerava questo esperimento, chiamato *To-T* (temperatura nell'accumulatore orgonico meno la temperatura di controllo), una dimostrazione dell'esistenza dell'energia orgonica e una violazione del secondo principio della termodinamica. Albert Einstein una volta replicò l'esperimento e lo definì una "bomba in fisica". Un interessante libretto dal titolo *The Einstein Affair* documenta la corrispondenza fra Reich e Einstein sull'argomento. Una valutazione accurata dell'esperimento To-T richiede la costruzione di un accumulatore e di contenitori di controllo termicamente bilanciati, un attento monitoraggio delle condizioni atmosferiche e delle temperature, dei termometri sensibili capaci di indicare i decimi di grado e delle misurazioni sistematiche prolungate. Coloro che desiderano riprodurre questi esperimenti devono consultare gli articoli pubblicati riportati nella Bibliografia per i dettagli. È un'area di ricerca matura per un'indagine innovativa e io incoraggio vivamente gli sperimentatori a studiare questo effetto con attenzione.

F) Gli effetti elettrostatici dell'accumulatore orgonico. Procuratevi o costruite un semplice elettroscopio statico provvisto di una fogliolina di alluminio o d'oro. Se non sapete cos'è, troverete le istruzioni in una buona biblioteca. Assicuratevi che l'elettroscopio sia calibrato con l'indicazione dei gradi da 0 a 90, per poter misurare accuratamente il suo grado di deviazione.

# Il Manuale dell'Accumulatore Orgonico

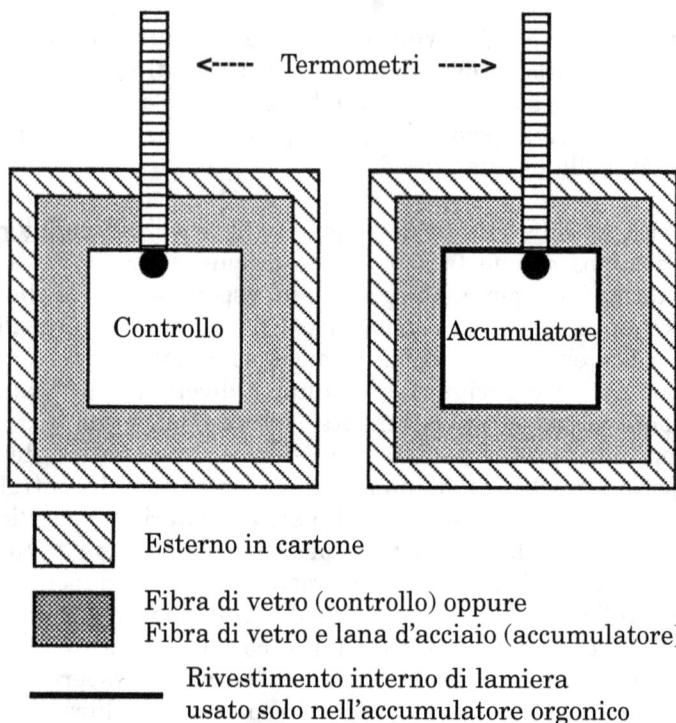

<----- Termometri ----->

Controllo

Accumulatore

Esterno in cartone

Fibra di vetro (controllo) oppure
Fibra di vetro e lana d'acciaio (accumulatore)

Rivestimento interno di lamiera
usato solo nell'accumulatore orgonico

Strofinando una bacchetta di plastica o un pettine fra i vostri capelli asciutti potete raccogliere una forte carica elettrostatica e trasferirla all'elettroscopio. Usando un cronometro o un orologio con la lancetta dei secondi determinate quanto tempo ci vuole perché l'elettroscopio rilasci lentamente nell'aria la sua carica, partendo da un determinato angolo di deviazione. Ad esempio, potete misurare quanto tempo ci vorrà perché l'elettroscopio si scarichi da un angolo di 50 gradi a un angolo di 30 gradi. Dovrete dunque caricare l'elettroscopio a un angolo di deviazione superiore ai 50 gradi e aspettare finché si scarichi a 50 gradi. Quando questo avviene potete contare quanti secondi passano finché raggiunge i 30 gradi. Il tempo trascorso è la velocità di scarica dell'elettroscopio. Nei giorni soleggiati la velocità di scarica sarà piuttosto bassa, mentre nei giorni piovosi la velocità di scarica sarà molto più alta, al punto che potreste non riuscire a misurarla. Se misurate la velocità di scarica dell'elettroscopio all'interno di un accumulatore orgonico, scoprirete che impiega più tempo a scaricarsi nell'accumulatore che all'aria aperta. La

# Esperimenti con l'accumulatore orgonico

*Anomalia termica all'interno dell'accumulatore orgonico che raggiungeva il punto massimo, più alto di 0,5 °C di quello in un contenitore identico di controllo, al mezzogiorno solare in un periodo di 11 giorni nell'agosto del 2006. Notate la predominante natura positiva dell'anomalia e la riduzione che si verifica quando il tempo è nuvoloso o piovoso.*

**To-T alla superficie dentro a una camera termica**
**Dal 2 al 12 agosto 2006**

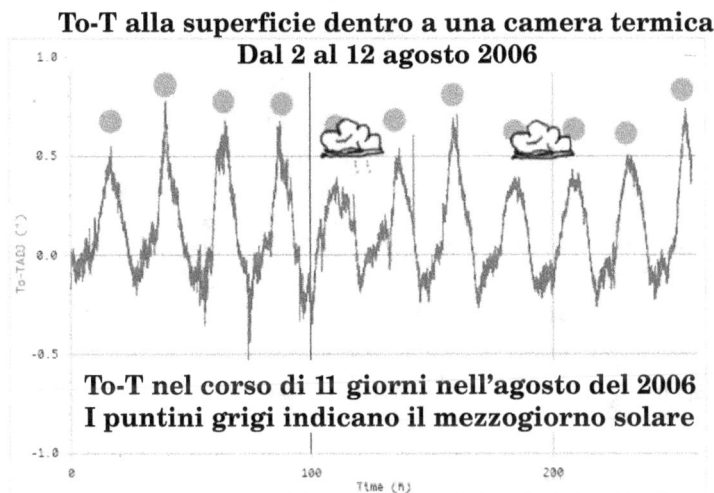

**To-T nel corso di 11 giorni nell'agosto del 2006**
**I puntini grigi indicano il mezzogiorno solare**

differenza fra la velocità di scarica dentro all'accumulatore e all'aria aperta si chiama *differenziale della velocità di scarica elettroscopica*. Questo differenziale sarà grande in giorni limpidi e soleggiati e basso o zero in giorni piovosi o nuvolosi. In rare occasioni, un elettroscopio poco carico o completamente scarico, potrà, se posto in un accumulatore orgonico, ricaricarsi spontaneamente a un livello superiore. Tutti questi effetti svaniscono nei giorni piovosi o nuvolosi. Per maggiori dettagli, vedere le citazioni nella Bibliografia.

G) L'effetto dell'accumulatore sull'evaporazione. Questo esperimento richiede una bilancia di precisione che misuri le frazioni di un grammo. Richiede inoltre un accumulatore e un contenitore di controllo termicamente bilanciato di dimensioni simili. Non rivestite l'interno del contenitore di controllo usando dei materiali che assorbono umidità, bensì usate dei materiali non metallici impermeabili, come plastica, smalto o vernice. Procuratevi due recipienti di vetro vuoti, puliti e asciutti della stessa forma e dimensione, larghi circa 10 cm e alti 2,5 cm e pesateli. Dopodichè aggiungete la stessa quantità d'acqua in entrambi i contenitori riempiendoli a metà e pesateli di nuovo, calcolando per sottrazione il peso dell'acqua in ciascun recipiente. Ponete un recipiente con l'acqua nell'accumulatore orgonico su un piccolo blocco di legno, in modo che il fondo del piatto non sia a diretto contatto con l'interno metallico dell'accumulatore. Il coperchio dell'accumulatore dovrebbe essere chiuso, ma con una fessura tenuta aperta per far circolare l'aria. Non si dovrebbe comunque collocare l'accumulatore in una zona ventosa o soleggiata. Mettete il secondo recipiente con l'acqua nel contenitore di controllo nello stesso modo, su un piccolo blocco di legno, e lasciate una fessura aperta. Il contenitore di controllo dev'essere ad almeno un metro di distanza dall'accumulatore orgonico, e deve essere soggetto alla stessa luce, temperatura e ventilazione. Potete coprire l'accumulatore e il contenitore di controllo con della plastica nera per eliminare leggere variazioni

**EVo-EV Anomalia dell'evaporazione dell'accumulatore orgonico**

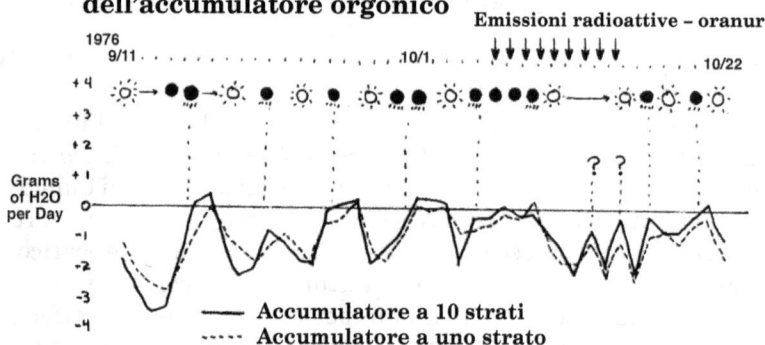

*Anomalia nell'evaporazione dell'acqua nell'accumulatore orgonico. Quantità d'acqua evaporata da un recipiente aperto all'interno dell'accumulatore meno l'evaporazione avvenuta in un contenitore di controllo, misurata in grammi d'acqua al giorno. L'accumulatore inibisce l'evaporazione nei giorni tersi e soleggiati. Notate che l'anomalia fu disturbata quando della pioggia radioattiva causata da un test con una bomba atomica fatto in Cina giunse nell'area del laboratorio. (J. DeMeo: "Water Evaporation Inside the Orgone Accumulator", Journal of Orgonomy, 14:171-175, 1980.)*

# Esperimenti con l'accumulatore orgonico

di luce. Aspettate esattamente 24 ore e poi tirate fuori i recipienti con l'acqua facendo attenzione a non rovesciarla. Pesate i recipienti con attenzione e calcolate la perdita per evaporazione nelle 24 ore. Fate questa misurazione una volta al giorno, preferibilmente in tarda serata, per poter determinare la quantità di acqua evaporata ogni giorno da ciascun contenitore. Vedrete che il contenitore di controllo fa evaporare molta più acqua in giornate limpide e soleggiate, quando invece l'accumulatore inibisce l'evaporazione dell'acqua. Nei giorni di pioggia, quando l'accumulatore non possiede carica, l'evaporazione all'interno dell'accumulatore e nel contenitore di controllo sarà quasi identica. Sottraete la quantità d'acqua evaporata nell'accumulatore orgonico dalla quantità evaporata dal contenitore di controllo per ogni periodo di 24 ore. Questa quantità, chiamata EVo-EV, rivelerà la variazione della quantità di carica dell'energia orgonica nell'atmosfera locale e nell'accumulatore. Le quantità di acqua evaporate in qualsiasi singola giornata sono meno interessanti del modo dinamico in cui il differenziale di evaporazione aumenta e diminuisce in base alla carica di energia orgonica presente alla superficie terrestre.

H) Misuratore sperimentale del campo bioenergetico orgonico. Per fare degli esperimenti a questo riguardo dovrete costruire il vostro misuratore del campo orgonico usando le istruzioni contenute nell'opera di Reich *La biopatia del cancro*. Avrete bisogno di una bobina a induzione o di una bobina di Tesla, più delle lastre di metallo, dei pannelli isolanti e un esposimetro fotografico. Questo misuratore somiglia per molti versi a un dispositivo "Kirlian", solo che in questo caso non si misurano i campi energetici con una lastra fotografica ma attraverso una lettura di tipo analogico, che si basa su quanta luminosità provoca il vostro campo energetico personale in una lampadina eccitata. Sarà necessario fare degli esperimenti con le lampadine giuste, perché anni fa scoprii che solo alcune vanno bene (quelle a basso voltaggio sembrano le migliori). Oppure potete acquistare l'*Experimental Life-Energy Field Meter* (il misuratore sperimentale del campo di energia vitale) già pronto per l'uso, mostrato in precedenza in una foto alla fine del Capitolo 4. Questo strumento si basa sulla *solid state technology* (tecnologia a stato solido, che usa transistors e circuiti integrati, ndt) per riprodurre l'invenzione originale di Wilhelm Reich e funziona

# Il Manuale dell'Accumulatore Orgonico

piuttosto bene. È l'unico strumento che conosco a dimostrare in modo affidabile la forza o carica relativa del campo energetico umano. Esso rivelerà le variazioni da una persona all'altra, e se si è destrimani (o mancini) la mano primaria emetterà una carica più forte dell'altra. Persone più attive e vitali danno letture più accentuate di persone deboli o malate, un po' come l'esame del sangue di Reich rivelava il parametro energetico che era alla base della salute o della malattia. L'acqua vivente delle sorgenti naturali produrrà letture leggermente più alte dell'acqua devitalizzata delle tubature cittadine. La mia previsione è che in qualche secolo futuro le scoperte di Reich costituiranno il fulcro intorno al quale si svilupperanno dei metodi futuristici di diagnosi e di trattamenti alla *Star Trek*.

# 14. Domande e risposte

*D. Se l'energia orgonica esiste davvero, perché gli scienziati che lavorano nelle università non ne parlano?*

R. Gli scienziati che lavorano nelle università e negli istituti di ricerca si sono impegnati a verificare la ricerca sui bioni, sull'accumulatore orgonico, sul cloudbuster e sugli aspetti bioelettrici della vita, di cui Reich fu il pioniere. Ad esempio, il dottor James DeMeo, autore di questo *Manuale*, ha effettuato ricerche sugli aspetti delle scoperte di Reich correlati al clima quando era dottorando e in seguito ricercatore alla University of Kansas, e ha continuato le stesse ricerche quando era professore alla Illinois State University e alla University of Miami. Müschenich e Gebauer, dell'Università di Marburg in Germania, effettuarono uno studio controllato in doppio cieco sugli effetti fisiologici dell'accumulatore orgonico sugli esseri umani. Il dottor Bernard Grad, uno degli associati di Reich, continuò il lavoro pionieristico sui bioni e sull'energia vitale pubblicamente per decenni alla McGill University in Canada. Altri studiosi interessati alla ricerca o ai contenuti storici degli scritti di Wilhelm Reich hanno avuto incarichi alla Harvard University, Temple University, State University di New York, York University, Rutgers University, Università di Vienna e altrove. Seminari e corsi dedicati al lavoro di Reich vengono ora tenuti in alcuni college e università nel Nord America e in Europa. Ciò nonostante, la storia della scienza mostra ripetutamente che le grandi istituzioni non accettano facilmente la ricerca innovativa che potrebbe portare a dei cambiamenti radicali nelle principali teorie scientifiche.

*D. Si può usare l'accumulatore se piove o è nuvoloso?*

R. Usare l'accumulatore quando piove non sarà dannoso ma meno efficace, dato che in quei casi la carica è molto più bassa o del tutto assente. È meglio usarlo in giornate terse e soleggiate, quando il continuo energetico dell'orgone atmosferico è forte e stimolante e la carica alla superficie terrestre è maggiore.

# Il Manuale dell'Accumulatore Orgonico

*D. Questi dispositivi di accumulo sono piuttosto facili da costruire. Molti di essi non vengono costruiti per caso?*

R. Molti "accumulatori" vengono costruiti senza che le persone coinvolte ne siano consapevoli. Tutti i camper e le case con rivestimenti o pannelli laterali in metallo accumuleranno una carica, che sarà tossica se si usa l'alluminio. Oranur e altri effetti tossici sembrano verificarsi facilmente in case simili, che sono piene di tutti i dispositivi moderni di disturbo elettromagnetico dell'orgone, come televisori, forni a microonde, luci fluorescenti e così via. Non sono mai stati effettuati degli studi epidemiologici che affrontino queste osservazioni generali.

*D. Ho una vecchia borsa termica per bevande in polistirolo. Se la rivesto con fogli di alluminio diventa un accumulatore?*

A. Non darà buoni risultati. Può provarci, ma non si aspetti dei risultati concreti se non comprende e non tiene in considerazione praticamente tutte le procedure e le precauzioni fornite in questo *Manuale*. Polistirolo e alluminio sono materiali di accumulo bio-negativi. Se fa un esperimento biologico potrebbe finire col dimostrare solo un effetto bio-negativo. Per gli scienziati interessati all'energia orgonica, queste considerazioni sono di importanza ancora più cruciale e non possono essere ignorate.

*D. Il mio accumulatore dava una carica molto alta nei primi mesi di utilizzo, ma ora non più. Come mai?*

R. È possibile che l'accumulatore sia stato contaminato con dor. Alcuni ricercatori hanno notato questo effetto in cui l'accumulatore si "spegne" temporaneamente, e così tengono i loro accumulatori all'esterno, al riparo dalla pioggia, ma all'aria fresca, dove i coperchi o le porte restano aperte per far circolare liberamente l'aria all'interno. Potrebbe riuscire a ravvivare un accumulatore "spento" pulendolo ogni giorno per circa una settimana, dentro e fuori, con un panno umido. Tenga inoltre al suo interno un catino d'acqua o un secchio con tubi per l'assorbimento quando non viene utilizzato. Cambi l'acqua nel secchio ogni giorno. Si accerti anche che l'accumulatore non si trovi nelle vicinanze di nessuno dei dispositivi produttori di oranur precedentemente descritti e che l'area circostante sia il più possibile priva di oranur. L'accumulatore può essere anche caricato dal sole, se lo si tiene esposto alla luce diretta del sole per alcuni giorni. Questi accorgimenti dovrebbero eliminare qualunque presenza di dor e "riaccendere" la carica.

*D. Ho sentito dire che stare seduti nell'accumulatore rende sessualmente più potenti. È vero? Una volta ho anche visto un film che descriveva Reich come un pornografo.*

R. Esistono molte false dicerie diffuse dai nemici di Reich in articoli diffamatori negli anni '40 e '50 che lo considerano pazzo, che descrivono l'accumulatore come una "scatola del sesso" e che gli attribuiscono delle affermazioni false sulla capacità dell'accumulatore di ripristinare la potenza sessuale perduta. Reich non fece mai tali asserzioni, infatti continuava a porre l'accento sulle basi emotive e psicologiche della disfunzione sessuale, le quali non potevano essere trattate nell'accumulatore. Inoltre Reich era contro la pornografia e asseriva che solo le persone sessualmente represse ne erano attratte. Il film a cui lei si riferisce è probabilmente *WR Mysteries of the Organism*, che fu diretto da un pornografo comunista che odiava Reich e che mise intenzionalmente in ridicolo il suo lavoro. Maggiori informazioni su quel film si trovano qui:

www.orgonelab.org/makavejev.htm

*D. Cosa sono le piramidi di orgonite, i generatori orgonici e i chembusters? Possono portarmi più "soldi, sesso e potere" come dicono nella pubblicità su internet? Ci proteggono davvero contro le radiazioni delle torri dei cellulari?*

R. Sfortunatamente no. Si tratta di dispositivi basati su false asserzioni, sviluppati fin dal 1995 da individui mistici o mentalmente confusi e venduti diffusamente su internet. Non furono sviluppati dal dottor Reich, né dai suoi colleghi professionisti. Le persone che costruiscono e vendono tali dispositivi fanno un abuso ingiustificato del suo nome e della sua terminologia, facendo grosse e insostenibili affermazioni sugli ipotetici "poteri" dei loro dispositivi.

Per maggiori dettagli visitare:

www.orgonelab.org/orgonenonsense.htm
www.orgonelab.org/chemtrails.htm

*D. È vero che negli Stati Uniti il dottor Reich fu attaccato da conservatori maccartisti di destra?*

R. Non in modo significativo. Come dettagliato nella sezione introduttiva *Nuove informazioni sulla persecuzione e morte di*

# Il Manuale dell'Accumulatore Orgonico

*Reich*, i primi articoli diffamatori che attaccavano il dottor Reich erano della scrittrice comunista Mildred Brady e furono pubblicati sulla rivista della sinistra radicale *New Republic*, curata dall'agente sovietico Michael Straight. Martin Gardner, appartenente a circoli di sinistra, scrisse inoltre un libro influente che attaccava Reich. I loro articoli diffamatori vennero ampiamente ripubblicati e alla fine attirarono l'attenzione dell'FDA, l'ente governativo a "difesa dei consumatori" di stampo liberale e orientato a sinistra, incluso un investigatore capo dell'FDA di simpatie comuniste che condusse poi il caso. Più di recente, le organizzazioni "scettiche" di sinistra hanno attaccato molti metodi diversi di guarigione naturale e molte scoperte scientifiche non ortodosse, inclusi gli scienziati e i medici che osano investigare con serietà le scoperte di Reich. Mentre Reich e i suoi sostenitori includevano sia i liberali all'antica che i conservatori moderati, i suoi principali detrattori erano decisamente "attivisti" di sinistra, politicanti del Comintern e spie sovietiche. Essi cercarono di uccidere Reich già in Europa, e negli Stati Uniti manipolarono con l'inganno le istituzioni sociali per raggiungere i loro scopi.

*D. L'energia orgonica corrisponde al Chi o al Prana? I guaritori psichici che lavorano con l'intenzione conscia non fanno praticamente la stessa cosa?*

R. L'energia orgonica è un'*energia vitale* fisica e tangibile, e come tale è stata effettivamente vista, percepita e usata da diverse culture in tutto il mondo. Questo è vero anche in Cina e in India, dove il Chi e il Prana fanno parte delle tradizioni mistiche e di guarigione di quei paesi. Tuttavia in quelle tradizioni mistiche viene spesso affermato che l'energia non è qualcosa di concreto a livello tangibile nel "qui e ora". Di conseguenza si è costretti ad approcciarla attraverso lunghi esercizi spirituali, o a studiare ai piedi di un guru prima di poter affermare la possibilità di una più profonda comprensione. L'unicità di Reich sta nell'aver dato delle chiare dimostrazioni scientifiche dell'energia vitale come di una cosa reale, non relegata in qualche mondo occulto di spiriti, angeli o demoni. Reich rese l'energia vitale un qualcosa che qualsiasi persona ordinaria può usare, a prescindere dal credo religioso. Chiunque può fare e utilizzare una coperta o un accumulatore orgonico, perfino le persone "spiritualmente non illuminate", e di certo senza bisogno di venerare idoli in carne e ossa o in pietra.

Gli esperimenti con l'intenzione cosciente, effettuati e pubblicati nella letteratura parapsicologica, sono affascinanti e possono funzionare in virtù dell'influsso umano diretto sull'energia vitale. Al Princeton PEAR Laboratory, ad esempio, il lavoro con i Random Event Generators (REGs = generatori di eventi casuali) mostra che le persone comuni possono influenzare mentalmente questi dispositivi e produrre dei risultati con delle variazioni molto omogenee e statisticamente significative. In genere tali strumenti produrrebbero altrimenti flussi di numeri puramente casuali. D'altronde è stato anche dimostrato che esprimere una forte emozione, come il pianto o la rabbia, produce effetti più forti della sola forza cerebrale. Ciò suggerisce che le emozioni spontanee — costituite come dirette espressioni dell'energia orgonica nel corpo, come sappiamo da Reich — hanno un'influenza maggiore dell'intento contemplativo o della meditazione.

Fra i guaritori psichici, l'energia vitale viene spesso apertamente riconosciuta come "energia sottile", in particolare da coloro che usano metodi di *imposizione delle mani* o di *trasferimento di energia tramite le mani*, che risalgono al lavoro di Franz Mesmer con il magnetismo animale. Occasionalmente, in esperimenti strettamente controllati, sono stati documentati anche degli effetti a distanza. Oggi esistono scuole che cercano di insegnare questi metodi, e molte persone ordinarie possono utilizzarli per produrre dei benefici sulla salute degli altri. Noi siamo carichi di energia vitale nei nostri corpi e possiamo imparare, attraverso metodi molto semplici e molto antichi, a trasferire questa carica agli altri. Alcuni gruppi di infermiere che hanno cominciato ad applicare sui pazienti dei semplici metodi di guarigione tramite l'imposizione delle mani o il trasferimento di energia attraverso le mani, a volte portano di nascosto una coperta orgonica nelle stanze di ospedale senza dirlo ai dottori. Questo può produrre la stessa, se non superiore, entità di risultati. Ci saranno molti più chiarimenti sulla questione nel momento in cui la scienza e la medicina tollereranno delle indagini serie e aperte.

Mentre la guarigione attraverso l'imposizione delle mani sembra ovviamente influenzata dal trasferimento di energia, la guarigione a distanza sembra meno chiara e quindi è stata discussa la teoria dell'*intenzione cosciente*. Gli effetti biologici di

# Il Manuale dell'Accumulatore Orgonico

tale guarigione a distanza non sono però stati dimostrati così chiaramente da poterli separare dagli effetti psicosomatici o dal placebo, che di per sé possono essere piuttosto rilevanti. Di conseguenza sono stati sviluppati degli esperimenti mirati ad aumentare la crescita delle piante. Questi studi documentano anche gli effetti psichici a distanza, ma ci vogliono dai 100 ai 1000 guaritori professionisti, impegnati in meditazioni o pensieri profondi e intensi con "cervelli trasudanti", per produrre lo stesso aumento del 30%-40% nella germogliazione dei semi prodotto regolarmente all'istituto OBRL con un potente accumulatore di energia orgonica, senza alcun tipo di esercizi di meditazione o di intenzione (vedere pag. 158). Ciò suggerisce che l'intenzione conscia e la meditazione producono solo un'*influenza indiretta sull'energia vitale*, mentre l'accumulatore orgonico, che è il prodotto delle indagini condotte da Reich sulla bioenergia dal punto di vista funzionale, naturale e scientifico, influenza la vita in maniera più diretta. Come tale, l'accumulatore di energia orgonica si avvicina maggiormente ad altri metodi funzionali di guarigione naturale e di medicina energetica, come l'agopuntura e l'omeopatia, che a loro volta non richiedono meditazione o intento.

*D. L'accumulatore di energia orgonica è legale? Posso avere dei problemi se lo costruisco o lo utilizzo?*
R. Non esistono leggi contro l'energia orgonica o l'accumulatore di energia orgonica. Lei può apertamente costruire, possedere e usare la coperta o l'accumulatore a casa sua o altrove, a sua scelta. L'accumulatore si può anche utilizzare legalmente per l'auto-trattamento di qualsiasi problema legato alla salute, proprio come è possibile cucinare delle zuppe salutari, comprare le vitamine o fare dei bagni senza chiedere il permesso al dottore o alla polizia. Inoltre quando la condanna di Reich passò in appello alla Corte Suprema degli Stati Uniti, un gruppo di medici presentò una Petizione Certiorari per intervenire nel suo caso, affermando che qualsiasi proibizione d'uso dell'accumulatore orgonico avrebbe influito negativamente sulla loro pratica medica e sulla salute dei loro pazienti. La corte stabilì, sotto consiglio del querelante, cioè l'FDA, che non importava cosa facessero gli altri con l'accumulatore orgonico, ma solo quello che faceva il dottor Reich. Questa sentenza chiarì in primo luogo che l'FDA era davvero intenzionata a "prendere Reich" e che non le importava

se l'accumulatore orgonico funzionasse o meno, e nemmeno le importava del rogo dei libri approvato dal governo. Questa sentenza però spianò anche la strada perché tutti potessero usare l'accumulatore liberamente e apertamente.

Cerchi tuttavia di capire che le forze all'interno della comunità medica, dell'industria farmaceutica e del governo lavorano assiduamente per rendere illegale la pratica di questi metodi. Attualmente quando l'FDA fa un'incursione in una clinica di guarigione naturale, non è interessata a sapere se un nuovo prodotto o trattamento sia di beneficio, ma intende abusare del sistema legale, usandolo come una mazza per colpire e sottomettere le persone. Se desidera proteggere le sue libertà per quanto riguarda la salute, dovrebbe unirsi alle organizzazioni sociali che lavorano per preservare ed estendere queste libertà. Il prezzo della libertà è la vigilanza costante! Per maggiori informazioni legga il mio articolo *Anti-constitutional activities and abuse of police power by the US Food and Drug Administration and other Federal Agencies* su:   www.orgonelab.org/fda.htm

# Parte III

Schemi di
Costruzione
per Dispositivi
di Accumulazione
Orgonica

# 15. Costruzione di una coperta di energia orgonica a 2 strati

La coperta di energia orgonica è il più semplice da costruire di tutti i dispositivi di caricamento e di accumulazione orgonica. Si può fare in ogni misura e si può facilmente trasportare. Le coperte piccole si possono usare mentre si riposa, quelle più grandi si possono posizionare sopra e sotto una persona immobilizzata a letto. Le coperte orgoniche, come un accumulatore standard, non vanno utilizzate per periodi prolungati, ma per riposarsi o per fare un sonnellino quando se ne sente la necessità. Nella mia esperienza ho notato che se le persone, pur dormendo, sentono che la coperta orgonica crea fastidio, la spingono via come farebbero con una coperta normale. Le spiegazioni seguenti indicano come costruire una coperta orgonica della grandezza di 60 x 60 cm.

A)   Procuratevi abbastanza tessuto oppure feltro di lana al 100% per fare tre quadrati di 60 x 60 cm. Il tessuto non dovrebbe essere lana altamente lavorata ma avere una tessitura un po' grossolana, come una comoda coperta da campeggio. Procuratevi anche diverse confezioni di pagliette di lana d'acciaio (quelle senza sapone) molto fine ("000" oppure "0000") oppure un rotolo di lana d'acciaio.

B)   Mettete un pezzo di tessuto di 60 x 60 cm su una superficie piana. Coprite la parte superiore del tessuto con uno strato di lana d'acciaio preso dal rotolo, oppure dalle pagliette spacchettate. Stendete la lana d'acciaio in modo che non sia molto spessa. Si dovrebbero vedere parti del tessuto sottostante qua e là.

C)   Mettete un altro pezzo di tessuto di 60 x 60 cm sulla lana d'acciaio.

# Il Manuale dell'Accumulatore Orgonico

*Assemblaggio di una coperta orgonica. Stendete il tessuto di lana, poi metteteci sopra la lana d'acciaio in uno strato sottile distribuito in modo non compatto. Stendete lasciando i bordi di rifinitura come mostrato.*

D)   Coprite la parte superiore di questo secondo pezzo di tessuto con un altro strato di lana d'acciaio.

E)   Per finire mettete un altro pezzo di tessuto di 60 x 60 cm sull'ultimo strato di lana d'acciaio. Dovreste avere tre pezzi di tessuto con due strati di lana d'acciaio inseriti fra di loro.

F)   Tagliate, cucite e rifinite i bordi secondo i vostri gusti e la vostra bravura nel cucire.

G)   Tenete e usate la coperta in un ambiente simile a quello consigliato per un normale accumulatore, lontano da televisori, forni a microonde, lampade fluorescenti o altri dispositivi elettromagnetici o radioattivi. Non usate mai una coperta orgonica insieme a una coperta elettrica. Si può tenere appesa a un attaccapanni all'aperto, o anche all'interno di un grosso accumulatore orgonico per avere una carica maggiore.

H)   Non lavate mai la vostra coperta orgonica, né con acqua né a secco, perché la lana d'acciaio si arrugginirebbe! Pulitela solo con una spugna appena inumidita.

# Costruzione di una coperta di energia orgonica

*I rotoli di lana d'acciaio si possono acquistare da www.naturalenergyworks.net, oppure in negozi di ferramenta o colorifici ben forniti. Stendete la lana d'acciaio allargandola il doppio o il triplo della larghezza originale del rotolo. Usate la gradazione "000" oppure "0000" e fate asciugare gli oli residui tenendo srotolata la lana al sole per uno o due giorni. Dovreste portare delle maschere durante la costruzione per evitare di inspirare la sottile polvere d'acciaio. Questo vale anche quando si costruiscono dei pannelli di accumulazione orgonica in fibra di vetro.*

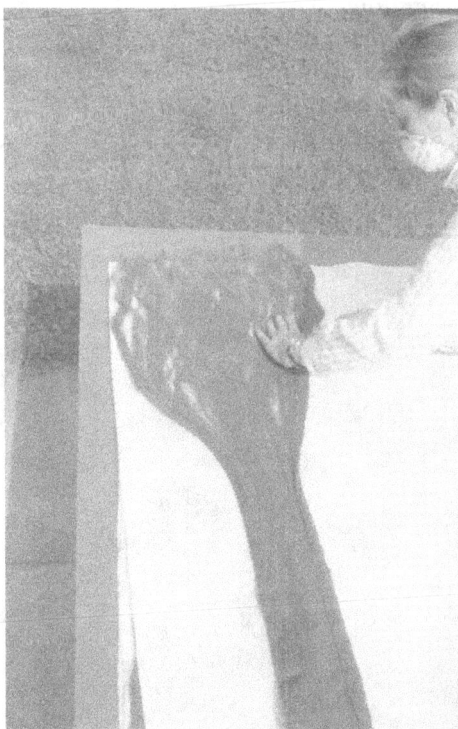

# Il Manuale dell'Accumulatore Orgonico

*Destra: Una coperta di accumulazione orgonica, dove si vedono gli strati alternati di lana d'acciaio e feltro di lana.*

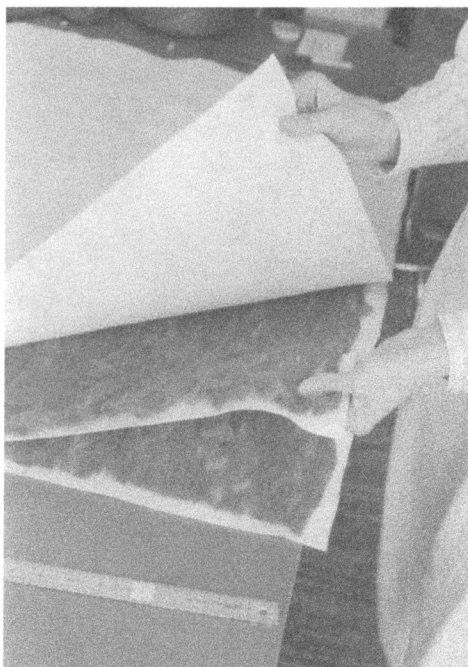

*Sotto. Rifinite la vostra coperta con un bordo per tenere tutto insieme. Dovreste aggiungere alcune cuciture a trapunta per evitare che il materiale all'interno si muova.*

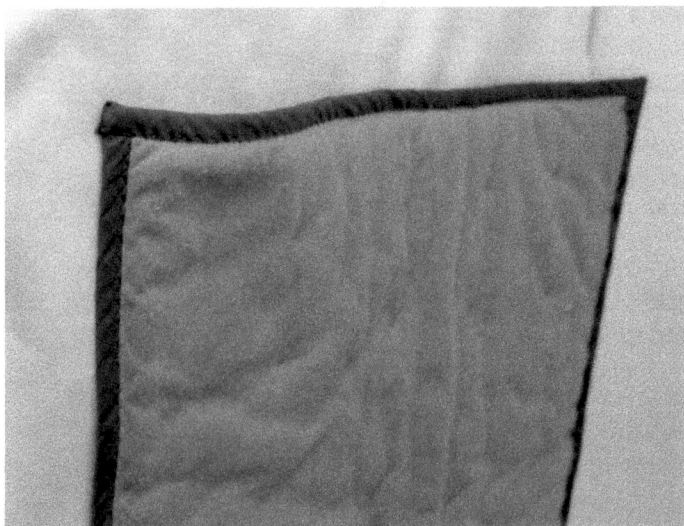

# Costruzione di una coperta di energia orgonica

I) Una volta Reich fece delle coperte orgoniche molto pesanti, composte da reti metalliche di acciaio zincato, alternando strati di lana e lana d'acciaio. Anche se funzionano abbastanza bene, le trovo scomode e difficili da usare. Non sembrano essere più efficaci di quelle presentate qui.

*Prima di costruire qualsiasi cosa, assicuratevi di rivedere la Parte II sull'utilizzo sicuro ed efficace dei dispositivi di accumulazione orgonica.*

# 16. Costruzione di un caricatore a 5 strati per semi da giardino – accumulatore a "barattolo di caffé"

Potete costruire un semplice caricatore per semi da giardino partendo da un barattolo pulito per alimenti o per caffé, aggiungendo lana d'acciaio e tessuto.

A)    Svuotate un barattolo grande di caffé o un altro contenitore per alimenti in acciaio o in lega di acciaio e stagno (l'interno dev'essere in metallo puro, senza rivestimenti; usate una calamita per assicurarvi che non sia di alluminio!), lavatelo, togliete tutte le etichette e asciugatelo con cura. Tenete il coperchio ritagliato di metallo, o rimpiazzatelo prendendolo da un altro barattolo, o da un foglio di lamiera in acciaio zincato. Usate un barattolo abbastanza grande da contenere tutti i semi che metterete a caricare.

B)    Procuratevi diversi metri di buon tessuto in lana grezza o feltro di lana al 100%. Avrete bisogno di abbastanza tessuto da avvolgere il contenitore circa 5 volte, e da ritagliare 5 pezzi tondi necessari per la parte superiore e 5 per il fondo.

C)    Procuratevi diverse confezioni di pagliette in lana d'acciaio fine ("000" o "0000"), o un rotolo grande di lana d'acciaio. Avrete bisogno di abbastanza lana d'acciaio per coprire un'area pari a quella in tessuto. Spacchettate le pagliette in lana d'acciaio che vi servono e stendetele.

D)    Tagliate il tessuto in una striscia molto lunga, che abbia una larghezza pari all'altezza del barattolo. La lunghezza di questa striscia deve essere circa 6 volte la circonferenza del barattolo. Se non avete una striscia di tessuto così lunga potete attaccare diversi pezzi, tenendoli insieme con del nastro adesivo. Si può lasciare il nastro adesivo e ricoprirlo perché non interferirà con il funzionamento dell'accumulatore orgonico.

# Costruzione a 5 strati accumulatore

E) Stendete in piano la lunga striscia di tessuto e distribuiteci sopra uno strato sottile di lana d'acciaio. Posizionate il barattolo vuoto a una estremità della striscia, composta da tessuto e lana di acciaio, e arrotolatelo all'interno della striscia. Fermatevi quando la striscia è stata avvolta intorno al contenitore per 5 volte o più. Aggiungete uno o due strati finali esterni di tessuto in lana, cucendolo o fissandolo con del nastro adesivo in modo che non si apra.

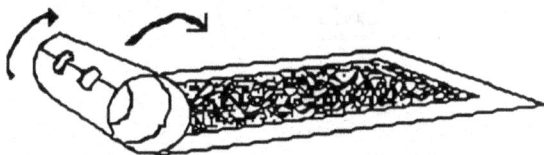

F) Misurate il diametro della sommità del barattolo includendo gli avvolgimenti di tessuto e lana d'acciaio. Ritagliate 10 cerchi di tessuto dello stesso diametro, 5 per la cima e 5 per il fondo.

G) Inserite la lana d'acciaio fra i cerchi di tessuto in modo da avere 4 strati di lana d'acciaio fra 5 strati di tessuto. Fate due di questi "panini" in tessuto e lana d'acciaio, che verranno usati per coprire la cima e il fondo del barattolo.

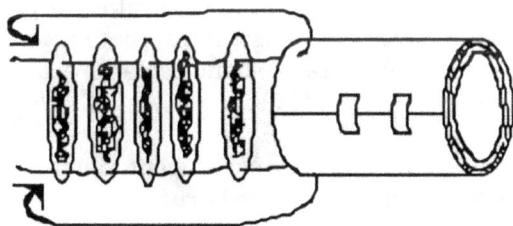

H) Prendete il disco d'acciaio che avevate tagliato dalla cima del barattolo e smussatene i bordi frastagliati. Con un chiodo fate due piccoli buchi al centro del disco, a circa 1 cm di distanza uno dall'altro. Usando un grosso ago spesso da tappezzeria o da maglieria fate passare un grosso spago, del fil di ferro o un filo di lana attraverso il centro di uno dei "panini" in tessuto e lana d'acciaio e attraverso i due buchi al centro del

# Il Manuale dell'Accumulatore Orgonico

disco di metallo fissando il coperchio del barattolo al centro del "panino" in tessuto e lana d'acciaio. Il "panino" dovrebbe avere un diametro più grande del disco di metallo di circa 5 cm.

I)     Con un filo spesso cucite insieme senza stringere i bordi del "panino" superiore (quello fissato al disco di metallo). Cucite senza stringere anche i bordi del "panino" inferiore e poi cucitelo al bordo inferiore della striscia in tessuto/lana d'acciaio avvolta intorno al barattolo. Ora il barattolo dovrebbe essere racchiuso nel materiale in tessuto/lana d'acciaio tranne che per l'apertura superiore.

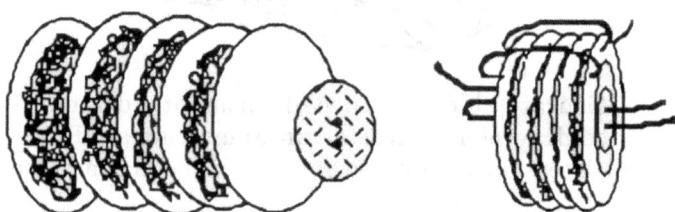

J)     Trovate una federa spessa per cuscini, oppure un sacco per la biancheria o un altro grande contenitore cilindrico non metallico in cui tenere l'intero caricatore. Se invece siete bravi con ago e filo, potete cucire voi la fodera in tessuto per il caricatore. La cosa importante è che lo strato esterno del tessuto e ogni estremità aperta che lasci intravedere dei pezzi in lana d'acciaio non sia soggetta a sballottamenti o umidità, onde evitare che si disfi o arrugginisca.

K)     Rileggete la sezione sul caricamento dei semi nel capitolo "Esperimenti semplici" per avere istruzioni e altre idee sull'uso del vostro caricatore. In alternativa alla costruzione di questo accumulatore potreste caricare i vostri semi all'interno di una scatola metallica per biscotti avvolta nei multistrati di una grossa coperta orgonica, oppure posizionata all'interno di uno degli accumulatori più grandi. Ricordate che maggiore è il numero di strati e la quantità assoluta di materiali usati per la costruzione della "catasta" dell'accumulatore e maggiore sarà la carica. Nel laboratorio dell'autore, ad esempio, il piccolo caricatore a 5 strati fatto con il barattolo da caffè è tenuto all'interno

# Costruzione a 5 strati accumulatore

dell'accumulatore a 10 strati grande circa 3 decimetri cubici, che a sua volta è tenuto all'interno di un più grande accumulatore a 3 strati. È un totale di 18 strati che produce una carica immediatamente percepibile.

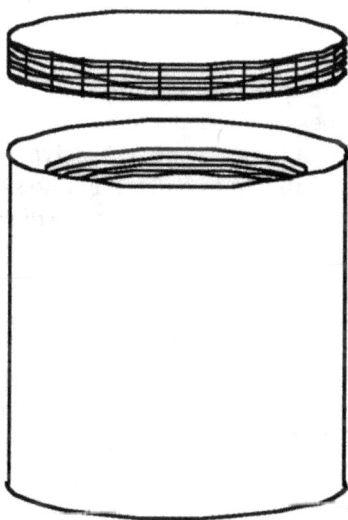

*Prima di costruire qualsiasi cosa, assicuratevi di aver letto la Parte II sull'utilizzo sicuro ed efficace dei dispositivi di accumulazione orgonica.*

# 17. Costruzione di una scatola accumulatrice di energia orgonica a 10 strati

Si può costruire un accumulatore molto potente di circa 30 dm cubici a 10 strati mettendo in pratica le istruzioni seguenti.

A)    Tagliate sei quadrati uguali di 30 x 30 cm in lastra di acciaio zincato spessa circa 0,4 mm. Incollando solo i bordi esterni con del resistente nastro adesivo costruite un cubo metallico. Lasciate aperta la cima del cubo senza chiuderla col nastro. L'interno del cubo dovrebbe essere di solo metallo, senza nastro visibile.

B)    Per costruire gli strati usate della lana d'acciaio molto fine ("000" oppure "0000") e del materiale protettivo per moquette in plastica acrilica per uso industriale, oppure dei materiali plastici in stirene. Il foglio protettivo trasparente in plastica è lo stesso materiale che viene usato nelle case modello (costruite a scopo pubblicitario per essere visitate da potenziali acquirenti, ndt) per proteggere la moquette dall'usura. Si trova in rotoli nei negozi di ferramenta ben forniti o dove vendono materiali di plastica. Non costa poco, ma funziona molto bene. La guida in plastica trasparente dovrebbe avere delle file laterali con delle puntine che di solito sono rivolte in basso verso la moquette, e sono molto utili per tenere ferma la lana d'acciaio. Per l'ultimo strato esterno si usano dei pannelli in cartone fibrato di media densità (MDF) con listelli angolari in legno. La parte esterna del pannello può avere un rivestimento aggiuntivo in cera d'api o gommalacca per aumentarne la carica.

C)    Dieci strati alternati di plastica e lana d'acciaio sono spessi circa 5 cm. In questo caso dovreste costruire il rivestimento esterno in MDF a forma di cubo, le cui dimensioni interne saranno circa 40 x 40 x 40 cm. Tagliate sei di questi pannelli con le seguenti dimensioni:

# Costruzione a 10 strati accumulatore orgonica

Pannelli in MDF:

| Sopra: | 43 x 43 cm |
|--------|------------|
| Sotto: | 43 x 43 cm |
| 2 lati: | 43 x 40 cm |
| 2 lati: | 40 x 40 cm |

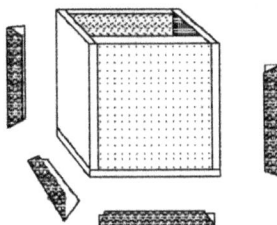

*Dimensioni approssimative!*
*Basate su materiali disponibili*
*negli Stati Uniti.*

D)    Usate dei piccoli chiodi e del vinavil per fissare cinque dei sei pannelli in MDF in modo da ricavare una forma cubica. Inoltre, come visto per l'accumulatore a barattolo, non incollate la parte superiore. Aggiungete della colla sui bordi interni ed esterni del cubo assemblato e fatelo asciugare prima di continuare.

E)    Con una cassetta per ugnature tagliate dei listelli angolari in legno per i bordi esterni della scatola in MDF. Inchiodate o avvitate e incollate questi listelli angolari sui bordi della scatola per rinforzarla. Si consiglia di fare dei fori prima di avvitare o inchiodare, altrimenti i listelli si spezzano.

F)    Tagliate 20 pezzi quadrati di guida per tappeti in plastica di 40 x 40 cm. Mettete da parte dieci di questi quadrati per usarli dopo. Posate gli altri dieci quadrati uno dopo l'altro sul fondo della scatola in MDF con le sporgenze rivolte verso l'alto. Fra ogni strato di plastica mettete uno strato di lana d'acciaio che avete preso dalle pagliette spacchettate. Quando avrete finito, la cima dell'ultimo quadrato di plastica sarà rivolta verso l'alto sul fondo della scatola e dovrebbe anche essere ricoperta di lana d'acciaio.

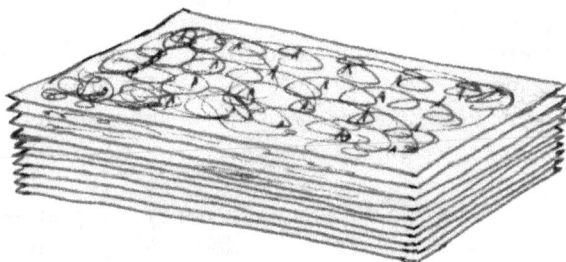

# Il Manuale dell'Accumulatore Orgonico

G)   Mettete il cubo in fogli di acciaio zincato all'interno della scatola in MDF sopra le dieci stratificazioni in plastica e lana d'acciaio. Se avete costruito correttamente la scatola in MDF, la cima del cubo di metallo dovrebbe essere circa 5 cm sotto il bordo superiore della scatola in MDF e ci dovrebbe essere uno spazio di circa 5 cm fra i lati del cubo metallico e i lati interni della scatola in MDF.

H)   Ritagliate 20 pezzi di plastica grandi 30 x 40 cm; e 20 altri pezzi grandi 30 x 30 cm. Questi pezzi saranno utilizzati per riempire gli spazi fra il cubo di metallo e la scatola in MDF. Disponete a strati i pezzi di plastica con la lana d'acciaio e impilateli a gruppi di dieci strati ciascuno. Fate questo su una superficie piana prima di tentare di metterli in posizione verticale fra la scatola in MDF e quella in metallo.

I)   Mettete le due pile di 30 x 40 cm di plastica/lana d'acciaio fra il cubo metallico e la scatola in MDF ai lati opposti del cubo di metallo. Lo strato esterno di plastica deve toccare l'interno della scatola in MDF, mentre il lato interno di lana d'acciaio deve toccare l'esterno del cubo metallico. Il bordo superiore della plastica dovrebbe essere quasi a livello del bordo superiore del cubo metallico ed entrambi dovrebbero rimanere circa 5 cm sotto il bordo superiore della scatola in MDF.

J)   Mettete le due pile di 30 x 30 cm di plastica/lana d'acciaio nei due spazi rimasti fra la scatola in MDF e il cubo metallico, come sopra descritto.

K)   Prendete i 10 pezzi rimasti della guida per tappeti in plastica di 40 x 40 cm e alternateli con la lana d'acciaio. Fate una pila e mettetela da parte ma, a differenza delle altre pile, non mettete la lana d'acciaio sopra l'ultimo strato di plastica.

L)   Prendete l'ultimo quadrato di foglio di acciaio zincato e fate dei piccoli buchi in ogni angolo, a distanza di circa 1,3 cm dall'angolo. I buchi dovrebbero essere abbastanza larghi da far passare una vite lunga e stretta.

M)   Cercate una superficie di legno grezzo o ricoperta da moquette su cui lavorare. Posate la pila di quadrati in plastica/

# Costruzione a 10 strati accumulatore orgonica

lana d'acciaio sull'ultimo pannello in MDF. Centratela sul pannello; dovrebbe esserci circa 1,3 cm di pannello in MDF visibile intorno alla pila. Ora posizionate il quadrato del foglio d'acciaio (con i buchi) sulla pila del pannello di MDF/plastica/lana d'acciaio e centratelo. Ci dovrebbero essere circa 5 cm di plastica oltre il bordo del quadrato metallico su ogni lato. Usate del nastro adesivo per tenere temporaneamente insieme la pila di MDF/plastica/acciaio.

N) Con un punteruolo fate quattro buchi verticali attraverso la pila di plastica/lana d'acciaio e attraverso il pannello in MDF, usando i quattro buchi negli angoli del foglio d'acciaio come guida. Non usate un trapano, perché la lana d'acciaio si attorciglierebbe intorno alla punta del trapano.

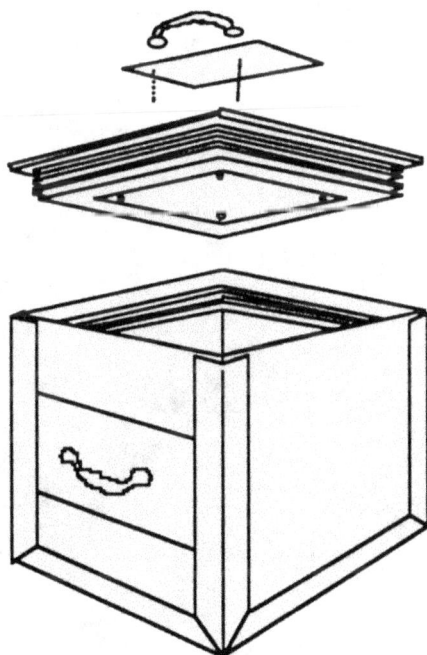

O) Usando quattro bulloni sottili, dadi e rondelle LARGHE, fissate il quadrato metallico e la pila di plastica/lana d'acciaio al quadrato in MDF. Usate un bullone non più lungo del necessario,

# Il Manuale dell'Accumulatore Orgonico

in modo che le estremità dei bulloni non sporgano troppo. Una volta completato, l'intero coperchio dovrebbe incastrarsi comodamente in cima alla scatola di MDF. La piastra metallica attaccata al coperchio dovrebbe allinearsi bene, ma non perfettamente con l'interno del cubo metallico. Con il coperchio in sede, solo il metallo dovrebbe essere rivolto verso l'interno dell'accumulatore.

P)    Per fare le maniglie, per prima cosa incollate una striscia di legno piatta, larga e lunga su due lati esterni del cubo in MDF vicino alla cima. Quando le due strisce sono completamente asciutte, avvitateci sopra delle maniglie di legno o di metallo. Dovreste attaccare una maniglia simile, su un sistema di supporto simile, anche in cima al coperchio. Il pannello in MDF da solo è troppo sottile per chiodi o viti. Potete anche mettere delle cerniere fra l'assemblaggio del coperchio e la scatola, o delle ruote sotto la scatola, ma non è necessario.

*Una scatola per l'accumulo di energia orgonica a 10 strati di circa 30 dm cubici con attaccato un imbuto di emissione.*

# Costruzione a 10 strati accumulatore orgonica

Q) Per aumentare la potenza di accumulo si possono rivestire le pareti esterne della scatola in MDF con diversi strati di gommalacca naturale.

R) Per un'ulteriore potenza di accumulo, tenete questo accumulatore cubico sul fondo di un accumulatore più grande per utilizzo umano sotto il sedile sul quale sedete di solito. La scatola accumulatrice probabilmente non è abbastanza forte da reggere il vostro peso, quindi non sedetevici sopra. Assicuratevi di mantenere un ambiente pulito e incontaminato per il vostro accumulatore, come indicato nei capitoli precedenti. Lasciate il coperchio aperto quando la scatola non viene usata e tenetela in uno spazio pulito e asciutto, privo di contaminazione elettromagnetica o nucleare.

*Prima di costruire qualsiasi cosa, assicuratevi di aver letto la Parte II sull'utilizzo sicuro ed efficace dei dispositivi di accumulazione orgonica.*
*Per maggiori chiarimenti sui materiali utilizzabili per la costruzione di una scatola accumulatrice di energia orgonica, vedere le foto al seguente indirizzo:*
*www.orgonelab.org / orgoneaccumulator.htm*

# 18. Costruzione di un imbuto di emissione orgonica

L'imbuto di emissione è simile ad altri dispositivi di accumulazione, ma possiede una parte aperta che permette di irradiare gli oggetti. Viene spesso connesso a una scatola accumulatrice più grande, ma non è assolutamente necessario.

A)   Acquistate un imbuto di acciaio zincato, con l'estremità più grande del diametro di circa 15 cm, in una ferramenta oppure da un fornitore di attrezzi agricoli o ricambi per auto. I negozi di ricambi per auto a volte li vendono con un tubo metallico flessibile già attaccato per mettere l'olio nel motore delle auto, che servirà poi per attaccarlo a un accumulatore. Testate che non sia di alluminio con una calamita.

B)   Rivestite la superficie metallica esterna dell'imbuto con uno strato di cera d'api fusa (attenzione: fatelo solo all'aria aperta su una piastra calda per evitare pericoli d'incendio), oppure usate del nastro isolante elettrico di plastica nera, lasciando libera la superficie interna dell'imbuto.

C)   Se volete potete connettere all'estremità piccola di "deflusso" dell'imbuto un tubo "greenfield BX" del diametro di circa 2 - 2,5 cm di acciaio zincato (non alluminio!). L'altra estremità del tubo poi viene messa all'interno di un piccolo accumulatore attraverso un buco in un lato o nel coperchio (vedi pag. 43, 187). Avvolgete la superficie del tubo metallico con del nastro isolante elettrico nero. Il vostro imbuto di emissione convoglierà così l'orgone attraverso il tubo verso l'apertura dell'imbuto, aumentando la sua forza radiante. Oppure tenete semplicemente il vostro imbuto di emissione all'interno di un accumulatore cubico per mantenerlo carico.

# 19. Costruzione di un tubo di emissione orgonica

Il tubo di emissione orgonica è un mezzo molto semplice per dimostrare le sensazioni soggettive della radiazione orgonica e anche per irradiare l'energia orgonica nelle cavità del corpo. Conservate semplicemente il tubo di emissione ultimato all'interno di un accumulatore ben tenuto e usatelo quando ne avete bisogno. In condizioni rilassate la maggior parte delle persone può tenere in mano il tubo o posizionarlo sul plesso solare o sul labbro superiore e sentire subito la delicata radianza dell'energia orgonica.

A)	Procuratevi una provetta di un certo spessore (in Pyrex o materiale simile), del diametro di circa 2 - 2,5 cm e lunga circa 15 - 23 cm, da un laboratorio o da una ditta di forniture mediche.

B)	Riempite completamente la provetta con lana d'acciaio fine ("000" o "0000"). Comprimetela fino a ottenere una certa consistenza.

C)	Sigillate l'apertura con un tappo di gomma e fissatelo con del nastro isolante in plastica.

D)	Posizionate il tubo di emissione così ultimato all'interno di un piccolo accumulatore orgonico per diversi giorni o settimane prima dell'uso. Tenetelo all'interno dell'accumulatore fra un utilizzo e l'altro.

E)	Se usate il tubo di emissione per irradiare la gola o altre cavità del corpo, o se il vetro Pyrex si sporca per altri motivi, pulite sia il tubo che l'interno dell'accumulatore con alcol isopropilico e lasciate asciugare il tubo all'aria prima di rimetterlo nell'accumulatore. Quando è necessaria una condizione di massima igiene, il tubo di emissione va sempre pulito con alcol e asciugato all'aria prima di essere rimesso a caricare nell'accumulatore.

# 20. Costruzione di un grande accumulatore orgonico a 3 strati, predisposto a contenere un essere umano

Questo accumulatore è abbastanza grande da starci seduti dentro ed è composto da 6 grandi pannelli rettangolari. Ogni pannello è composto da un telaio in legno, un foglio in acciaio zincato di circa 0,4 mm, lana d'acciaio, fibra di vetro e cartone fibrato di media densità (MDF). Ciascun telaio in legno ha un lato rivestito di acciaio galvanizzato e l'altro lato da un pannello in MDF, mentre i tre strati alternati in fibra di vetro e lana d'acciaio sono inseriti in mezzo come in un panino.

A)   Per prima cosa calcolate le dimensioni dei pannelli per un accumulatore che corrisponda alle vostre esigenze, sommando le dimensioni necessarie per le sovrapposizioni dei diversi pannelli. I pannelli laterali e il pannello posteriore devono poggiare fisicamente sui bordi del pannello di base. Il pannello posteriore deve inserirsi fra i due pannelli laterali. Il pannello superiore deve sovrapporsi e poggiare sia sopra i due pannelli laterali che sul pannello posteriore. Il pannello che funge da porta deve potersi inserire, come il pannello posteriore, fra i pannelli laterali quando la porta è chiusa. Credo che questa disposizione sia la più semplice da costruire e la più efficace. Qui di seguito vengono fornite delle dimensioni per accumulatori che ospitano persone di diverse altezze da sedute, ma dal peso medio. Quando aumenta la distanza della superficie del corpo dalle pareti metalliche, diminuisce l'efficacia dell'accumulatore, perciò le dimensioni dell'accumulatore dovrebbero essere scelte attentamente, in modo da soddisfare le vostre esigenze. Per le dimensioni dell'ampiezza laterale si dovrà tenere conto di una distanza aggiuntiva di circa 1,2 cm, cioè circa 0,6 cm da ogni lato per aprire e chiudere bene la porta.

# Costruzione di un grande accumulatore orgonico

*Si prega di notare che le dimensioni qui riportate si riferiscono a materiali disponibili negli Stati Uniti, quindi sono da considerarsi approssimative per altri paesi.*

Dimensioni

| Pannello | *Grande* | *Medio* | *Piccolo* |
|---|---|---|---|
| Sopra: | 75 x 89 cm | 67 x 81 cm | 60 x 71 cm |
| Sotto: | 75 x 89 cm | 67 x 81 cm | 60 x 71 cm |
| Lato sinistro: | 89 x 147 cm | 81 x 137 cm | 71 x 127 cm |
| Lato destro: | 89 x 147 cm | 81 x 137 cm | 71 x 127 cm |
| Lato posteriore: | 64 x 147 cm | 56 x 137 cm | 48 x 127 cm |
| Porta: | 64 x 132 cm | 56 x 122 cm | 48 x 112 cm |

Dimensioni Interne

| | | | |
|---|---|---|---|
| Altezza: | 147 cm | 137 cm | 127 cm |
| Larghezza: | 64 cm | 56 cm | 48 cm |
| Profondità: | 79 cm | 71 cm | 61 cm |

*La maggior parte della gente sceglie l'accumulatore più grande, così tutta la famiglia lo può usare. Anche le persone più minute e i bambini beneficeranno delle dimensioni più grandi.*

Le distanze necessarie sono:
Altezza = l'altezza di quando siete seduti in posizione eretta su una sedia + circa 7- 8 cm
Larghezza = la larghezza delle spalle + circa 10 cm (5 cm per ogni lato)
Profondità = da seduti, la distanza dal ginocchio alla schiena + circa 7-8 cm

B)   Costruite i telai con dei listelli di pino di circa cm 2 x 4, come delle cornici di quadri, in modo che i bordi esterni si adattino alle dimensioni dei pannelli del vostro accumulatore. Inchiodate e incollate tutte le giunture.

C)   Predisponete tutti i telai vuoti come dovranno essere una volta che l'accumulatore sarà finito, per assicurarvi che tutte le dimensioni siano state calcolate e i pannelli tagliati correttamente. Se c'è un errore nei vostri calcoli, è meglio scoprirlo prima di tagliare i pannelli in MDF e i fogli in acciaio zincato, che sono materiali costosi.

# Il Manuale dell'Accumulatore Orgonico

*Una volta inchiodati o avvitati i sei telai individuali, assemblateli temporaneamente con del nastro adesivo per assicurarvi che le misure siano giuste. Così facendo potrete scoprire se avete sbagliato i calcoli e correggerli, prima di tagliare i costosi pannelli in MDF e i fogli in acciaio zincato.*

D) Tagliate a misura i pannelli in MDF di circa 12 o 20 mm di spessore in modo che coprano completamente un lato di ogni telaio in legno. Inchiodate e incollate i pannelli ai telai. Per il pannello che sta sul fondo, usate del compensato di legno spesso circa 6 mm anziché l'MDF.

E) Tagliate su misura i fogli in fibra di vetro spessi circa 6 mm e mettetene uno strato all'interno di ogni telaio. Usate dei guanti e una maschera per proteggervi. Non comprimete la fibra di vetro. Evitate ammassi e buchi. Potete anche usare lana fioccosa, strati di lana per imbottiture, coperte da campeggio in lana o cotone fioccoso se volete, ma per un accumulatore così grande i costi saranno più elevati e l'effetto di accumulo non sarà

# Costruzione di un grande accumulatore orgonico

*Sezione trasversale dei pannelli laterali, superiore, posteriore e della porta dell'accumulatore orgonico*

Questo lato è rivolto verso l'interno dell'accumulatore

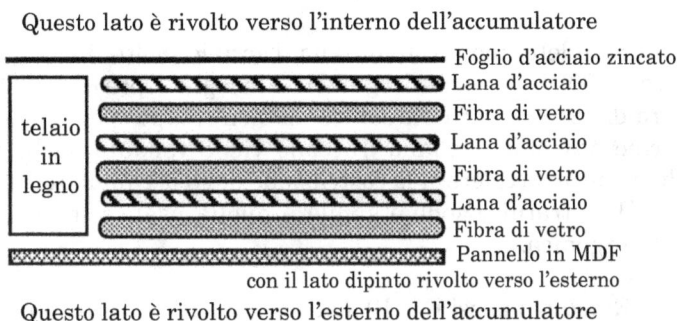

telaio in legno

Foglio d'acciaio zincato
Lana d'acciaio
Fibra di vetro
Lana d'acciaio
Fibra di vetro
Lana d'acciaio
Fibra di vetro
Pannello in MDF
con il lato dipinto rivolto verso l'esterno

Questo lato è rivolto verso l'esterno dell'accumulatore

*Sezione trasversale del pannello sul fondo dell'accumulatore*

Questo lato è rivolto verso l'interno dell'accumulatore

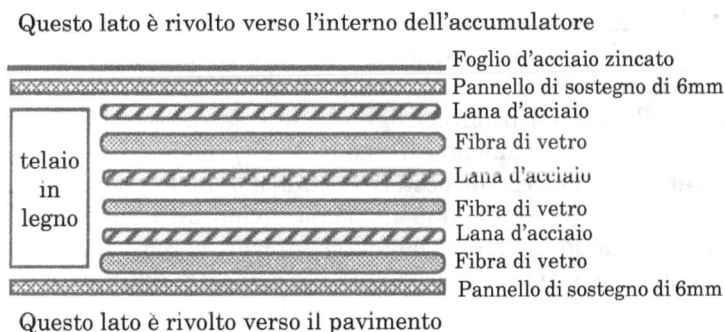

telaio in legno

Foglio d'acciaio zincato
Pannello di sostegno di 6mm
Lana d'acciaio
Fibra di vetro
Lana d'acciaio
Fibra di vetro
Lana d'acciaio
Fibra di vetro
Pannello di sostegno di 6mm

Questo lato è rivolto verso il pavimento

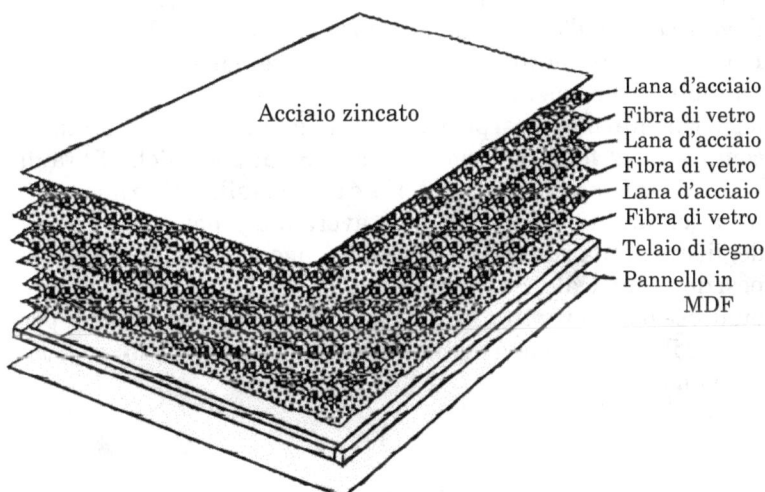

Acciaio zincato

Lana d'acciaio
Fibra di vetro
Lana d'acciaio
Fibra di vetro
Lana d'acciaio
Fibra di vetro
Telaio di legno
Pannello in MDF

significativamente superiore. Questi ultimi materiali possono dare alla carica orgonica una sensazione energetica leggermente diversa, e se per voi questo è importante ne giustificherà il costo.

F)  Stendete uno strato di lana d'acciaio molto fine ("000" oppure "0000") all'interno di ogni telaio in legno sopra il pannello in fibra di vetro. Lasciatelo soffice ma non troppo spesso, il più uniforme possibile. La lana d'acciaio viene venduta anche in rotoli, e questo accelererà la costruzione degli accumulatori più grandi. La stratificazione è simile a quella usata per fare la coperta orgonica.

G)  Ripetete i passi E) e F) mettendo un altro strato in fibra di vetro sullo strato precedente in lana d'acciaio e un altro strato in lana d'acciaio sullo strato in fibra di vetro.

H)  Ripetete ancora i passi E) e F) mettendo un altro strato in fibra di vetro sullo strato precedente in lana d'acciaio e un nuovo strato in lana d'acciaio sullo strato in fibra di vetro. Notate che nelle mie istruzioni consiglio di mettere uno strato in fibra di vetro vicino al pannello esterno in MDF, raddoppiando così la stratificazione organica esterna altamente dielettrica. Io metto anche uno strato di lana d'acciaio vicino all'acciaio zincato, raddoppiando gli strati metallici interni, perché ritengo che questo aumenti la forza complessiva dell'accumulatore.

I)  A questo punto dovreste avere tre strati alternati in fibra di vetro e lana d'acciaio all'interno di ognuno dei telai di legno. L'ultimo strato che avete davanti deve essere in lana d'acciaio. I pannelli dovrebbero essere pieni e forse dovranno essere leggermente compressi prima di poter aggiungere l'ultimo strato composto dal foglio d'acciaio zincato. Se al posto della fibra di vetro avete usato un altro materiale non metallico che rimane un po' allentato nel telaio, potreste avere dei problemi di caduta degli strati una volta che i pannelli vengono sigillati e messi in posizione verticale. Se questo è il caso, ora è il momento di fare qualcosa per prevenirne la caduta, usando una graffettatrice per fissare il materiale non metallico nella parte alta all'interno del pannello.

# Costruzione di un grande accumulatore orgonico

*Visione frontale di un grande accumulatore a 3 strati*

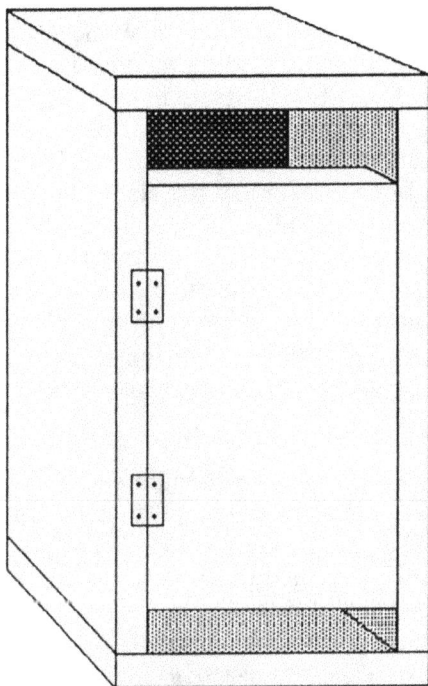

**Per climi più caldi e tropicali:** *usate una porta che abbia delle aperture per la convezione dell'aria di circa 7 cm in alto e in basso. Se necessario attaccate delle strisce di rete alle aperture sotto e sopra alla porta per tenere fuori gli insetti.*

**Per climi più temperati o freddi:** *usate una porta intera con una piccola finestra. La porta può ruotare verso l'interno dell'accumulatore orgonico, oppure essere fissata all'esterno e chiudersi a filo con la parte esterna. Prima di montarla, tagliate nella porta una finestrella quadrata dai lati di 15 cm ciascuno all'altezza del viso e incorniciatela con dei listelli angolari. Completate il montaggio secondo le istruzioni.*

*Per semplificare il montaggio e lo smontaggio usate delle cerniere con perni rimovibili. Mettete un gancio con occhiello all'interno per fermare la porta.*

*Vedere raffronti a pag. 43, 47 e 199.*

# Il Manuale dell'Accumulatore Orgonico

J)   Tagliate il foglio in acciaio zincato della misura giusta per coprire la parte aperta di ogni pannello fino a coprire i telai. Usate i fogli d'acciaio del tipo più sottile, di 0,4 mm, che si possono tagliare con delle cesoie a mano e che aggiungono comunque forza strutturale al pannello. Al pannello sul fondo (pavimento) aggiungete uno strato di compensato spesso 6 mm sotto il foglio di metallo come ulteriore sostegno al peso. Inchiodatelo bene ai telai, con l'aiuto di una piccola punzonatura se necessario. Dei piccoli chiodi d'acciaio dovrebbero penetrare facilmente la lastra metallica. Dopo l'inchiodatura, usate una lima o delle cesoie per rifilare tutti gli angoli metallici appuntiti. Al posto del foglio in acciaio zincato alcune persone hanno usato con buoni risultati una griglia o rete in acciaio zincato. È più economica e si può fissare al telaio in legno con una graffettatrice professionale. La lana d'acciaio deve essere visibile attraverso la rete.

K)   Montate e fissate insieme i pannelli. Cominciate fissando un pannello laterale al pannello sul fondo usando un rinforzo metallico a forma di "L" davanti e dietro al pannello laterale, vicino al fondo. Usate delle viti, così l'accumulatore si potrà smontare e spostare  più facilmente. Fissate allo stesso modo l'altro pannello laterale e poi il pannello posteriore. Il pannello posteriore deve essere fissato indipendentemente, mettendo dei piccoli supporti di metallo fra il telaio della base e quello posteriore. Aggiungete il pannello superiore e fissatelo ai pannelli laterali e posteriore allo stesso modo.   A   questo   punto l'accumulatore dovrebbe essere abbastanza solido e quasi completato.

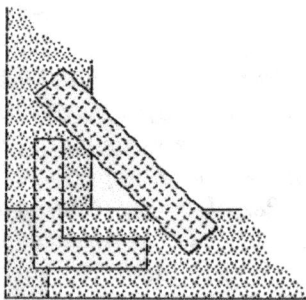

L)   Segnate e forate con cura i buchi per le cerniere della porta e attaccatele al pannello della porta e a quello laterale. Assicuratevi di centrare la porta in modo da lasciare distanze uguali in basso e in alto, sia per gli spazi vuoti per la convezione (nel modello con porta con aperture) che come distanza che permetta alla porta di aprirsi e chiudersi facilmente (nel modello

# Costruzione di un grande accumulatore orgonico

a porta intera con finestra). Usate delle cerniere rimovibili per poter togliere facilmente la porta quando spostate l'accumulatore. Dopo aver fissato la porta al pannello laterale, essa dovrebbe aprirsi e chiudersi comodamente senza intoppi.

M)   Mettete un gancio con occhiello fissandolo sulla parte interna della porta e sul pannello laterale dalla parte opposta delle cerniere, in modo che la persona seduta all'interno possa fermare la porta. Infine distribuite diversi strati di gommalacca naturale sul pannello esterno in MDF per proteggerlo dall'umidità e aumentarne la forza accumulatrice.

N)   Ora il vostro accumulatore è completo, tranne che per la sedia. Dovreste avere una sedia che vi permetta di metterci sotto degli altri piccoli accumulatori. A questo scopo potreste costruire una speciale panchina in legno, che è un buon materiale da usare perché non assorbe l'energia orgonica in modo significativo e non è freddo al tatto. Non usate però dei legni che sono stati impregnati con conservanti o formaldeide. Le sedie di metallo vanno bene, ma sono piuttosto fredde, a meno che non lo copriate con un tessuto leggero.

O)   Potreste anche voler costruire un pannello per il petto o un cuscino orgonico da usare all'interno dell'accumulatore. Infatti noterete che quando siete seduti all'interno c'è una grande distanza fra il vostro petto e la parete metallica che vi sta davanti. Questa distanza inibisce l'irradiazione orgonica sul vostro petto. Si potrebbe costruire un pannello accumulatore aggiuntivo più piccolo, simile ai pannelli delle pareti, da usare all'interno dell'accumulatore più grande per avvicinare la radiazione al petto. Un modo più semplice consiste però nell'usare un fagotto arrotolato a forma di grande cuscino, ottenuto alternando degli strati in cotone, lana o feltro acrilico con lo stesso numero di strati in lana d'acciaio. Lo strato finale esterno dovrebbe essere in lana d'acciaio e l'intero fagotto andrà poi messo in una sottile federa di cotone. Deve essere abbastanza grande da infilarsi perfettamente nella federa. Questo cuscino orgonico, tenuto vicino al petto mentre siete dentro l'accumulatore, irradierà le parti frontali del vostro corpo che non vengono irradiate così bene dalle pareti. Lasciate il cuscino orgonico dentro l'accumulatore quando non lo usate, per tenerlo carico.

# Il Manuale dell'Accumulatore Orgonico

Potete usare questo cuscino anche fuori dall'accumulatore, in modo simile alla coperta orgonica e con risultati altrettanto buoni.

P) Non connettete apparecchiature elettriche all'accumulatore. Seguite gli avvertimenti dati nei capitoli precedenti. Potete leggere un libro mentre siete dentro all'accumulatore, ma dovreste usare o una forte sorgente luminosa esterna (per trasmettere un raggio di luce incandescente all'interno dell'accumulatore), oppure una torcia elettrica a batteria. Ripeto: niente luci fluorescenti, televisori, coperte o cuscini elettrici o altri dispositivi elettrici o elettronici!

*Ripeto: prima di costruire qualsiasi cosa, assicuratevi di aver letto la Parte II sull'utilizzo sicuro ed efficace dei dispositivi di accumulazione orgonica.*

*Per maggiori chiarimenti sui materiali utilizzabili per la costruzione di un accumulatore orgonico predisposto a contenere un essere umano, vedere le foto al seguente indirizzo:*

*www.orgonelab.org / orgoneaccumulator.htm*

# Costruzione di un grande accumulatore orgonico

*Un accumulatore orgonico a 20 strati all'OBRL, costruito dalla ditta orgonics.com. Provatelo solo dopo aver fatto molta esperienza con tutti gli altri.*

# Il Manuale dell'Accumulatore Orgonico

# BIBLIOGRAFIA SELEZIONATA

Consultare anche la Bibliografia sull'orgonomia su:
www.orgonelab.org/bibliog.htm

## Libri di Wilhelm Reich ripubblicati
## da Farrar Straus & Giroux:

*American Odyssey: Letters & Journals 1940-1947*
*Beyond Psychology: Letters & Journals 1934-1939*
*The Bioelectrical Investigation of Sexuality and Anxiety*
*The Bion Experiments*
*The Cancer Biopathy (Discovery of the Orgone, Volume 2)*
*Character Analysis*
*Children of the Future: On the Prevention of Sexual Pathology*
*Cosmic Superimposition: Man's Orgonotic Roots in Nature*
*The Early Writings of Wilhelm Reich*
*Ether, God and Devil*
*The Function of the Orgasm (Discovery of the Orgone, Volume 1)*
*Genitality in the Theory and Therapy of Neurosis*
*The Invasion of Compulsory Sex-Morality*
*Listen, Little Man!*
*The Mass Psychology of Fascism*
*The Murder of Christ (Emotional Plague of Mankind, Volume 2)*
*Passion of Youth: Wilhelm Reich, an Autobiography 1897-1922*
*People in Trouble (Emotional Plague of Mankind, Volume 1)*
*Record of a Friendship, Correspondence, Wilhelm Reich & A.S. Neill*
*Reich Speaks of Freud*
*Selected Writings*
*The Sexual Revolution*
*Where's The Truth? Letters & Journals 1948-1957*

## Libri e relazioni particolari di Wilhelm Reich,
## disponibili presso il Wilhelm Reich Museum:

*The Orgone Energy Accumulator, Its Scientific and Medical Use,*
    Orgone Institute Press, Maine, 1951.

*The Oranur Experiment, First Report (1947-1951),* Wilhelm Reich
    Foundation, Maine, 1951.

*The Einstein Affair, 1939-1952,* Wilhelm Reich Biographical
    Material, History of the Discovery of the Life Energy, Doc. Vol. A-
    IX-E, Orgone Institute Press, Rangeley, Maine, 1953.

*Contact With Space: Oranur 2nd Report*, CORE Pilot Press, NY 1957

# Il Manuale dell'Accumulatore Orgonico

**Importanti articoli di ricerca di Wilhelm Reich:**

"Orgonotic Pulsation: The Differentiation of Orgone Energy from Electromagnetism", *Int. J. Sex-Economy & Orgone Research,* III:74-79, 1944.

"Orgone Biophysics, Mechanistic Science and 'Atomic Energy'", *Int. J. Sex-Economy & Orgone Research,* IV:200-201, 1945.

"Orgonotic Light Functions 1: Searchlight Phenomena in the Orgone Energy Envelope of the Earth", *Orgone Energy Bull.,* I(1):3-6, 1949.

"Orgonotic Light Functions 2: An X-Ray Photograph of the Excited Orgone Energy Field of the Palms", *Orgone Energy Bulletin,* I(2):49-51, 1949.

"Orgonotic Light Functions 3: Further Characteristics of Vacor Lumination", *Orgone Energy Bulletin,* I(3):97-99, 1949.

"Meteorological Functions in Orgone-Charged Vacuum Tubes", *Orgone Energy Bulletin,* II(4):184-193, 1950.

"The Storm of November 25th and 26th, 1950", *Orgone Energy Bull.,* III(2):76-80, 1951.

"Three Experiments with Rubber at the Electroscope", *Orgone Energy Bulletin,* III(3):144-145, 1951.

"The Anti-Nuclear Radiation Effect of Cosmic Orgone Energy", *Orgone Energy Bulletin,* III(1):61-63, 1951.

"'Cancer Cells' in Experiment XX", Orgone *Energy Bulletin,* III(1):1-3, 1951.

"The Leukemia Problem: Approach", *Orgone Energy Bulletin,* III(2):139-144, 1951.

**Libri sull'Orgonomia e su Wilhelm Reich scritti da altri:**
Baker, E.F.: *Man in the Trap,* Macmillan, NY, 1967.
Bean, O.: *Me and the Orgone,* St. Martin's Press, NY, 1971.
DeMeo, J. (Editor): On Wilhelm Reich and Orgonomy (Pulse *of the Planet #4),* Natural Energy Works, Ashland, Oregon 1993.
DeMeo, James (Ed.): *Heretic's Notebook: Emotions, Protocells, Ether-Drift and Cosmic Life Energy, With New Research Supporting Wilhelm Reich (Pulse of the Planet #5)* Natural Energy Works, Ashland, Oregon 2002.
DeMeo, J. & Senf, B.( Editors): *Nach Reich: Neue Forschungen zur Orgonomie: Sexualökonomie, Die Entdeckung Der Orgonenergie* Zweitausendeins Verlag, Frankfurt, 1998.
Herskowitz, M.: *Emotional Armoring,* Transactions Press, NY, 1998.
Kavouras, J.: *Heilen mit Orgonenergie, Die medizinische Orgonomie,* Turm Verlag, 74321 Bietigheim, Germany, 2005.
Müschenich, S.: *Der Gesundheitsbegriff im Werk des Arztes Wilhelm Reich,* Verlag Görich & Weiershäuser, Marburg 1995.

# Bibliografia Selezionata

Ollendorff, I.: *Wilhelm Reich, A Personal Biography,* St. Martin's Press, NY, 1969.

Raknes, O.: *Wilhelm Reich and Orgonomy,* St. Martin's, NY, 1970.

Reich, P.: *A Book of Dreams,* Harper & Row, NY, 1973.

Sharaf, M.: *Fury on Earth,* St. Martin's-Marek, NY, 1983.

Wyckoff, J.: *Wilhelm Reich, Life Force Explorer,* Fawcett, Greenwich, CT, 1973.

## Scritti che riguardano la campagna diffamatoria degli anni '50 e gli attacchi dell'FDA contro Wilhelm Reich:

Baker, C.F.: "An Analysis of the United States Food & Drug Administration's Scientific Evidence Against Wilhelm Reich, Part II, the Physical Concepts", *Journal of Orgonomy,* 6(2):222-231, 1972; "...Part III, Physical Evidence", *Journal of Orgonomy,* 7(2):234-245, 1973.

Blasband, D.: "United States of America v. Wilhelm Reich, Part I", *Journal of Orgonomy,* 1(1-2):56-130, 1967; "...Part II, the Appeal", *Journal of Orgonomy,* 2(1):24-67, 1968.

Blasband, R.A.: "Analysis of the United States Food & Drug Administration's Scientific Evidence Against Wilhelm Reich, Part I, the Biomedical Evidence", *Journal of Orgonomy,* 6(2):207-222, 1972.

DeMeo, J.: *In Defense of Wilhelm Reich: Opposing the 80-Years' War of Mainstream Defamatory Slander Against One of the 20th Century's Most Brilliant Physicians and Natural Scientists,* Natural Energy Works, Ashland 2013.

DeMeo, J.: "Postscript on the F.D.A's. Experimental Evidence Against Wilhelm Reich", *Pulse of the Planet,* 1(1):18-23, 1989.

Greenfield, J.: *Wilhelm Reich Versus the USA,* WW Norton, NY 1974

Martin, J.: *Wilhelm Reich and the Cold War,* Flatland Books, Medocino, CA 2000.

Reich, W.: *Conspiracy: An Emotional Chain Reaction,* Wilhelm Reich Biographical Material, History of the Discovery of the Life Energy (American Period, 1942-54), documentary volume A-XII-EP, Orgone Institute Press, Maine, 1954.

Wilder, J.: "CSICOP, Time Magazine and Wilhelm Reich", in *Heretic's Notebook,* J.DeMeo, Ed., OBRL, p.55-66, 2002.

Wolfe, T.: *Emotional Plague Versus Orgone Biophysics: The 1947 Campaign,* Orgone Institute Press, NY, 1948.

## Articoli selezionati di ricerca sull'energia orgonica:

Anderson, W.A.: "Orgone Therapy in Rheumatic Fever", *Orgone Energy Bulletin,* II(2):71-73, 1950.

Atkin, R.H.: "The Second Law of Thermodynamics and the Orgone Accumulator", *Orgone Energy Bulletin,* I(2):52-60, 1949.

Baker, C.F.: "The Orgone Energy Continuum", *Journal of Orgonomy,* 14(1):37-60, 1980.

# Il Manuale dell'Accumulatore Orgonico

Baker, C.F.: "The Orgone Energy Continuum: the Ether and Relativity", *Journal of Orgonomy,* 16(1):41-67, 1982.

Baker, C.F., et al: "The Reich Blood Test", *Journal of Orgonomy,* 15(2):184-218, 1981.

Baker, C.F., et al: "The Reich Blood Test: 105 Cases", *Annals, Institute for Orgonomic Science,* 1(1):1-11, 1984.

Baker, C.F., et al.: "Wound Healing in Mice, Part I", "...Part II", *Annals, Institute for Orgonomic Science,* 1(1):12-32, 1984; 2(1):7-24, 1985.

Baker, C.F., et al.: "The Reich Blood Test: Clinical Correlation", *Annals, Institute for Orgonomic Science,* 2(1):1-6, 1985.

Baker, C.F. (pseud: Rosenblum, C.F.): "The Red Shift", *J. Orgonomy,* 4:183-191, 1970.

Baker, C.F. (pseud: Rosenblum, C.F.): "The Electroscope - Parts I - IV", *Journal of Orgonomy,* 3(2):188-197, 1969; 4(1):79-90, 1970; 10(1):57-80, 1976; 11(1):102-109, 1977.

Baker, C.F. (pseud: Rosenblum, C.F.): "The Temperature Difference: An Experimental Protocol", *J. Orgonomy,* 6(1):61-71, 1972.

Blasband, R.A.: "Thermal Orgonometry", *Journal of Orgonomy,* 5(2):175-188, 1971.

Blasband, R.A.: "The Orgone Energy Accumulator in the Treatment of Cancer Mice", *Journal of Orgonomy,* 7(1):81-85, 1973.

Blasband, R.A.: "Effects of the ORAC on Cancer in Mice: Three Experiments", *Journal of Orgonomy,* 18(2):202-211, 1985.

Blasband, R.A.: "The Medical DOR-Buster in the Treatment of Cancer Mice", *Journal of Orgonomy,* 8(2):173-180, 1974.

Bremmer, K.M.: "Medical Effects of Orgone Energy", *Orgone Energy Bulletin,* V(1-2):71-83, 1953.

Brenner, M.: "Bions and Cancer, A Review of Reich's Work", *Journal of Orgonomy,* 18(2):212-220, 1984.

Cott, A.A.: "Orgonomic Treatment of Ichthyosis", *Orgone Energy Bulletin,* III(3):163-166, 1951.

DeMeo, J.: "Effect of Fluorescent Lights and Metal Boxes on Growing Plants", *Journal of Orgonomy,* 9(1):95-99, 1975.

DeMeo, J.: "Seed Sprouting Inside the Orgone Accumulator", *Journal of Orgonomy,* 12(2):253-258, 1978.

DeMeo, J.: "Orgone Accumulator Stimulation of Sprouting Mung Beans", in *Heretic's Notebook,* J.DeMeo, Ed., p.168-176, 2002.

DeMeo, J.: "Water Evaporation Inside the Orgone Accumulator", *Journal of Orgonomy,* 14(2):171-175, 1980.

DeMeo, J.: "Bion-Biogenesis Research and Seminars at OBRL: Progress Report", in *Heretic's Notebook,* J.DeMeo, Ed., OBRL, p.100-113, 2002.

Dew, R.A.: "Wilhelm Reich's Cancer Biopathy", in *Psychotherapeutic Treatment of Cancer,* JG Goldberg, Ed., Free Press, NY 1980.

# Bibliografia Selezionata

Espanca, J.: "The Effect of Orgone on Plant Life, Parts I - VII",
*Offshoots of Orgonomy,* 3:23-28, Autumn 1981; 4:35-38, Spring
1982; 6:20-23, Spring 1983; 7:36-37, Autumn 1983; 8:35-43,
Spring 1984; 11:30-32, Fall 1985; 12:45-48, Spring 1986.

Espanca, J.: "Orgone Energy Devices for the Irradiation of Plants",
*Offshoots of Orgonomy,* 9:25-31, Fall 1984.

Grad, B.: "Wilhelm Reich's Experiment XX", *Cosmic Orgone
Engineering,* VII(3-4):203-204, 1955.

Grad, B.: "The Accumulator Effect on Leukemia Mice", *Journal of
Orgonomy,* 26(2):199-218, 1992.

Hamilton, A.E.: "Child's-Eye View of the Orgone Flow", *Orgone
Energy Bulletin,* IV(4):215-216, 1952.

Harman, R.A.: "Further Experiments with Negative To Minus T",
*Journal of Orgonomy,* 20(1):67-74, 1986.

Hebenstreit, G.: *"Der Orgonakkumulator Nach Wilhelm Reich. Eine
Experimentelle Untersuchung zur Spannungs-Ladungs-Formel",*
Diplomarbeit zur Erlangung des Magistergrades der Philosophie
an der Grung- und Integrativ-wissenschaftlichen Fakultat der
Universitat Wien, 1995.

Hoppe, W.: "My First Experiences With the Orgone Accumulator",
*International Journal for Sex-Economy & Orgone Research,*
IV:200-201, 1945.

Hoppe, W.: "My Experiences With the Orgone Accumulator", *Orgone
Energy Bulletin,* I(1):12-22, 1949.

Hoppe, W.: "Further Experiences with the Orgone Accumulator",
*Orgone Energy Bulletin,* II(1):16-21, 1950.

Hoppe, W.: "Orgone Versus Radium Therapy in Skin Cancer, Report
of a Case", *Orgonomic Medicine,* I(2):133-138, 1955.

Hoppe, W.: "The Treatment of a Malignant Melanoma with Orgone
Energy", contained in *In the Wake of Reich,* D. Boadella, ed.,
Coventure Press, London, 1976.

Hughes, D.C.: "Some Geiger-Muller Counter Observations After
Reich", *Journal of Orgonomy,* 16(1):68-73, 1982.

Konia, C.: "An Investigation of the Thermal Properties of the ORAC,
Part I & II", *J. Orgonomy,* 8(1):47-64, 1974; 12(2):244-252, 1978.

Lance, L.: "Effects of the Orgone Accumulator on Growing Plants",
*Journal of Orgonomy,* 11(1):68-71, 1977.

Lassek, H.: "Orgone Accumulator Therapy of Severely Diseased
Persons", *Pulse of the Planet,* 3:39-47, 1991.

Lappert, P.: "Primary Bions Through Superimposition at Elevated
Temperature and Pressure", *J. Orgonomy,* 19(1):92-112, 1985.

Levine, E.: "Treatment of a Hypertensive Biopathy with the Orgone
Accumulator", *Orgone Energy Bull,* III(1):53-58, 1951.

Mannion, M.: "Wilhelm Reich, 1897-1957: A Reevaluation for a New
Generation", *Alternative & Complementary Therapies,* 3(3):194-
199, June 1997.

# Il Manuale dell'Accumulatore Orgonico

Müschenich, S. & Gebauer, R.: "The (Psycho-) Physiological Effects of the Reich Orgone Accumulator", Dissertation, University of Marburg, West Germany, 1985.

Opfermann-Fuckert, D.: "Reports on Treatments With Orgone Energy: Ten Selected Cases", *Annals, Institute for Orgonomic Science,* 6(1):33-52, September 1989.

Raphael, C.M.: "Confirmation of Orgonomic (Reich) Tests for the Diagnosis of Uterine Cancer", *Orgonomic Med.* II(1):36-41, 1956.

Raphael, C.M. & MacDonald, H.E.: *Orgonomic Diagnosis of Cancer Biopathy,* Wilhelm Reich Foundation, Maine, 1952.

Sharaf, M.: "Priority of Wilhelm Reich's Cancer Findings", *Orgonomic Medicine,* I(2):145-150, 1955.

Seiler, H.: "New Experiments in Thermal Orgonometry", *Journal of Orgonomy,* 16(2):197-206, 1982.

Silvert, M.: "On the Medical Use of Orgone Energy", *Orgone Energy Bulletin,* IV(1):51-54, 1952.

Sobey, V.M.: "Treatment of Pulmonary Tuberculosis with Orgone Energy", *Orgonomic Medicine,* I(2):121-132, 1955.

Sobey, V.M.: "A Case of Rheumatoid Arthritis Treated with Orgone Energy", *Orgonomic Medicine,* II(1):64-69, 1956.

Southgate, L.: "Chinese Medicine and Wilhelm Reich", *European Journal of Chinese Medicine,* Vol 4(4): 31-41, 2003. Also by Lambert Academic Publishing, London 2009.

Tropp, S.J.: "The Treatment of a Mediastinal Malignancy with the Orgone Accumulator", *Orgone Energy Bull.,* I(3):100-109, 1949.

Tropp, S.J.: "Orgone Therapy of an Early Breast Cancer", *Orgone Energy Bulletin,* II(3):131-138, 1950.

Trotta, E.E. & Marer, E.: "The Orgonotic Treatment of Transplanted Tumors and Associated Immune Functions", *Journal of Orgonomy,* 24(1):39-44, 1990.

Wevrick, N.: "Physical Orgone Therapy of Diabetes", *Orgone Energy Bulletin,* III(2):110-112, 1951.

## Ricerca sulle energie naturali simili all'orgone:

Alfven, H.: *Cosmic Plasmas,* Kluwer, Boston, 1981.

Arp, H., et al: *The Redshift Controversy,* WA Benjamin, MA, 1973.

Arp, H.: *Quasars, Red Shifts, and Controversies,* Interstellar Media, Berkeley, CA, 1987.

Becker, R.O. & Selden, G.: *The Body Electric: Electromagnetism and the Foundation of Life,* Wm. Morrow, NY, 1985.

Bortels, V.H.: "Die hypothetische Wetterstrahlung als vermutliches Agens kosmo-meteoro-biologischer Reaktionen", *Wissenschaftliche Zeitschrift der Humboldt-Universität,* VI:115-124, 1956.

Brown, F.A.: "Evidence for External Timing in Biological Clocks", contained in *An Introduction to Biological Rhythms,* J. Palmer, ed., Academic Press, NY, 1975.

# Bibliografia Selezionata

Burr, H.S.: *Blueprint For Immortality,* Neville Spearman, London, 1971; *The Fields of Life,* Ballantine Books, NY, 1972.

Cope, F.W.: "Magnetic Monopole Currents in Flowing Water Detected Experimentally...", *Physiological Chemistry & Physics,* 12:21-29, 1980.

DeMeo, J.: "Dayton Miller's Ether Drift Research: A Fresh Look", in *Heretic's Notebook,* J.DeMeo, Ed., OBRL, p.114-130, 2002.

Dewey, E.R., ed.: *Cycles, Mysterious Forces that Trigger Events,* Hawthorn Books, NY, 1971.

Dudley, H.C.: *Morality of Nuclear Planning,* Kronos Press, Glassboro, NJ, 1976.

Eden, J.: *Animal Magnetism and the Life Energy,* Exposition Press, NY, 1974.

Kervran, L.C.: *Biological Transmutations,* Beekman Press, Woodstock, NY, 1980.

Miller, D.: "The Ether-Drift Experiment and the Determination of the Absolute Motion of the Earth", *Reviews of Modern Physics,* 5:203-242, July, 1933.

Moss, T.: *The Body Electric, A Personal Journey into the Mysteries of Parapsychological Research,* J. P. Tarcher, Los Angeles, 1979.

Nordenstrom, B.: *Biologically Closed Electric Circuits:,* Nordic Medical Press, Stockholm, 1983.

Ott, J.: *Health and Light,* Devin Adair, Old Greenwich, CT, 1973.

Piccardi, G.: *Chemical Basis of Medical Climatology,* Charles Thomas Publishers, Springfield, IL, 1962.

Ravitz, L.J.: "History, Measurement, and Applicability of Periodic Changes in the Electromagnetic Field in Health and Disease", *Annals, NY Acad. Sciences,* 98:1144-1201, 1962.

Sheldrake, R.: *A New Science of Life: The Hypothesis of Causative Formation,* J.P. Tarcher, Los Angeles, 1981.

## Sugli effetti oranur causati dai test con la bomba atomica e dalle radiazioni nucleari:

DeMeo, J.: "Oranur Effects from the Three Mile Island Nuclear PowerPlant Accident", *Pulse of the Planet,* 3:26, 1991; and "Weather Anomalies and Nuclear Testing", in *On Wilhelm Reich and Orgonomy,* J.DeMeo, Ed., 1993, p.117-120.

DeMeo, J.: "Oranur Report: Drought Crisis Following Underground Nuclear Bomb Tests in India and Pakistan, May 1998. www.orgonelab.org/oranur.htm

Eden, J.: "Personal Experiences with Oranur", *Journal of Orgonomy,* 5(1):88-95, 1971.

Gould, J.M.: *The Enemy Within: The High Cost of Living Near Nuclear Reactors,* Four Walls Eight Windows, NY, 1996.

Graeub, R.: *The Petkau Effect: Nuclear Radiation, People and Trees,* Four Walls Eight Windows, NY, 1992.

# Il Manuale dell'Accumulatore Orgonico

Katagiri, M.: "Three Mile Island: The Language of Science versus the People's Reality", *Pulse of the Planet*, 3:27-38, 1991. and: "Three Mile Island Revisited", in *On Wilhelm Reich and Orgonomy*, J.DeMeo, Ed., 1993, p.84-91.

Kato, Y.: "Recent Abnormal Phenomena on Earth and Atomic Bomb Tests", *Pulse of the Planet* 1:5-9, 1989.

Milian, V.: "Confirmation of an Oranur Anomaly", *Pulse of the Planet* 5:182, 2002.

Sternglass, E.: *Secret Fallout*, McGraw Hill, NY, 1986; and *Low Level Radiation*, Ballentine Books, NY, 1972.

Wassermann, H.: *Killing Our Own*, Doubleday, NY, 1985.

Whiteford, G.: "Earthquakes and Nuclear Testing: Dangerous Patterns and Trends", *Pulse of the Planet*, 2:10-21, 1989.

## Nuove pubblicazioni

DeMeo, J., et al.: "In Defense of Wilhelm Reich: An Open Response to *Nature* and the Scientific /Medical Community", *Water: A Multidisciplinary Research Journal*, V.4, p.72-81, 2012. www.waterjournal.org/volume-4

DeMeo, J.: "Water as a Resonant Medium for Unusual External Environmental Factors", *Water: A Multidisciplinary Research Journal*, V.3, p.1-47, 2011. www.waterjournal.org/volume-3

DeMeo, J.: "Report on Orgone Accumulator Stimulation of Sprouting Mung Beans", *Subtle Energies and Energy Medicine*, 21(2):51-62, 2010. www.orgonelab.org/DeMeoSeedsSubtleEnergies.pdf

DeMeo, J.: "Following the Red Thread of Wilhelm Reich: A Personal Adventure", *Edge Science*, p.11-16, October-December 2010. www.orgonelab.org/DeMeoEdgeScience.pdf

DeMeo, J.: "Experimental Confirmation of the Reich Orgone Accumulator Thermal Anomaly", *Subtle Energies and Energy Medicine*, 20(3):17-32, 2009. www.orgonelab.org/DeMeoToTSubtleEnergies.pdf

DeMeo, J.: *Saharasia: The 4000 BCE Origins of Child Abuse, Sex-Repression, Warfare and Social Violence, In the Deserts of the Old World*, Revised 2nd Edition, Natural Energy Works, 2006.

DeMeo, J. (Editor): *Heretic's Notebook: Emotions, Protocells, Ether-Drift and Cosmic Life Energy, with New Research Supporting Wilhelm Reich*, Orgone Biophysical Research Lab, Ashland, 2002.

Jones, P.: *Artificers of Fraud: The Origin of Life and Scientific Deception*, Orgonomy UK,Preston 2013.

Maglione, R.: *Methods and Procedures in Biophysical Orgonometry*, Gruppo Editoriale L'Espresso, Milano, 2012. www.ilmiolibro.kataweb.it

# Bibliografia Selezionata

## FONTI DI INFORMAZIONI
### su Wilhelm Reich e sull'Orgonomia
Per contatti in Italia e in Europa, vedere:
www.orgonelab.org/resources.htm

**Orgone Biophysical Research Lab,** *Greensprings Research and Educational Center*: PO Box 1148, Ashland, Oregon 97520 USA. Websites:
www.orgonelab.org   www.saharasia.org
Email: info@orgonelab.org
OBRL News: www.orgonelab.org/OBRLNewsletter.htm

**Natural Energy Works**: PO Box 1148, Ashland, Oregon 97520 USA   Email: info@naturalenergyworks.net
Website: http://www.naturalenergyworks.net
Vendita online di libri, prodotti, materiali per la costruzione dell'accumulatore, strumenti di ricerca, strumenti di rilevazione delle radiazioni.

**Wilhelm Reich Museum:** PO Box 687, Rangeley, Maine 04970 USA.   Email: wreich@rangeley.org
Website: www.wilhelmreichmuseum.org
Gestisce la casa e il laboratorio (chiamato Orgonon) di Wilhelm Reich per visite guidate al pubblico. Pubblica una Newsletter e *Orgonomic Functionalism*. Vende fotocopie di vari libri, giornali e opuscoli esauriti di Wilhelm Reich. Organizza occasionalmente seminari e simposi.

**Orgonics**: Website: www.orgonics.com
Vende i seguenti prodotti sperimentali di qualità, coperte orgoniche, caricatori per semi e accumulatori di grandi dimensioni.

**YouTubes:**
*Wilhelm Reich and the Orgone Energy*
www.youtubc.com/watch?v=sPV-JExUPns
*Wilhelm Reich's Bion-Biogenesis Discoveries*
www.youtube.com/watch?v=-PVnS72IIY8

# Appendice
# Un etere cosmologico dinamico e tangibile*
## scritto dal dottor James DeMeo, PhD.

**Riassunto:** gli esperimenti sul moto dell'etere effettuati da Dayton Miller (1906–1929 circa), usando un interferometro di Michelson a fascio di luce altamente sensibile, hanno dimostrato effetti sistematici positivi. I successivi lavori di Michelson-Pease-Pearson (1929), Galaev (2001-2002) e di altri scienziati hanno confermato in modo sperimentale il risultato di Miller, che suggerisce quanto segue: 1) l'etere cosmologico è tangibile, con una leggera massa, e può essere bloccato oppure riflesso da materiali densi situati nelle aree circostanti; 2) si verifica un trascinamento da parte della Terra e i rilevamenti migliori si fanno in luoghi ad alta quota; 3) il moto netto dell'etere dell'asse terrestre calcolato da Miller è in stretto accordo con le scoperte fatte da diverse discipline, incluse la biologia e la fisica, riguardo a fenomeni simili all'etere con delle fluttuazioni siderali-giornaliere e siderali-stagionali simili. Tali risultati non sembrano riconciliarsi né con un etere statico intangibile, né con un etere tangibile trascinabile ma stagnante. La soluzione alternativa è un etere dinamico che opera come "motore primario" cosmico, che però necessita che l'etere possieda sia una leggera massa che dei moti specifici nello spazio. Una soluzione si trova nella ricerca bioenergetica di Wilhelm Reich (1934-1957), il quale dimostrò che in condizioni di alto vuoto esiste un continuo di energia con delle proprietà biologiche e meteorologiche distinte, interattivo con la materia, riflesso dai metalli e con dei moti fluidi auto attrattivi (cioè gravitazionali) a forma di spirale. Anche Giorgio Piccardi (1950-1970 circa) e i suoi seguaci dimostrarono l'esistenza di un'energia riflessa dai metalli e modulata dal sole, che influenza la chimica fisica dell'acqua, le reazioni chimiche e i tassi di decadimento radioattivo, ed è

---

\* Originariamente pubblicato con il titolo *A Dynamic and Substantive Cosmological Ether* nei *Proceedings* della *Natural Philosphy Alliance*, 1(1):15-20, primavera 2004. Per maggiori dettagli, vedere: www.orgonelab.org/miller.htm

correlata al movimento a forma di spirale della Terra nello spazio cosmico. Ricerche ancora più recenti sulle variazioni annuali del "vento della materia oscura" mostrano a loro volta dei cambiamenti molto simili di velocità associati al moto a forma di spirale della Terra intorno al Sole a sua volta in movimento, suggerendo che la "materia oscura" è il frainteso sostituto di un etere cosmologico dinamico e tangibile.

## Esperimenti positivi del moto dell'etere nel XX secolo

Il lavoro di Dayton Miller si distingue come il più rimarchevole di tutti gli esperimenti sul moto dell'etere [1], con dei risultati chiaramente positivi provenienti da oltre 12.000 giri di un interferometro di Michelson a fascio di luce, con oltre 200.000 singole letture effettuate in diversi mesi dell'anno, a partire dal 1902 con Edward Morley alla Case School di Cleveland (ora Case Western Reserve University), per finire nel 1926 con i suoi esperimenti sul Monte Wilson. Miller intraprese anche dei rigorosi esperimenti al Dipartimento di Fisica della Case School dal 1922 al 1924. Più della metà delle misure effettuate da Miller furono fatte sul Monte Wilson dal 1925 al 1926 ottenendo i risultati positivi più importanti. L'interferometro di Miller era il più grande e il più sensibile mai costruito, aveva bracci incrociati in ferro di 4,3 metri di lunghezza, era alto 1,5 metri, e galleggiava in una vasca di mercurio per una rotazione agevole e regolare. Quattro serie di specchi erano montate sull'estremità di ogni braccio incrociato per riflettere i raggi di luce orizzontalmente 16 volte, per un percorso complessivo di andata e ritorno della luce di 64 metri [2]. Nel corso dei suoi esperimenti e dati i bassi valori (tuttavia mai "nulli") osservati in precedenza da Michelson-Morley (M-M) [3], Miller si convinse anche dell'esistenza di un effetto di trascinamento terrestre, che richiedeva l'uso dell'apparato ad alta quota e solo all'interno di strutture dove le pareti al livello di percorso della luce erano esposte all'aria, coperte solo da materiali leggeri. Si usarono solo tela, vetro o coperture di carta leggera lungo i percorsi della luce nell'interferometro di Miller, dopo aver eliminato tutte le schermature in legno, pietra o metallo. I suoi esperimenti sul Monte Wilson avvennero in uno speciale rifugio costruito appositamente a un'altitudine di 1800 metri senza ostruzioni geografiche nelle vicinanze [1,2].

# Il Manuale dell'Accumulatore Orgonico

Al confronto l'interferometro originale M-M aveva un percorso di andata e ritorno della luce di soli 22 metri [3, pag.153] e gli esperimenti furono condotti con una copertura opaca di legno sopra lo strumento, che si trovava nell'interrato di uno dei grandi edifici in pietra della Case School a Cleveland, a un'altitudine di circa 100 metri. I risultati pubblicati dell'esperimento M-M, citato ampiamente a sproposito, riflettevano solo sei ore di raccolta dati nell'arco di quattro giorni (8, 9, 11 e 12 luglio) nel 1887, con un totale complessivo di soli 36 giri del loro interferometro. Ciò nonostante Michelson e Morley ottennero originariamente un risultato leggermente positivo ed espressero la necessità di ulteriori ricerche sperimentali in diversi periodi dell'anno per evitare l'"incertezza". Miller usò un interferometro tre volte più sensibile rispetto al percorso della luce di quello di M-M e i giri dell'interferometro furono 333 volte più numerosi.

*L'interferometro a fascio di luce di Dayton Miller, lo strumento più grande e più sensibile del suo genere mai costruito, situato in uno speciale rifugio in cima al Monte Wilson. Durante i suoi esperimenti, dal 1925 al 1926, Miller rilevò un netto segnale di moto dell'etere e pubblicò ampiamente le sue scoperte nelle principali riviste scientifiche. Fu però ignorato dalla maggior parte dei fisici, che all'epoca erano affascinati dalle teorie di Albert Einstein, secondo le quali non esisteva nessun etere cosmico o moto dell'etere. Non essendo mai stato confutato, Miller morì quasi del tutto ignorato, tranne che da Michelson, il quale confermò un segnale di moto dell'etere in esperimenti separati (con Pease-Pearson) sul Monte Wilson poco dopo Miller.*

# Appendice: Un etere cosmologico

Nel 1928, avendo misurato con l'interferometro uno spostamento di circa 10 km/sec, Miller calcolò che la Terra si muoveva a una velocità di 208 km/sec verso un apice nell'Emisfero Celeste Settentrionale, verso la costellazione Draco, ascensione retta di 17 ore (255°), declinazione di +68°, fra 6° del polo dell'eclittica e 12° dell'apice di rotazione del Sole [4].

Miller credeva che la Terra fosse spinta "verso nord", attraverso un'etere stazionario ma trascinato dalla Terra verso quella particolare direzione. Nel 1933, per ragioni discusse più avanti, egli cambiò il suo punto di vista sostenendo che, mentre i suoi calcoli riguardo alla velocità e all'asse del moto erano corretti, la *direzione del moto lungo l'asse* era verso un apice nell'Emisfero Celeste Meridionale, verso Dorado, il pesce spada, ascensione retta 4 ore e 45 minuti, declinazione di -70°33' (sud) al centro della grande Nube di Magellano e di 7° dal polo sud dell'eclittica [1, pag. 234].

Mentre era in vita, il lavoro di Miller fu preso in seria considerazione anche dallo stesso Einstein, il quale ben comprese che la sua teoria della relatività era minacciata [2, pag.114]. Studi successivi da parte di altri ricercatori, incluso Michelson, in genere confermavano le scoperte di Miller. Ad esempio:

1.    Alla fine degli anni '20 Michelson-Pease-Pearson [5] (M-P-P) usarono degli interferometri girevoli a raggi incrociati di tipo Michelson. Nei primi due test, dove usarono degli interferometri con un percorso di andata e ritorno della luce di 22 e 32 metri ma a bassa quota, ottennero "*nessuno spostamento dell'ordine previsto*". Il loro terzo tentativo sul Monte Wilson, usando un interferometro con un percorso della luce di 52 metri e perciò più conforme alla strumentazione usata da Miller, diede un risultato positivo, con la misurazione di uno spostamento "non maggiore di" ~20 km/sec. Tuttavia questo risultato non venne accettato da M-P-P apparentemente a causa del loro infondato rifiuto *a priori* dell'ipotesi di un etere tangibile e trascinato dalla Terra, che li portava ad aspettarsi un risultato molto superiore.

2.    Nel 1932 Kennedy-Thorndike ottennero un risultato di ~24 km/sec, ma anch'essi respinsero *a priori* un'etere tangibile e trascinato dalla Terra, sostenendo con pregiudizio che il loro risultato era "zero"[6].

3.    Nel 1933 M-P-P effettuarono misurazioni standard della "velocità della luce" in un tubo d'acciaio parzialmente evacuato

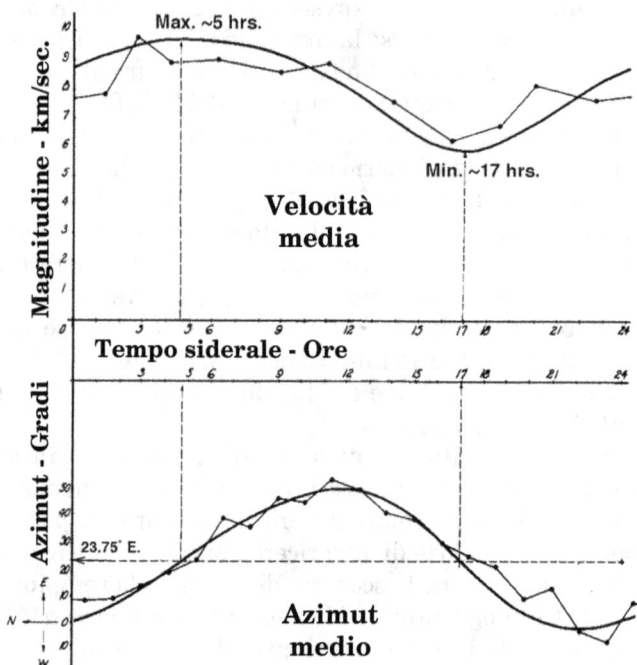

**Figura 1. Media dei dati sul moto dell'etere relativi alla velocità e all'azimut,** dagli esperimenti di Miller sul Monte Wilson (1928).

Grafico in alto: variazioni medie di magnitudine osservata del moto dell'etere da misurazioni effettuate nei periodi delle quattro stagioni, in relazione al tempo siderale. La velocità massima si verificò a circa 5 ore siderali e la minima a 17 ore siderali.

Grafico in basso: rilevazioni medie dell'azimut relative al tempo siderale, con la linea base indicata da Miller nelle medie stagionali rivedute nel 1933 – vedi Figura 2 a destra [4, pag. 365; 1, pag. 234]. Le medie dei quattro periodi stagionali rivelano uno spostamento medio di 23,75° a est dal nord, molto vicino all'inclinazione dell'asse terrestre di 23,5°. Coincidenza?

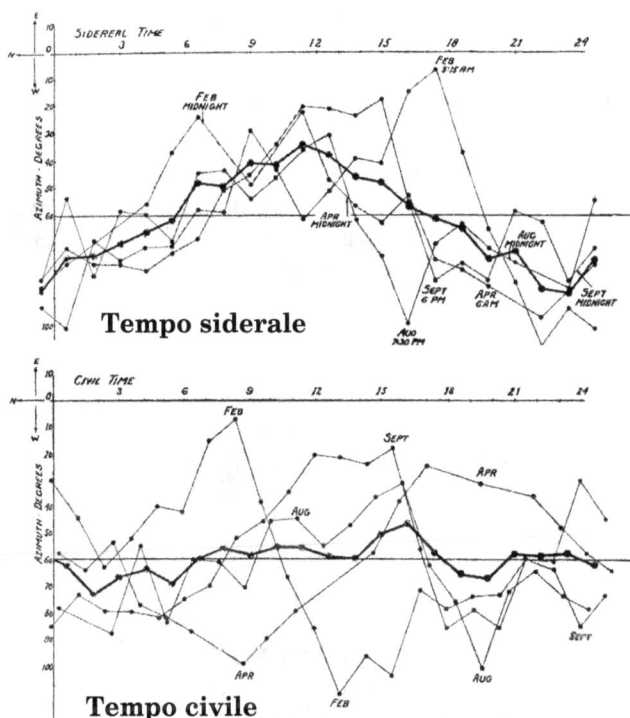

**Figura 2. Dati relativi al moto dell'etere rispetto al tempo siderale e al tempo civile,** dagli esperimenti di Miller sul Monte Wilson (1928).

Grafico in alto: i dati di Miller organizzati secondo le coordinate del tempo siderale mostrano una variazione strutturata anomala nei dati. L'azimut del segnale si sposta da una componente massima verso est intorno alle ore 12 siderali a una componente minima verso ovest alle ore 22,5 siderali (paragonabile alla curva in basso nella Figura 1 a sinistra).

Grafico in basso: gli stessi dati organizzati secondo le coordinate del tempo civile non mostrano alcuno schema strutturato. Se le variazioni dei segnali fossero causate da qualche fattore diurno, come il riscaldamento solare, il grafico con il tempo civile mostrerebbe una struttura schematica anomala.

# Il Manuale dell'Accumulatore Orgonico

lungo 1,6 km [7] appoggiato a terra. Nonostante le condizioni inospitali per il rilevamento di un moto dell'etere, essi osservarono – ammettendolo solo a un giornalista – delle variazioni di ~20 km/sec [8].

Dopo la morte di Michelson, nel 1931, e di Miller, nel 1941, ci fu il quasi silenzio sulla questione del moto dell'etere e di un etere cosmologico trascinabile e tangibile nello spazio. Il mondo della scienza seguì la strada aperta da Einstein e dalla sua teoria della relatività, che esigeva uno spazio libero da qualsiasi etere con proprietà tangibili [9] e tanto più da variazioni della velocità della luce.

> *"Secondo la teoria generale della relatività, lo spazio è dotato di qualità fisiche; perciò in questo senso un etere esiste... Ma questo etere non può essere pensato come dotato di proprietà caratteristiche di mezzi ponderabili, come composto di particelle il cui movimento può essere osservato; come neppure il concetto di movimento vi può essere applicato."*
>
> Albert Einstein, *Mein Weltbild* [9; pag.111]

Secondo i requisiti teorici di Einstein, gli esperimenti sul moto dell'etere che diedero risultati positivi vennero semplicemente ignorati o non furono mai menzionati, come se non fossero mai stati effettuati. Finalmente nel 1955, con l'incoraggiamento cooperativo di Einstein, un gruppo guidato da uno degli ex-studenti di Miller, Robert Shankland, intraprese una rianalisi dei dati sul moto dell'etere di Miller in quello che può solo essere definito come un esame post mortem fortemente prevenuto e incompetente [10]. La principale considerazione ignorata dal gruppo di Shankland era la natura fortemente strutturata dei dati di Miller, che in tutti e quattro i periodi stagionali puntava alla stessa serie di coordinate siderali per il moto dell'etere (cosa che spariva se gli stessi dati venivano organizzati secondo il tempo civile), dimostrando un'influenza cosmica molto reale [4, pag. 362-363]. Ho già discusso dei gravi problemi della critica fatta da Shankland e da altri suoi colleghi al lavoro di Miller [2], e non tratterò ancora tali questioni se non per enfatizzare che la loro asserzione di aver "confutato" Miller è *fasulla*, basata su una selezione pregiudiziale dei dati, con supposizioni negative che Miller aveva già contraddetto anni

# Appendice: Un etere cosmologico

prima, e fraintendimenti rispetto alla basilare interferometria del moto dell'etere.

Alla fine degli anni '90 Maurice Allais aveva fatto un riesame della ricerca di Miller sul moto dell'etere trovando ulteriori schemi non casuali nei dati di Miller, che egli relazionò al proprio studio sul comportamento anomalo dei pendoli durante le eclissi solari [11].

Gli sviluppi più significativi da Miller in poi sono stati gli esperimenti di Yuri Galaev dell'Istituto di Radiofisica ed Elettronica in Ucraina. Galaev fece delle misurazioni indipendenti del moto dell'etere usando radiofrequenze [12] e bande d'onda ottiche [13]. La sua ricerca non solo *confermò nei dettagli i risultati di Miller* [14], ma permise anche il calcolo dell'aumento del moto dell'etere in relazione all'altitudine sulla superficie terrestre (calcolato essere 8,6 metri/sec per metro di altitudine). I risultati stessi di Miller in funzione dell'altitudine, suggeriscono che la velocità del moto dell'etere sul Monte Wilson era ~ 5,14% della velocità stimata del "vento dell'etere" nello spazio aperto (il fattore di riduzione "$k$" di Miller [1, pag. 234-235]), seppure con delle variazioni in funzione della stagione e del giorno siderale, come discusso più avanti.

Tutti questi esperimenti fanno pensare all'antico concetto di etere cosmologico, inteso come mezzo fluido, come "una cosa" tangibile che può essere trascinata o rallentata quando si avvicina alla superficie terrestre. Questa proprietà fondamentale dell'etere, che compare ripetutamente nei risultati sperimentali — di essere un mezzo fluido tangibile con una massa molto leggera e che perciò interagisce con la materia, che può essere rallentato dalla materia che ostruisce il suo percorso e che di conseguenza può *conferire un lieve momento alla materia ostacolante* — è di importanza fondamentale per integrare la teoria dell'etere nella cosmologia moderna. Possiamo costruire un modello direttamente da questi risultati, i quali non richiedono riferimenti a costrutti metafisici come lo spazio-tempo curvo relativistico, o a contrazioni di tipo Lorentz dei nostri strumenti di misura. Per farlo dobbiamo fare riferimento ad altri ricercatori che, come Miller, scoprirono un fenomeno cosmologico dalla qualità "eterea", che tuttavia aveva una sostanza misurabile.

# Il Manuale dell'Accumulatore Orgonico

## L'*orgone* dinamico di Reich simile all'etere

Dal 1934 al 1957 Reich produsse una serie di resoconti sperimentali che documentavano l'esistenza di una singolare forma di energia chiamata *orgone* [15,16]. Secondo i suoi rilevamenti l'energia orgonica caricava i tessuti degli organismi viventi e giocava un ruolo fondamentale nei processi vitali. Fu anche determinato che essa esisteva in una forma dinamica che si muoveva liberamente all'interno dell'oceano atmosferico e dentro a tubi ad alto vuoto. Dai suoi esperimenti Reich postulò che l'orgone riempiva il vuoto dello spazio cosmico [17,18]. Le proprietà dell'orgone di Reich erano straordinariamente simili all'etere cosmico di Miller:

A) L'energia orgonica priva di massa riempiva tutto lo spazio in modo molto simile a un etere cosmico, ma era in movimento costante *ordinato*, con moti fluidi e scorrevoli, in grado però di concentrarsi o accumularsi in un punto e di rarefarsi o diminuire in un altro. L'orgone poteva penetrare facilmente la materia, ma interagiva anche debolmente con essa, essendone attratto e caricandola tutta. I metalli lo scaricavano rapidamente o lo riflettevano, permettendo di costruire dei particolari contenitori metallici-dielettrici (*accumulatori di energia orgonica*), che producevano una stimolazione anomala nella crescita delle piante, nella rigenerazione dei tessuti e negli effetti curativi, come pure degli effetti fisici anomali come la produzione spontanea di calore, un tasso ridotto di scarica elettroscopica ed effetti anomali di ionizzazione all'interno di tubi Geiger e tubi ad alto vuoto caricati di orgone [16,19,20,21,22]. Quasi tutti i suoi esperimenti sono stati replicati in modo indipendente e confermati da altri scienziati [22].

B) In base alle sue osservazioni dell'*involucro di energia orgonica* della Terra, che ruotava da ovest verso est *più velocemente* della rotazione terrestre, e dell'esistenza di un distinto flusso di energia da sud-ovest verso nord-est all'interno dell'atmosfera, Reich postulò l'esistenza di grandi flussi spiraleggianti di orgone nello spazio cosmico. Egli notò un flusso lungo il piano della Galassia della Via Lattea (chiamato il *Flusso Galattico)* con dei flussi secondari che scorrevano paralleli al piano dell'Eclittica del Sistema Solare e dell'equatore della Terra (il *Flusso Equatoriale)*. Basandosi su osservazioni atmosferiche e telescopiche, Reich sostenne inoltre che i flussi di

# Appendice: Un etere cosmologico

energia cosmica si attraevano a vicenda, si sovrapponevano in una forma a spirale e si condensavano per creare nuova materia dal substrato energetico cosmico [18]. Reich descrisse questa forma d'onda a spirale denominandola in tedesco "*Kreiselwelle*" (*onda rotatoria o,* letteralmente, "onda giroscopica"), credendo che fosse alla base di diversi movimenti biologici, atmosferici e cosmici [18,23]. Secondo la teoria della *Superimposizione Cosmica* di Reich [18], le rotazioni dei pianeti intorno ai loro assi, le rivoluzioni dei pianeti intorno ai loro soli e delle lune intorno ai pianeti erano tutte il prodotto di giganteschi flussi superimposti di energia cosmica.

C) Reich non citò mai il lavoro di Miller, ma considerava la vecchia teoria dell'etere un "concetto utile". Come Miller, egli notò che l'energia orgonica si muoveva più velocemente ed era più attiva ad alta quota e identificò l'equinozio di primavera nell'emisfero nord e il picco di massima emissione delle macchie solari come periodi di maggiore carica e attività dell'energia orgonica.

Le scoperte di Reich e la sua teoria della *Superimposizione Cosmica* concordano con molta dell'astronomia riconosciuta, nel senso che le stelle in movimento e i pianeti in orbita descrivono grandi forme a spirale nello spazio. Tuttavia non si pone alcuna enfasi su questo fatto, dato il presupposto dello "spazio vuoto", e solo pochi testi ne fanno menzione. Al contrario, Reich elaborò le sue equazioni funzionali speciali sul comportamento della gravitazione e dei pendoli [25] basandosi sulle sue intuizioni riguardo all'onda rotante e allo spazio pieno di un ricco substrato di energia. Le sue scoperte sono estremamente compatibili con il concetto di un etere dinamico che svolgerebbe anche il ruolo di un *primo motore cosmico*, ma non con il concetto di un *etere statico* o *stagnante e immobile,* e neppure con l'*etere passivo e trascinato dalla Terra* di Miller. L'universo di Reich era animato da flussi di energia orgonica pulsante che muoveva i pianeti e i soli lungo i loro percorsi nei cieli, proprio come una palla che galleggia sull'acqua viene mossa in avanti dalle onde [18].

## L'etere: statico, trascinato dalla Terra, o dinamico?

Fin dai tempi di Isaac Newton, molti fisici consideravano l'etere come un fenomeno *statico* o *stagnante,* qualcosa che esisteva in tutto il cosmo, ma soprattutto come un mezzo di fondo

# Il Manuale dell'Accumulatore Orgonico

(background medium) *privo di moto e immobile*. Un etere statico, o "Spazio Assoluto", era una necessità per l'anziano Newton, il quale fondamentalmente ne eliminò tutte le proprietà tangibili, tranne quella di trasmettere le onde di luce.[§] Egli lo fece per riconciliare le sue *leggi matematiche del moto* con la sua teologia. Newton sembrava motivato a "guarire lo scisma" fra Scienza e Chiesa, sviluppatosi dai tempi di Galileo, *liberando l'universo da qualsiasi nozione di un motore primario cosmico diverso dalla divinità*. Da allora in poi l'etere fu dichiarato morto, statico e privo di proprietà tangibili (con le quali avrebbe potuto influenzare i moti celesti), e Dio fu salvato dalla disoccupazione, avendone preservato il ruolo di fonte di tutti i moti universali [24]. Questo punto di vista non si desume dalla sua matematica, ma fa parte della sua filosofia di fondo. Di conseguenza, M-M e molti altri cercarono sempre, senza mai trovarlo, un etere statico privo di sostanza che non mostrasse alcuna proprietà o effetto, e che non fosse trascinato mentre la Terra si muoveva rapidamente attraverso esso.

Di fatto la visione di Miller divergeva dal concetto di un etere *statico* solo per la necessità di spiegare un fenomeno di trascinamento della Terra e per la capacità della materia densa di riflettere l'etere, cose che le sue misurazioni empiriche avevano dimostrato. L'etere di Miller era *stagnante* ma fluido, e con sufficiente sostanza da essere trascinato dalla superficie terrestre. Di conseguenza egli non accettò mai i risultati preliminari di M-M e cercò di intraprendere le misurazioni del moto dell'etere a quote più alte e in stagioni diverse. Nel 1933 egli concluse che la Terra si stava facendo strada attraverso un etere stagnante, ma trascinato dalla Terra, verso la costellazione Dorado vicino al polo sud dell'eclittica. Tuttavia questo punto di vista ha sempre contenuto i semi di una fondamentale contraddizione.

Supponendo che l'etere sia stazionario o stagnante ma abbia una lieve massa e perciò sia una "cosa" tangibile che possa interagire con la materia ed essere "trascinata" lungo la superficie della Terra, allora per definizione questo "etere trascinabile"

---

[§] Il *giovane* Newton credeva fermamente nell'etere cosmico dello spazio. Solo più avanti nella sua vita egli lasciò il suo credo, quando le questioni teologiche occuparono in modo preponderante il suo tempo e i suoi pensieri. Vedere *Isaac Newton's Letter to Robert Boyle, on the Cosmic Ether of Space* (Lettera di Isaac Newton a Robert Boyle sull'Etere Cosmico dello Spazio) su:

www.orgonelab.org/newtonletter.htm

# Appendice: Un etere cosmologico

agirà come *forza frenante contro i movimenti planetari nel corso del tempo.* Dandogli il tempo sufficiente, alla fine questo etere trascinabile ma fondamentalmente stagnante potrebbe portare tutto il moto cosmologico a una battuta d'arresto. Per far funzionare l'universo si è forzati a postulare che qualche altra forza energizzante indipendente crei tutto il moto cosmico per opporsi al "freno" dell'etere stagnante ma trascinabile, oppure si devono eliminare tutte le proprietà tangibili dell'etere e renderlo un'astrazione. Si ritorna quindi al postulato di Newton: *il bisogno in natura di una forza contrapposta, a parte l'etere, per rinnovare costantemente il moto cosmico,* o come minimo per far partire tutto da un "big bang". Si è costretti ad appellarsi a qualche principio metafisico, a qualcosa di più delle ordinarie forze

**Draco - Vega - Ercole**
**Polo Nord dell'Eclittica**

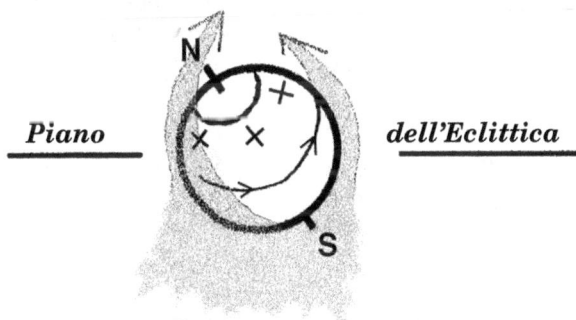

**Piano**                         **dell'Eclittica**

**Dorado - Grande Nube di Magellano**
**Polo Sud dell'Eclittica**

**Figura 3. Moto relativo della Terra e dell'Etere.** *È la Terra che si muove verso sud attraverso un etere passivo e stazionario o è la dinamica dell'etere, simile all'orgone di Reich, a scorrere verso nord in un'onda a forma di spirale che ruotando si superimpone e porta con sé il sistema Sole-Terra? I segni "X" sul diagramma della Terra rappresentano i bracci incrociati dell'interferometro in diversi momenti della giornata, che mostrano come il moto dell'etere cambi secondo il tempo solare civile nelle diverse stagioni, rimanendo però sempre costante secondo le coordinate galattiche del giorno siderale.*

221

# Il Manuale dell'Accumulatore Orgonico

gravitazionali che sembrano inadeguate a superare completamente il "freno cosmologico" a lungo termine di un etere trascinabile ma stagnante, oppure l'etere deve essere reso astratto, intangibile.

Una terza soluzione, che risulta essere stata risolutamente evitata da Newton, Michelson, Miller, Einstein e quasi tutti tranne Reich, è *di dare all'etere cosmologico non solo sostanza e proprietà tangibili, ma anche delle proprietà dinamiche di moto a forma di spirale, che rispecchiano i movimenti planetari osservati.*

### Le conclusioni di Miller del 1928 e quelle del 1933

C'è una straordinaria concordanza *empirica* fra Miller e Reich. La figura 3 dà un'idea delle conclusioni osservate da Miller, che possono essere interpretate come proponeva Miller o come proponeva Reich. I segni "X" sul globo nella figura 3 rappresentano l'interferometro in diverse posizioni durante la giornata, dove si può vedere come il flusso dell'etere intersechi i raggi incrociati dell'interferometro ad angolature diverse durante la rotazione terrestre.

Come già detto, le conclusioni finali di Miller del 1933 erano che la Terra si muoveva verso un punto vicino alla costellazione Dorado, nelle vicinanze del polo sud dell'eclittica [1, pag. 234]. Tuttavia le sue *conclusioni precedenti,* fatte nel 1928 a partire dagli stessi dati, vedevano la direzione del movimento lungo lo *stesso asse del moto dell'etere* ma in *direzione opposta,* verso il polo nord dell'eclittica [4]. I calcoli originari di Miller di questo apice settentrionale sono più compatibili con una teoria dinamica del moto dell'etere, dove l'etere scorreva e si muoveva *da Dorado verso il polo nord dell'eclittica (Draco),* un movimento che avrebbe portato con sé il sistema Sole-Terra-Luna mentre si muoveva, nonostante solo una piccola parte della velocità dell'etere potesse essere rilevata (~10 km/sec) a causa del trascinamento terrestre. Solo l'interferometro poteva determinare, come egli osservò, "... *la linea su cui si svolge il moto della Terra rispetto all'etere, ma non determina la direzione del moto su questa linea."* [11, pag. 231]

Oggi la direzione accettata del movimento locale del Sole è verso Vega nella costellazione Lyra, che si trova al centro di un piccolo triangolo creato dalle costellazioni Draco, Ercole e Cigno.

# Appendice: Un etere cosmologico

Tutte queste costellazioni sono abbastanza vicine al polo nord dell'eclittica e all'asse polare settentrionale del moto dell'etere di Miller. Si trovano tutte vicino al piano della Via Lattea, come se il Sistema Solare si muovesse allegramente a spirale, catturato in uno degli estesi giganteschi movimenti energetici di un fascio dei bracci della Galassia. Le figure 3 e 4 mostrano queste relazioni, alle quali si possono aggiungere le strutture e gli schemi seguenti.

I dati di Miller forniscono i calcoli della velocità, mostrando sia le variazioni orarie in tempo siderale che le variazioni stagionali secondo le quattro fasi mensili dei suoi esperimenti sul Monte Wilson. Esse sono come segue:

Variazioni secondo le ore siderali:
Miller 1928 (cfr. Fig. 1, in alto)
Velocità massima ~ 10 km/sec alle ore 5 siderali
Velocità minima ~ 6-7 km/sec alle ore 17 siderali

Le *variazioni secondo le ore siderali* della velocità del moto dell'etere sono facilmente spiegabili come dovute agli effetti di schermatura della massa terrestre sull'interferometro alle ore 17 e all'allineamento dell'interferometro per la rilevazione massima del moto dell'etere alle ore 5. Si può avere un'idea approssimativa di ciò dalla Figura 3, dove il segno "X" indica che l'interferometro all'estremità sinistra del diagramma terrestre è completamente esposto al vento dell'etere, mentre la "X" all'estremità destra è in gran parte schermata dalla massa terrestre. Di fatto le variazioni di velocità e di *azimut* misurate da Miller nel corso del giorno siderale seguono questo schema [25, pag. 142-143].

| Variazioni Stagionali: | Miller 1933 [1, pag 235] |
|---|---|
| 15 settembre | 9,6 km/sec |
| 2 dicembre — minima velocità calcolata | |
| 8 febbraio | 9,3 km/sec |
| 1 aprile | 10,1 km/sec |
| 2 giugno — massima velocità calcolata | |
| 1 agosto | 11,2 km/sec |

Le *variazioni stagionali* di velocità del moto dell'etere possono anche essere facilmente intese come la conseguenza del moto

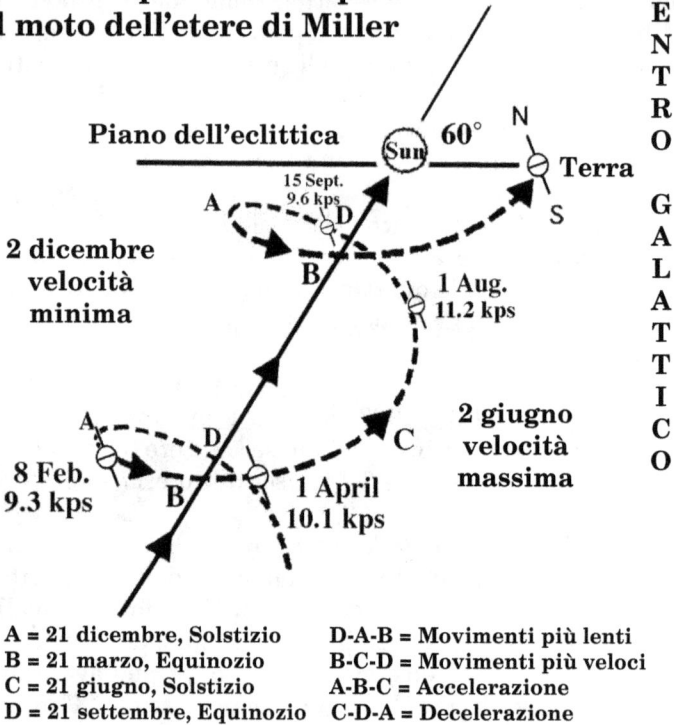

**Movimenti planetari a spirale e il moto dell'etere di Miller**

CENTRO GALATTICO

Piano dell'eclittica — Sun — 60° — N — S — Terra

15 Sept. 9.6 kps — A — D

2 dicembre velocità minima

B

1 Aug. 11.2 kps

2 giugno velocità massima

8 Feb. 9.3 kps — A — D — B — C

1 April 10.1 kps

A = 21 dicembre, Solstizio
B = 21 marzo, Equinozio
C = 21 giugno, Solstizio
D = 21 settembre, Equinozio

D-A-B = Movimenti più lenti
B-C-D = Movimenti più veloci
A-B-C = Accelerazione
C-D-A = Decelerazione

*Figura 4. Moto a spirale della Terra intorno al Sole in movimento. La Terra copre una distanza più grande durante il periodo da marzo a settembre (B-C e C-D) rispetto al periodo da settembre a marzo (D-A e A-B). Questa accelerazione e decelerazione nel corso dell'anno sembra correlata al movimento di avvicinamento o allontanamento dal Centro Galattico. Il grafico include le variazioni di velocità del moto dell'etere misurate negli esperimenti di Miller sul Monte Wilson, che sono in linea con questo modello a forma di spirale. Nota: esse riflettono solo le misurazioni con l'interferometro e, a causa del trascinamento terrestre, non andrebbero confuse con la velocità netta sia del vento dell'etere che della Terra stessa attraverso lo spazio [25].*

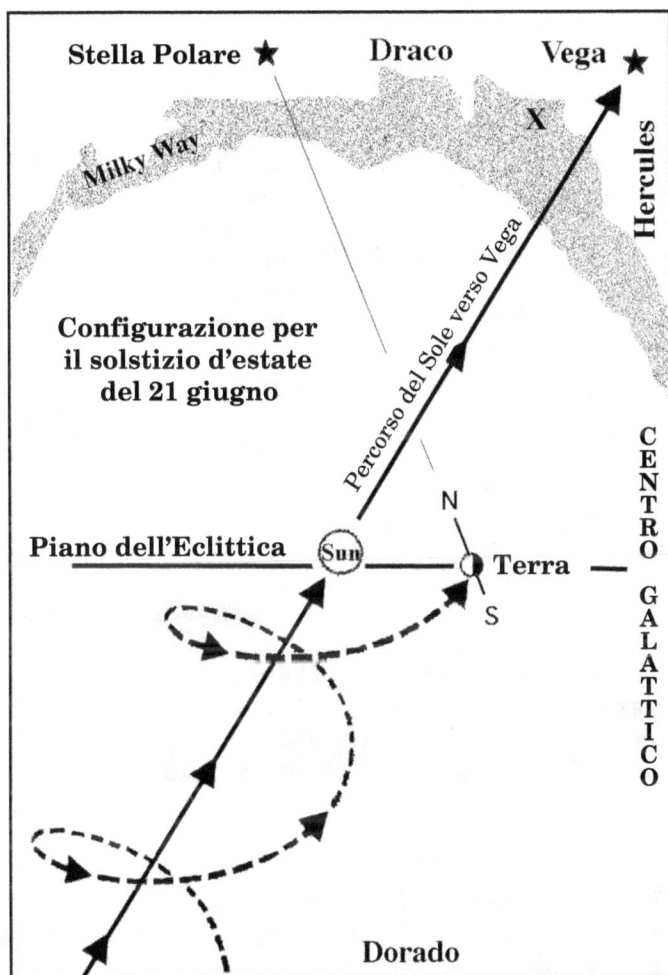

**Figura 5. Moto a spirale del sistema Sole-Terra.** *La Terra (mostrata qui nella posizione del solstizio d'estate) si muove intorno al Sole a spirale, mentre il Sole si muove verso Vega. La costellazione Draco segna la posizione approssimativa del polo nord del piano dell'eclittica, che si trova entro circa 7° dal polo nord dell'asse di moto dell'etere calcolato da Miller (alla "X"). Il piano dell'eclittica è inclinato con il percorso del Sole di circa 60°, dando luogo a variazioni stagionali della velocità di moto della Terra [25].*

combinato della Terra intorno al Sole e del moto traslatorio del Sole attraverso la Galassia. Le figure 4 e 5 sono derivate da una combinazione delle idee cosmologiche di Miller e Reich, in accordo con l'astronomia oggi conosciuta. Da aprile ad agosto la Terra percorre una distanza piuttosto grande attraverso i cieli, mentre in dicembre e gennaio la Terra percorre una distanza di spazio relativamente piccola. Ad esempio, nella figura 4 le distanze di B-C-D dal 21 marzo al 21 settembre sono approssimativamente il doppio di quelle di D-A-B, che coprono il periodo dal 21 settembre al 21 marzo. C'è un periodo nel quale la Terra accelera alla massima velocità, partendo all'incirca dall'Equinozio di Primavera (B verso C), seguito da una decelerazione (C verso D), dove la Terra entra in una regione in cui si muove in modo relativamente lento in relazione al fondo dello spazio (the background of space). Completato il ciclo, nel marzo successivo c'è una rapida accelerazione che dà l'impressione di un'onda o pulsazione energetica forte che conferisce uno slancio alla Terra, *accelerandola verso il Centro Galattico nei mesi subito dopo marzo,* decelerando poi quando la Terra si ritira dal Centro Galattico dopo settembre. Simili variazioni di velocità interessano anche tutti gli altri pianeti.

Reich notò questa variazione nella velocità della Terra oltre alla relazione angolare di 62° fra il Piano Galattico rotante e il Piano dell'Eclittica del Sistema Solare [18, 25]. In modo analogo, il Piano dell'Eclittica è anche inclinato rispetto al percorso del Sole verso Vega di ~ 60°. Una serie simile di relazioni angolari è presente nelle misurazioni del moto dell'etere di Miller che "... *oscillava avanti e indietro attraverso un angolo di circa 60°..."* [4, pag. 357]. Sia Miller che Reich misero in evidenza dei moti traslatori analoghi della Terra attraverso lo spazio cosmico, come richiesto dalle loro rispettive scoperte.

## La biometeorologia di Piccardi e la " materia oscura"

Il chimico italiano Giorgio Piccardi fece una serie di osservazioni analoghe [26] rispetto alle influenze cosmiche negli esperimenti di laboratorio sul cambiamento di fase in condizioni ambientali costanti (come la precipitazione di cloruro di bismuto da una soluzione o il congelamento di acqua sopraffusa). Alla fine Piccardi concluse che il moto elicoidale della Terra intorno al Sole era la causa determinante delle variazioni anomale stagionali

# Appendice: Un etere cosmologico

nei suoi esperimenti, che culminavano nel periodo di primavera-estate nell'emisfero nord. Il fattore cosmico anomalo di Piccardi poteva essere influenzato da contenitori metallici molto simili all'accumulatore di energia orgonica di Reich o alla schermatura dell'etere di Miller, e si manifestava a livello globale. Ciò significa che il fenomeno influenzava in modo identico gli esperimenti effettuati simultaneamente in entrambi gli emisferi, nord e sud, suggerendo che il fenomeno colpiva la Terra intera allo stesso momento e non era collegato a fattori ambientali stagionali come temperatura o umidità. Egli osservò:

*"Se lo spazio fosse vuoto, privo di campi di materia e inattivo, una considerazione di questo tipo non avrebbe alcuna importanza. Ma oggi sappiamo invece che nello spazio esistono sia la materia che i campi."* [26, pag. 97-98]

In modo analogo il biologo Frank Brown, che lavorava all'Istituto Wood's Hole nel Massachusetts, notò delle variazioni cosmiche rispetto sia ai giorni siderali che alle stagioni nell'orologio biologico di una molteplicità di creature mantenute

*Figura 6. Modello animato di Piccardi del moto elicoidale della Terra intorno al Sole, come presentato alla Fiera Mondiale di Bruxelles nel 1958 [26, pag. 98]. La Terra si muove attraverso il cosmo più velocemente a giugno che a dicembre.*

# Il Manuale dell'Accumulatore Orgonico

in condizioni ambientali costanti, la maggior parte delle quali sono in linea con il modello cosmologico presentato in questo manuale [27]. Esiste una ricca letteratura interdisciplinare che documenta variazioni anomale analoghe in funzione del giorno siderale e dei cicli stagionali, suggerendo l'esistenza di influenze dell'etere cosmico.[19]

Infine possiamo riprendere in considerazione le numerose variazioni stagionali nel "vento della materia oscura" misurate recentemente [28], che sono state accettate come la conseguenza del moto a spirale della Terra attraverso il cosmo, pur senza fare alcun riferimento al moto dell'etere. In combinazione con la velocità di 30 km/sec della Terra intorno al Sole e con la velocità di 232 km/sec del Sistema Solare attraverso lo spazio, è possibile postulare la presenza di una velocità massima del "vento della materia oscura" il 2 giugno e di una velocità minima il 2 dicembre, proprio come mostrato nelle figure 4, 5 e 6 dei diagrammi precedenti. La "materia oscura" è sempre rimasta un'entità sfuggente, suggerita in virtù di anomalie gravitazionali che

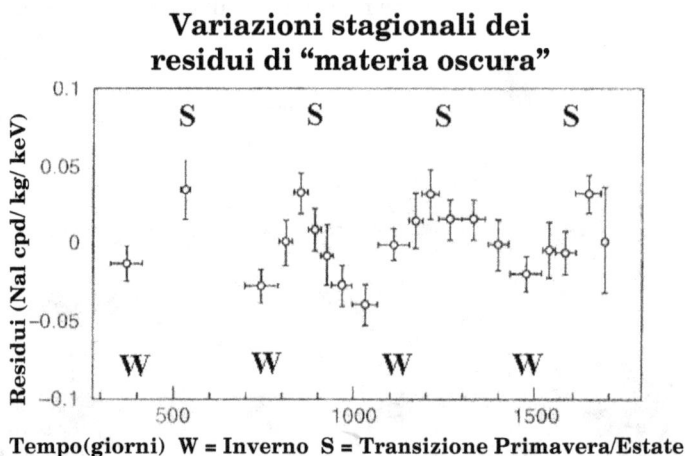

**Variazioni stagionali dei residui di "materia oscura"**

Tempo(giorni)  W = Inverno  S = Transizione Primavera/Estate

*Figura 7. Variazioni annuali (emisfero nord) del "vento della materia oscura", dal progetto DAMA in Italia (secondo Bernabei) [28]. Il vento cosmico, che sia etere, materia oscura o energia orgonica, aumenta a giugno quando la velocità della Terra raggiunge il suo valore massimo e poi scende verso un valore minimo a dicembre.*

# Appendice: Un etere cosmologico

indicavano all'interno dello spazio aperto una massa molto leggera ma essenzialmente trasparente al movimento ondulatorio della luce, ad eccezione degli aloni galattici. Io suggerisco che la "materia oscura" — la quale, come ora dimostrato, ha un picco di "velocità di vento" in accordo con i moti cosmologici dell'etere determinati dall'integrazione di Miller, Reich e Piccardi — non sia altro che l'*etere tangibile e dinamico dello spazio*.

## Citazioni della relazione sul moto dell'etere

[1]    D. Miller, *Rev. Modern Physics,* Vol.5(2), p.203-242, July 1933.

[2]    J. DeMeo "Dayton Miller's Ether-Drift Research: A Fresh Look", *Pulse of the Planet,* 5, p.114-130, 2002.
       www.orgonelab.org/miller.htm

[3]    A.A. Michelson & E. Morley, *Am. J. Sci.,* 3rd Ser., Vol.XXXIV (203), Nov. 1887.

[4]    D. Miller, *Astrophys. J.,* LXVIII (5), p.341-402, Dec. 1928.

[5]    A.A. Michelson, F.G. Pease, F. Pearson, "Repetition of the Michelson-Morley Experiment", *Nature,* 123:88, 19 Jan. 1929; also in J. Optical Soc. Am., 18:181, 1929.

[6]    J. Kennedy, E.M. Thorndike, *Phys. Rev.* 42 400-418, 1932.

[7]    A.A. Michelson, F.G. Pease, F. Pearson, "Measurement of the Velocity of Light in a Partial Vacuum", *Astrophysical J.,* 82:26-61, 1935.

[8]    D. Deitz, "Case's Miller Seen Hero of 'Revolution'. New Revelations on Speed of Light Hint Change in Einstein Theory", *Cleveland Press,* 30 Dec. 1933.

[9]    A. Einstein, "Relativity and the Ether", *Essays in Science,* 1934, (translated from the German, c.1928?, published in *Meine Weltbilt,* 1933.)

[10]   R.S. Shankland, et al., "New Analysis of the Interferometer Observations of Dayton C. Miller", *Rev. Modern Physics,* 27(2):167-178, April 1955.

[11]   M. Allais, *L'Anisotropie de L'Espace,* Clément Juglar, Paris, 1997.

[12]   Y.M. Galaev, "Ethereal Wind in Experience of Millimetric Radiowaves Propagation", *Spacetime and Substance,* V.2, No.5 (10), 2000, p.211-225.  www.spacetime.narod.ru/0010-pdf.zip

[13]   Y.M. Galaev, "The Measuring of Ether-Drift Velocity and Kinematic Ether Viscosity Within Optical Waves Band", *Spacetime and Substance,* Vol.3, No.5 (15), 2002, p.207-224.
       www.spacetime.narod.ru/0015-pdf.zip

[14]   Y.M. Galaev, personal communication to author, 6 April 2004.

# Il Manuale dell'Accumulatore Orgonico

[15]  W. Reich, *Discovery of the Orgone, Vol.1: Function of the Orgasm,* Farrar, Straus & Giroux, NY, 1973 (reprinted from 1942).

[16]  W. Reich, *Discovery of the Orgone, Vol.2: The Cancer Biopathy,* Farrar, Straus & Giroux, NY, 1973 (reprinted from 1948).

[17]  W. Reich, *Ether, God & Devil,* Farrar, Straus & Giroux, NY, 1973 (reprinted from 1951).

[18]  W. Reich, *Cosmic Superimposition,* Farrar, Straus & Giroux, NY, 1973 (reprinted from 1951).

[19]  J. DeMeo, *"Evidence for... a Principle of Atmospheric Continuity",* in Press.

[20]  J. DeMeo (editor) *Heretic's Notebook,* Natural Energy, 2002.

[21]  W. Reich, *The Oranur Experiment,* Wilhelm Reich Foundation, Rangeley, ME, 1951.

[22]  The online *Bibliography on Orgonomy* has hundreds of citations organized for keyword search:
www.orgonelab.org/bibliog.htm

[23]  W. Reich, *Contact With Space,* Farrar, Straus & Giroux, NY, 1957, pp.95-110.

[24]  L. Stecchini,  "The Inconstant Heavens", in *The Velikovsky Affair: Warfare of Science and Scientism,* A. deGrazia, Ed., University Books, 1966.

[25]  J. DeMeo, "Reconciling Miller's Ether-Drift With Reich's Dynamic Orgone", *Pulse of the Planet,* 5:137-146, 2002.
www.orgonelab.org/MillerReich.htm

[26]  G. Piccardi, *Chemical Basis of Medical Climatology,* Charles Thomas, Springfield, 1962.

[27]  F. Brown, "Evidence for External Timing of Biological Clocks" in *An Introduction to Biological Rhythms,* J. Palmer (Ed.), Academic Press, NY 1975.

[28]  R. Bernabei, "DAMA Experiment: Status and Reports", Sept. 2003 &  R. Bernabei, "DAMA/NaI results", Feb. 2004.
people.roma2.infn.it/~dama/bernabei_alushta_dama.pdf
people.roma2.infn.it/~dama/belli_noon04.pdf
www.lngs.infn.it/lngs/htexts/dama/

**Per maggiori informazioni sul tema dell'etere cosmico:**
J. DeMeo "Dayton Miller's Ether-Drift Research: A Fresh Look", *Pulse of the Planet,* 5, p.114-130, 2002.
www.orgonelab.org/miller.htm
J. DeMeo, "Reconciling Miller's Ether-Drift With Reich's Dynamic Orgone", *Pulse of the Planet,* 5:137-146, 2002.
www.orgonelab.org/MillerReich.htm
Cosmic Ether-Drift and Dynamic Energy in Space:
www.orgonelab.org/energyinspace.htm

# INDICE

# Il Manuale dell'Accumulatore Orgonico

# L'autore

James DeMeo, PhD, ha studiato Scienze della Terra, Scienze atmosferiche e Scienze ambientali presso la Florida International University e la University of Kansas, dove ha conseguito il dottorato di ricerca nel 1986. Alla KU, ha intrapreso la laurea a livello di ricerca scientifica naturale, incentrata nello specifico sulle controverse scoperte di Wilhelm Reich, sottoponendo tali idee a dei test rigorosi, e ottenendo una convalida dei risultati originali. In seguito DeMeo ha intrapreso la ricerca sul campo nell'arido sud-ovest degli Stati Uniti e, nel continente africano, in Egitto, Israele, nell'Eritrea sub-sahariana e in Namibia. Il suo lavoro sulla questione Saharasia è fino ad oggi il più ambizioso studio globale di ricerca cross-culturale sui temi del comportamento umano, della famiglia e della vita sessuale in tutto il mondo. Le sue pubblicazioni includono decine di articoli e compendi e diversi libri, tra i quali *Saharasia* e *The Orgone Accumulator Handbook*. È stato editore di *On Wilhelm Reich and Orgonomy* e *Heretic's Notebook*, editore della rivista *Pulse of the Planet*, e co-editore per il compendio in lingua tedesca *Nach Reich: Neue Forschung zur Orgonomie*. DeMeo ha lavorato alla facoltà di Geografia presso la University of Kansas, l'Illinois State University, la University of Miami e la University of Northern Iowa. È membro delle seguenti associazioni: *American Meteorological Association, Society for Scientific Exploration, Arid Lands Society, Natural Philosophy Alliance, Sigma Xi, International Society for the Comparative Study of Civilizations,* e la *AAAS*. È direttore dell'*Orgone Biophysical Research Lab*, che ha fondato nel 1978. Nel 1994 DeMeo si trasferisce in Oregon per fondare il Greenspring Center, un centro di ricerca ad alta quota nelle montagne Siskiyou vicino ad Ashland, che offre le condizioni ottimali per i delicati esperimenti di energia orgonica. Un elenco completo delle sue pubblicazioni e conferenze si trova su:

www.orgonelab.org/demeopubs.htm

oppure tramite ResearchGate:

www.researchgate.net/profile/James_DeMeo

# Ulteriori pubblicazioni (in lingua inglese) disponibili presso Natural Energy Works
www.naturalenergyworks.net

## SAHARASIA: The 4000 BCE Origins of Child-Abuse, Sex-Repression, Warfare and Social Violence, In the Deserts of the Old World,
by James DeMeo

Dr. DeMeo's *magnum opus* on the origins of human violence and biophysical armoring, the first geographical, cross-cultural study of human behavior around the world, using Wilhelm Reich's sex-economic discoveries as a basic starting point, presenting world maps of different behaviors and social institutions. Source-regions (Arabia and Central Asia) for patriarchal authoritarian culture were identified, and migratory-diffusion patterns were traced, back in time, to pinpoint where and how the human tragedy began. Solves the riddle of the origins of human violence and armoring. A breakthrough in the scientific study of human sexuality, psychology and anthropology, and must-reading for every parent, student, professor and clinical worker in the field of human health and behavior. 464 pages, with over 100 maps, photos, and illustrations. Large format with vivid full-color cover, extensive bibliography and index.

## On Wilhelm Reich and Orgonomy
Edited by James DeMeo

Contains Reich's milestone articles on psychic and somatic (mind-body) processes, and on the bioelectrical aspects of human emotion and sexuality, with articles by R.D. Laing on Reich, and a discussion on Reich's work in Denmark when he fled Nazi terror in Germany and was also expelled from the International Psychoanalytic Association. Other papers discuss: Reich's research on biogenesis and discovery of the microscopical *bion*; the discovery of orgone (life) energy, and the orgone energy accumulator. Also featured are articles about the Food & Drug Administration's attack upon Reich, and their present-day war against the natural health movement; the deadly effects from nuclear power plants, and an illuminating scientific challenge to the HIV theory of AIDS — plus other reports on current life energy research, weather anomalies from nuclear bomb tests, a cloudbusting desert-greening experiment in Israel, provocative book reviews, and more! 176 pp.

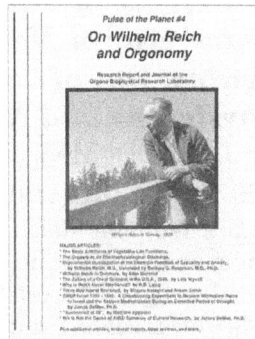

### *Heretic's Notebook: Emotions, Protocells, Ether-Drift and Cosmic Life-Energy, with New Research Supporting Wilhelm Reich*, Edited by James DeMeo

Contains 28 insightful essays and research articles by 17 different authors, on natural childbirth, sexuality, archaeology of early human violence, Reich's orgonomic functionalism, exposés on Reich's detractors, Giordano Bruno's work, bion-biogenesis research, Dayton Miller's ether-drift discoveries, emotional effects in REG (psychokinesis) experiments, new detector for orgone energy, dowsing research, cloudbusting desert-greening experiments in Africa, plant growth stimulation in the orgone accumulator, the orgone energy motor and "free energy", plus UFO research, book reviews, and much more, with color cover photos, text- photos and illustrations.

# In Defense of Wilhelm Reich: Opposing the 80-Years' War of Mainstream Defamatory Slander Against One of the 20th Century's Most Brilliant Physicians and Natural Scientists,

by James DeMeo, PhD.
269 pages. Illustrated.

Dr. Wilhelm Reich is the man whom nearly everyone loves to hate. No other figure in 20th Century science and medicine could be named who has been so badly maligned in popular media, scientific and medical circles, nor so shabbily mistreated by power-drunk federal agencies and arrogant judges.

Publicly denounced and slandered in both Europe and America by Nazis, Communists and psychoanalysts, placed on both Hitler's and Stalin's death lists but narrowly escaping to the USA, subjected to new public slanders and attacks by American journalists and psychiatrists who deliberately lied and provoked an "investigation" by the US Food and Drug Administration (FDA), imprisoned by American courts which ignored his legal writs and pleas about prosecutorial and FDA fraud, denied appeals all the way up to the US Supreme Court, which rubber-stamped the FDA's demands for the *banning and burning of his scientific books and research journals,* and finally dying alone in prison – who was this man, Wilhelm Reich, and why today, some 50 years after his death, does he continue to stir up such emotional antipathy? It is a literal *80-Years' War* of continuing misrepresentation, slander and defamation.

Who were and are Reich's attackers? Author and Natural Scientist James DeMeo takes on the book-burners, exposing with clarity and documentation their many slanderous fabrications, half-truths and lies of omission. In so doing, he also summarizes the lesser-known facts about Reich's important clinical and life-energetic experimental findings, now verified by scientists and physicians worldwide, and holding great promise for the future.

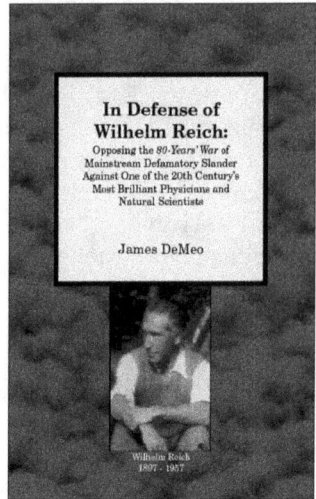

242

***The History of Modern Morals,*** By Max Hodann, a central participant in the European Weimar-era sexual reform movement. 350+ pages, with a New Introduction by James DeMeo, PhD.

European Emperors, Kings, Kaisers and Tsars, and their Churches, forbade contraception, women's equality and divorce. Baptismal Certificates and class barriers dictated who could legally marry, attend school or the university, advance socially, and who could not. World War I finally swept them from power, but their dictates frequently remained as law, in a turbulent era of struggle for freedom and democracy, versus resurgent fascism and slavery.

Hodann's *History* contains a clear discussion of these historical developments within the sexual reform and women's rights movements of Weimar Germany and Europe generally, in the early decades of the 1900s. The parallel advance of scientific knowledge on human sexuality is also detailed. Unlike many contemporary works on these subjects, *History of Modern Morals* is authored by a physician who lived the struggle, was a leader in it, got arrested by the Nazis for it, and intimately worked with other professionals who also had personally suffered for their work in the same social-sexual reform movement. His writings are therefore filled with a strong passion and vitality, and with many personal observations, anecdotes, and clarifying information not found elsewhere.

Hodann's *History* is also unique in that he frequently and positively discusses the work of his contemporary and associate, Wilhelm Reich. This is especially important given their life-positive emphasis upon love and emotion in sexuality, and their distinction between natural-healthy *heterosexual genitality* versus neurotic and unhealthy sexual expressions. In the modern era of "politically correct" moral equivalence, this essential distinction has been diminished or erased from public discussion.

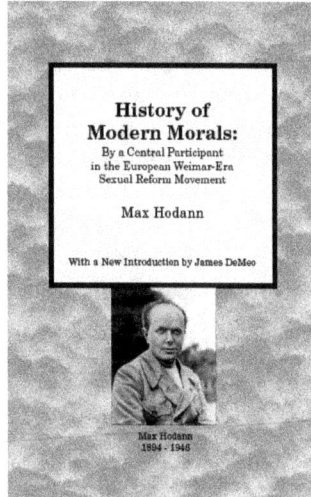

243

*John Ott:*
*Exploring the Spectrum*
*DVD-Movie*
Directed by John Ott

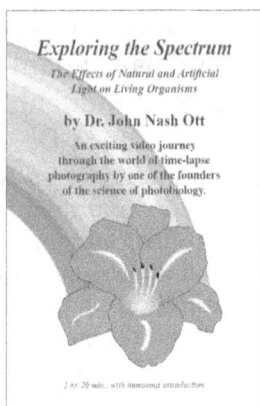

Exploring the Spectrum
The Effects of Natural and Artificial
Light on Living Organisms

by Dr. John Nash Ott

An exciting video journey
through the world of time-lapse
photography by one of the founders
of the science of photobiology.

**An exciting video journey
through the world of time-lapse
photography by one of the founders
of the science of photobiology.**
Do fluorescent lights cause cancer and
childhood learning and behavior
disorders? Can long-term exposure to low-
level radiation as from TV sets, computers, fluorescent lights,
and similar devices harm your health? Does living behind window
glass and with glasses covering our eyes over years affect our
health? Is natural sunlight and trace ultra-violet radiation
really harmful to our health? Or is it necessary and beneficial?
How do cells, plants and animals respond to constant exposure
to different light color frequencies? Does *mal-illumination and
electrosmog* create nervous agitation and a weakened immune
system? These and similar questions were the subject of Dr.
John Nash Ott's pioneering investigations in the field of
photobiology, using the methods of time-lapse photography. In
an era of increasing low-level electromagnetic pollution, where
everyone is "wired up" to the internet 24/7, and even children
have the latest cell phones, iPods, blueberrys and other Wi-Fi
gizmos, with eyeballs glued to display screens, Dr. Ott shows we
are paying the price with our health and biology. Our indoor
lifestyles and chronic wearing of UV-blocking eye-glasses and
contact lenses additionally has deprived us of biologically-
necessary natural trace-ultraviolet and bluer frequencies of
light, with an irrational and nearly superstitious fear of natural
sunlight. Dr. Ott's time-lapse movies, reproduced here, show
how plants and animals are deeply affected in movement, growth,
form and sexual behavior, by these significant bioenergetic
changes in our natural living conditions. This is a wonderful
video showing Dr. Ott's original film sequences, including entire
plants growing from a seed to fruit in less than a minute. A
fascinating nature study for both adults and children. 80 minutes,
with humorous introduction. Multi-Region.

***Wilhelm Reich and
the Cold War***
by James E. Martin

Forthcoming!
*New Edition*
Available soon